因為客戶太難搞 所以需要心理學

其實，90%的訂單，都可以靠心理學成交

藍　迪、黃榮華 —— 編著

目錄

目錄

第五章　決定是否購買的心理因素

第六章　巧妙讀懂顧客的身體語言

第七章　進退有度掌控顧客的情緒

目錄

第十章　銷售是與顧客的心理戰

第十一章　顧客的性格決定銷售策略

目錄

第十九章　在談判中俘獲顧客的心理

目錄

前言

做業務，說白了就是推銷自己，說複雜了就是銷售人員與客戶之間的心理戰。

作為銷售人員，誰都想賣出去更多的商品，因為這樣不僅僅意味著可以拿到高額的業績獎金，可能還有升遷的大好機會。但是，同樣是銷售人員，同樣的產品，有的人每天推銷出還多產品；而有的人可能一天連一件也沒有推銷出去。為什麼會出現如此大的差距呢？

這與銷售人員是否掌握住了顧客的心理有著極其重要的關係。

如果銷售人員在推銷的過程中，掌握住了顧客的心理需求，投其所好的去推銷，這筆生意可能就成功的。有的顧客心中實際中意 A 產品，卻目光注意在 B 產品上，並對其挑刺不斷。目的就是透過 B 來了解 A 的功能。如果不是善於觀察、善於掌握顧客心理的業務員，還真以為顧客喜歡 B 產品，於是，進行推銷 B 產品，這樣就大錯特錯了，這樣的買賣，無論業務員怎麼能說會道也很難以做成功。

掌握顧客的心理很重要。因為顧客的類型很多，按照年齡可以分為兒童、年輕人、中年人、老年人；按照性別分為男顧客和女顧客；按照知識水準，又可以分為農民、知識分子等；而且每個顧客的性格又不同，所以，這就為掌握每個顧客造成了一定的難度。但是，顧客有一條原則是不會變化的，那就是追求物美價廉的商品。只要銷售人員掌握住這一點，進行銷售就不難了。

那麼，如何才可以掌握龐大的消費族群的心理呢？其實，說難也很簡單。消費者也畢竟是人，只要我們善於觀察，學會換位思考，就能夠很輕易的獲知顧客真正的購買需求。並且用自己的真誠感動顧客，讓他明白你不是為了錢，而是真正為他著想的人。記住不要將顧客當上帝，而是要想顧客當親人，當朋友，這樣才可以促成交易。

當然，市場時時刻刻在變化，人的心理也是時時刻刻在變化，要抓住動態的市場和顧客購買心理，就要練就一雙火眼金睛。既要學會聆聽，也要學會說，而且要說就要說到顧客的心坎上。並且從顧客的身體語言上來判斷，他是否是真正的顧客。當顧客拒絕了，我們必須要清楚顧客為什麼拒絕，是顧客真的不需要？還是殺價的一種方式？如果拒絕了，有什麼辦法可以挽回嗎？當一次的挫折降臨時，是否有下次向顧客張口推銷的勇氣？

本書從銷售人員的自身問題出發，先後講了如何掌握顧客的心理需求，怎麼投其所好；講了現代顧客不僅僅是購物的需求，講求人性化的服務還是很關鍵的一環節；還講了如果了解顧客的消費弱點，抓住軟肋，有利於推銷；講了如何讓顧客樂呵呵的掏錢⋯⋯

熱情永在，成功永在。讓本書將助你偉大而光榮的銷售事業推向巔峰！

第一章

心態決定業績

熱情永在，成功永在

在人生的歲月長河中，可能我們會經歷太多的風風雨雨，而其中的滋味，也只有經歷者才會有深刻的體會。在追夢的道路上，我們會經歷一次又一次的考驗和磨難，在這樣的現實面前，我們會選擇什麼樣的心態來面對自己的生活呢？是沉淪頹廢？還是退縮放棄？或者勇往直前，充滿熱情的繼續前進？不同的人會有不同的選擇。

工作在人的一生中占著很重的分量，它是人們追求夢想，實現自身價值的一種方式，因此對待工作應該是充滿熱情的，並堅持到底，爭取獲得驕人的業績，而不是淺嘗輒止，半途而廢。那麼對業務員來說，既然選擇了銷售工作，也就應該認真對待，爭取做出好的成績。有熱情才會有活力，不要在頹廢中浪費青春，也不要在抱怨中消耗生命，點燃起自己的熱情，讓工作成就自己的精彩。

曾經有一位心理學家說：「讓自己充滿熱情吧，熱情有助於你克服恐懼，有助於你事業成功，賺到更多的錢，享受更健康、更富裕、更快樂的生活。以充滿熱情的狀態生活 30 天，結果將會使人意想不到，它將使你沉悶的生活變得活躍起來。」同樣的道理，業務員應該對自己說，讓自己充滿熱情吧，熱情會使自己更輕鬆、更愉快、更幸福的工作。當你遭受顧客的多次拒絕之後，你就甘心就此放棄嗎？當別人透過努力獲得不錯的業績時，你就甘願認輸嗎？你的回答不應該是「我不行」，而應該是「我不要」，不要放棄，不要認輸，而是充滿自信和熱情的去奮起直追，相信自己是最棒的，最好的，並用實際行動證明自己的實力。

人本身就好比一個氣球，而熱情就像是往氣球裡面充的氫氣，熱情越多，人的精神就會越飽滿，就會飛上天空。沒有熱情的話，人就是一個乾癟

的氣球，毫無生氣。熱情是一種激發人們奮鬥活力的激素，是一種心理反應，對人們是否能夠全身心的投入工作有著很大影響。

一位心理學家為了研究人們對於同一個工作在心理表現上的個體差異，來到某大教堂的建築工地上，對現場忙碌的敲石工人進行了訪問。

心理學家遇到第一位工人，他很客氣的問他：「請問您在做什麼？」

工人正對自己的工作充滿了抱怨，於是沒好氣的回答心理學家說：「難道你沒看到嗎？我正在用這把重得要命的鐵錘，費力的敲擊著這些又臭又硬的石頭，震得我的手都麻了，真不是人做的工作，我真是太倒楣了！」

心理學家又找到第二位工人：「請問您在做什麼？」

第二位工人的話語中表現出無奈的情緒，他說：「哎，我做這樣的粗活，也是沒辦法的事情，為了每天 50 美元的薪水，為了養家糊口，我不得不拚命的敲石頭，生活所迫啊！」

接著，心理學家又碰到了第三位工人，他又問了同樣的問題：「請問您在做什麼？」

第三位工人顯然一副很樂觀、很自豪的樣子，而且滿臉喜悅的神情，他充滿熱情的回答說：「我正參與興建這座雄偉華麗的大教堂。建成以後，這裡會有很多人每天都來做禮拜。雖然這份敲石頭的工作很辛苦，但是每當我想到，將來會有許許多多的人來到這裡接受上帝的愛，心中就激動不已，也就不感到辛苦勞累了。」

同樣的工作，同樣的環境，有的人內心充滿抱怨，有的人感到無奈，而有的人卻充滿熱情，這樣截然不同的感受，致使他們對自己的工作，有的人感到痛苦、難耐，有的人則感到快樂、輕鬆。不管做什麼工作都要充滿熱情，沒有熱情就沒有活力，做業務員更應該培養自己的熱情，讓情緒持久高漲，即使面對再大的打擊和挫折也要堅強的應對。如果你能夠充滿熱情的去

工作並熱愛它，那麼工作對於業務員來說就不再是痛苦，而是充滿樂趣的。愛迪生熱愛自己的發明事業，他每天都待在實驗室，至少工作 18 個小時，連吃飯睡覺都要和實驗儀器在一起，這樣辛苦的工作對於愛迪生來說卻不是負擔，他說他從來都不感覺到累，反而每天都覺得其樂無窮。這就是熱情的魔力，它會使工作變得像玩遊戲一樣充滿樂趣。

做任何事情，熱情是第一位的，當你倦怠的對待生活的時候，生活也會很倦怠的對待你。沒有熱情，也就不會有敬業精神；沒有敬業精神，怎麼會獲得好的業績？業務員要在心中樹立明確的目標，增強自身的責任意識，追求細節完美，追求一流的工作績效。建立起「當班如當家」的強烈責任感、歸屬感和榮譽感，使自己發自內心充滿熱情的去工作，去實現自身的價值。

熱情是這個世界上最有價值的一種感情，也是最有感染力的一種感情，它不僅可以幫助業務員克服自己的恐懼心理和緊張情緒，對前途充滿希望，還可以影響周圍的人，影響同事，影響顧客，創造融洽的氛圍。

在現實生活中，許多人可能會在剛剛踏人職場的時候，幹勁十足、熱情高漲，對自己的職業前途充滿了希望。但是一段時間之後，工作的平淡就會磨平他們的工作熱情，他們會覺得自己像機器人似的，每天重複著單調的事情，從而漸漸失去興趣，變得淡漠和懈怠。這也是很正常的心理反應，人的情緒都有一定的波動週期，由熱情高漲到情緒低落是不可避免的，關鍵是如何盡快的使熱情重燃，重新情緒飽滿的投入工作。作為業務員更應該學會保持持久的熱情，不斷的提高工作效率，提升自己的業績。

銷售是一場沒有硝煙的戰爭

銷售是一份極具挑戰性的工作，用「比雞起得還早，比老鼠睡得還晚，比狗的警覺性還高」來形容一點也不為過！

我們需要掌握和客戶溝通的能力，需要掌握專業的知識，需要掌握市場的動向，需要極大的體力支配，這些都是不同尋常的考驗！

「銷售不是請客吃飯，不是做文章，不是繪畫繡花，不能那樣雅致，那樣從容不迫、文質彬彬，那樣溫良恭儉讓。」銷售是一場沒有硝煙的戰爭。銷售不能有誇誇其談的作風，我們需要以自己的業績和數字來說話！

想多拿單子，增加業績就要有更多的機會，最簡單的方法就是多增加每天拜訪客戶的次數。推銷是一個數字遊戲，拜訪的顧客和你的銷售業績是成正比的。怎麼才能增加自己的銷售業績呢？

先從早睡早起開始做起吧。

世界上最偉大的業務員喬．吉拉德，他 7 點 30 分之前就能拜訪完三位顧客：6 點和第一位顧客喝咖啡，7 點跟第二位顧客喝果汁，7 點 30 分跟第三位顧客吃三明治。把早餐分三次來吃，效率自然是非常明顯了。

第一天下班之前要聯絡好明天拜訪的客戶，第二天早早就起床準備好前期工作，差不多 8 點的時候就能見第一位顧客。通常顧客到公司大概是 8 點左右，提前到了約定的地點，你會更自信、更有精神。你約定的時間越早，你見的顧客量就越多，拿單的機會也就越多。

一定要早睡早起。這是很多頂尖業務員的寶貴經驗。想做好這一行，必須養成這樣的好習慣。最好在晚上 12 點之前睡覺，早上 7 點之前起床。因為我們的工作不一樣，時間的分配要更科學合理。養足精神好辦事，你睡眼矇矓、萎靡不振的坐在客戶對面，客戶會怎麼想？

如果你提前約好了客戶，那你更應該早到一點，比客戶早到說明你很看重你的客戶，很尊重他，客戶因此就會對你產生一定的好感。就像和情人約會，遲到的一方總是需要道歉，在情人眼裡道歉是可以原諒的。但是，大多數客戶是不會原諒你的，他們的時間很吃緊，他們都把時間看成是金子，你

浪費了他們的時間簡直就是在花他們的錢！想想看，誰願意讓別人花自己的錢呢？

老馬剛入行的時候去拜訪一位客戶，路上塞車遲到了15分鐘，客戶非常生氣，什麼也沒說就打發他。那時老馬還叫小馬，小馬非常納悶，怎麼了，不就是幾分鐘嗎？至於跟我生這麼大的氣嗎？

回公司，跟自己的主管一說，主管就笑了。他反問小馬：「你看，我遲發給你10天的薪水，你願意嗎？」「當然不願意啦。」「是吧，假如你去見一個牙醫，為了趕到診所，你以接近自殺的速度趕過去了，結果卻在那乾等了20分鐘。你怎麼想？」

銷售人員不僅要守時，更應該早到，客戶約你在某一時間見面時，你必須竭盡全力使會晤按時進行。通常情況下，最好是在約定時間前10分鐘到達，不僅可以做一些準備工作，也是對自己和客戶的尊重！

如果因為一些特殊情況不能按時赴約，最好事前打個電話跟客戶解釋一下，或者爭取安排同事代替你。總之，不要浪費客戶的時間，也不要浪費了自己的時間！

敷衍工作，工作就會敷衍你

敷衍就是指人們在辦事時，責任心不強，而採取將就應付的態度，這也是一種消極的心理反應。表現在工作中，就是一種不負責任的應付和湊合。懷有敷衍心理的業務員往往會在工作中缺乏上進心，不追求完美，退而求其次，覺得湊合一下就行了，或者認為沒有必要做得那麼好，從而消極應付，蒙混過關。

敷衍的心理一方面是由業務員的工作環境造成的。如果業務員所處的公司不能夠及時的對業績突出的業務員給予必要的獎勵和提拔，使業務員得不

到肯定和重用，必然會打擊業務員的積極性。業務員看不到奮鬥的希望，久而久之，就會產生敷衍心理，反正努力和不努力都是一樣的結果，業務員就不再願意付出太多的心思和力氣。人們在工作的過程中總是渴望得到必要的心理安慰和激勵，如果業務員付出了努力而得不到物質上和心理上的滿足，無法獲取成就感和歸屬感，就會失去應有的責任心，以消極的態度來對待工作。

另一方面，敷衍心理更是源自業務員不思上進的消極心態。態度決定一切，積極的態度能夠激發人們的熱情，使人充滿動力的努力工作，而消極的態度則會讓人失去自信，缺少責任心。人性中有很多的缺點，一旦有了適合它生長的土壤，就會迅速的暴露出來。敷衍就是其中的一種，是一種對工作不負責任的鬆懈的態度。

人都有惰性，誰都想躲在溫暖舒適的家中品茶看電視，而不願意在外面東奔西跑，被風吹雨淋。而業務員的工作免不了辛苦的奔波，而且有時還遭受顧客的冷落和白眼，很容易讓業務員遭受心理上的打擊，使積極的心態漸漸退去，而人性的缺點顯露出來。這時業務員就會發起牢騷，「我有必要這樣拚命嗎？又不是我的公司，賣了產品，錢也都是歸他們，我只分得很少的一點，不值得啊！」「公司這麼多人，我只是微不足道的一顆小棋子，有我沒我都一樣，湊合一下就行了，何必那麼努力。」這樣的想法就使得業務員把自己抽離到了工作之外，覺得自己不屬於公司，產品不屬於自己，薪水拿不了太多，於是便抱著一種旁觀者的心態，反正不關自己的事，對工作便開始應付湊合。一副「事不關己，高高掛起」的姿態，對於超出自己職責的事一概不理不睬，拜訪顧客時也是馬馬虎虎，應付差事。對工作不負責任，工作對你也就會不負責任。最終業務員會因為自己的消極表現而影響自己和公司的形象，不但無法提高自己的業績，也不利於自身長遠發展。

第一章　心態決定業績

小紀是保險公司的業務員，剛剛進入職場，對工作沒有樹立起正確的價值觀。剛開始工作時還有幾分熱情，但是漸漸的就失去耐心，開始抱怨。他總是覺得公司給的薪水太低，而且主管對員工也不夠重視，無法實現自身價值。於是對工作開始產生敷衍心理。他經常對別人說：「只給我發那麼一點點薪水，不值得我為他那麼賣命，又不是我開的公司，產品也不是我的，賣好賣壞關我什麼事？」他總是抱著能躲一時就躲一時，能享受一下就享受一下的心態，對工作馬馬虎虎，草草了事。拜訪顧客的時候也是態度極不認真，聽不見顧客的意見，讓顧客留下了不好的印象。不久以後，其他的同事因為業績突出而得到升遷，小紀卻因為表現不好被公司辭退。

以敷衍的心理去對待工作，既是對公司、對顧客的不負責任，更是對自己的不負責任。不要把自己放在旁觀者的位置上，只有深入其中，以公司驕傲的一分子去努力工作，自然會獲得應有的回報。因此業務員一定要擺脫不負責任的敷衍心理。面對公司不合理的體制，如果自己真的努力了並且成績突出，但卻沒有得到相應的獎勵，可以找相關主管反映自己的意見。如果公司不重視人才，不給自己發展的機會，那麼大可以另謀棲身之處，而不應該以敷衍來進行報復，這樣既耽誤了自己的時間，又損壞了自己的品性，最終讓消極的情緒把自己毀了，最後會得不償失。

外部條件是一方面，而改變自己的內心才是真正治本的方式。業務員一定要克服自己人性上的弱點，不輕易抱怨，不輕易放棄，更不以旁觀者的心態來對待自己的工作和顧客。公司的發展是靠一個個員工的共同努力來實現的，因此自己與公司不是彼此獨立，而是息息相關的，而且彼此之間相互影響，相互制約。業務員要樹立起主角精神和強烈的責任心，懂得與公司榮辱與共，共同進退。以敷衍的態度對待工作，可能會一時蒙混過關，但是卻會親手葬送自己的發展前途。只有當業務員盡心盡力的去追求完美，注重每一

個細節的時候，公司得到了發展，自己不僅會獲得更多的利潤，也為自己創造了更大的發展空間。

要擺脫敷衍心理，業務員一定要明白自己工作的目的和價值，工作不僅僅是為了獲得升遷和賺到更多的錢。人的心理需求的層次是不斷提升的，從基本的生存需求到安全需求，到社會的需求、尊重的需求以及自我實現的需求，人們需要解決溫飽，獲得安全，賺取收入，獲得尊重，更需要建立良好的人際關係，獲得認可和尊重，在社會中找到自己的位置，進而在自己能夠勝任的職位上，最大限度的發揮自己的能力，實現自我價值。要實現這些，敷衍的態度是無法達到的，因此業務員要樹立正確的價值觀，找到自己前進的方向，並為之努力奮鬥，才會最終實現自己的夢想和價值。

積極心態，可以提高工作效率

有時候，人與人之間的差異是很小的，差別只是在看待問題上是懷著積極的心態，還是採取消極的心態。但是選擇哪種心態來對待人生，則會使人與人之間產生極大的差距，有的人獲得成功，而有的人卻遭受失敗。

在現實生活中，我們不得不承認這樣一個事實，那就是：在這個世界上成功的卓越的人占少數，而失敗的平庸的人卻是多數，成功者的生活是充實的、瀟灑的、快樂的，而失敗者的生活卻是空虛的、艱難的、悲苦的。

積極的心態是生命的燦爛陽光，給予人溫暖和力量，而消極的心態是生命的陰雲，讓人感到寒冷和無助。在很多成功人士的故事和經歷中，我們會發現，促使他們成功的一個重要因素就是心態。成功人士大多擁有積極樂觀的心態，能夠樂觀的面對人生，樂觀的接受挑戰並勇敢的應對困難。所以如果一個人能夠擁有這種積極樂觀的心態，那麼在通向成功的路上，就會走得更加從容和自信。

第一章　心態決定業績

有兩個業務員被派到非洲去推銷手機。第一個業務員到了非洲，發現那裡的人根本就不用手機，於是失望透頂，心想這裡根本就沒有市場，怎麼推銷啊。於是他剛到的第三天就放棄任務，很沮喪的回到了公司；另一個業務員到了非洲，看到非洲人都只用市內電話，基本上沒有人用手機，於是高興得差點跳起來，他高興的想：這些人都沒有手機用，那該有多大的市場啊，自己這下可發大財了。於是他開始想方設法的進行推銷，說服非洲人買手機。雖然一開始很多人拒絕，但是經過他的努力，人們開始慢慢接受了，於是隨著市場的打開，他賺了不少的錢。

因此不同的心態，所導致的結果是有天壤之別的。同樣的非洲市場，面對不用手機的非洲人，一個人消極悲觀，失望而回，另一個人卻積極樂觀，勝利凱旋。業務員在銷售過程中，一定要保持一種積極樂觀的心態，才能在困境中看到希望，而不是輕易的退卻。如果稍微遇到一點點困難，就選擇放棄，那是做不出成績的。

第一次拜訪顧客就遭到了拒絕，於是業務員就想：「我不行，我說服不了他的，還是退縮吧。」這樣的結果只會是陷入失敗的深淵。同樣是推銷，在遭受第 10 次失敗以後，業務員依然堅信自己一定可以說服顧客，於是當他第 11 次敲開顧客的門時，顧客就會欣然接受了。

在推銷工作中，遭受顧客的拒絕如同家常便飯，即使如此，業務員也不要失望嘆氣，雖然你不能保證每一個顧客都喜歡你的商品，但是總是有人喜歡的。所以業務員要保持積極的心態，鼓勵自己說「我要！我能！」「一定可以！」只要業務員不放棄，就一定會有辦法。試想愛迪生為了找到合適的燈絲，先後試驗了上千次，在數千次的失敗中，他依然沒有放棄和退縮，最終獲得了成功。業務員也應該向愛迪生學習。

擁有積極心態的業務員，不僅能夠樂觀的面對工作中的打擊和挫折，他

們更善於積極的推銷自己，為自己創造成功的機會。

喬．吉拉德是我們所熟知的世界上最偉大的業務員之一。他一生共銷售出去 13,001 輛汽車，至今無人能打破他所保持的紀錄。

他之所以如此的成功，與他積極的心態是密切相關的，因為他無論在什麼場合，都會積極的推銷自己，他總會隨身攜帶很多名片，走到哪裡發到哪裡，他努力的讓更多的人知道有一個人叫喬．吉拉德，他是個賣汽車的。

發送名片就是喬．吉拉德積極的推銷自己的方式。甚至到餐廳吃飯，喬．吉拉德都不忘留下兩樣東西：可觀的小費和兩張名片；寄支票時他也會在信封中放進兩張名片；底特律棒球場舉行熱門球賽的時候，吉拉德會站到看臺的最高處，向觀眾大把大把的撒名片。

有一次，喬．吉拉德到香港進行演講，當他從觀眾席後排昂首闊步進場，與熱情的觀眾握手擁抱時，他就向觀眾派送自己的名片。在臺上，他像變魔術似的，從桌上、口袋裡或者鞋底拿出一把又一把名片撒向觀眾。演講中，喬．吉拉德還會時不時的走下臺階，向觀眾席的某些觀眾問好，順便遞上自己的名片。他每次都會發給對方兩張名片，並對那人說：「你留下一張，另一張可以給別人。」

喬．吉拉德解釋說：「我要每個人都記得喬．吉拉德，即使你今天不買車，但你有一天想買車時，會記起有個喬．吉拉德，並有這個人的名片，我的生意便做成了。」

這就是喬．吉拉德，一個偉大的業務員。從他的故事當中，我們可以看到他火熱的熱情和積極的態度。作為業務員一定要讓自己保持一種持久的積極的心態，畢竟銷售工作不比其他，很容易讓人遭受挫折。如果業務員內心消極，那麼面對這樣的狀況就會悲觀頹廢，不敢積極解決工作中的各種問題和困難，只會輕易放棄，最終一事無成。

業務員要知道，成功的要素掌握在自己的手中，困難能否克服是由自己的心態所制約的。古人云：「世上事有難易乎？為之，則難者亦易矣；不為，則易者亦難矣。」事情的難易程度與一個人的心態的積極還是消極是密切相關的。不去做，不去積極的對待，再容易的事情也是難以做到的。

因此業務員在進行推銷時，剛開始的心態就已經決定了最後有多少成功的勝算，這一點比任何其他因素都顯得重要，所以業務員要以最佳的心態來應對自己的工作。

心理學家認為，很多時候我們的心理的、感情的、精神的環境都是由我們自己的態度來創造的。擁有積極的心態雖然不能保證事事成功，但是卻會改善一個人的內心環境，使人變得樂觀自信。持消極心態的人是難以獲得持續的成功的。即使運氣好碰到一次成功，也是暫時的，猶如曇花一現，轉瞬即逝。

業務員每天開始工作的時候應該鼓勵自己：「我今天一定可以說服幾個顧客，使自己的商品為他們帶去幫助。一定行的，加油！」以樂觀開朗的態度去和顧客談判，反而會贏得顧客的欣賞和信任，從而更加愉快、更加輕鬆的實現推銷。

樹立信任品牌，別人才可信任

在現實生活中，顧客對於業務員往往總是存在著某些心理上的誤解和排斥。導致這一現象的原因也是很複雜的，一方面是人們在消費過程中的自我保護心理，使顧客對業務員比較警惕；另一方面則是由於人們對業務員的認知不足，又受到某些社會現象或者流言的影響，比如一些不法分子假借業務員的身分到處行騙，從而造成顧客對銷售工作以及業務員懷有某些偏見，認為業務員都是騙人的，因而不敢接觸，或者對其產生厭惡和憎恨，因此當業

務員上門推銷的時候，顧客對業務員會表現得極為冷淡，缺乏應有的尊重，甚至對其進行侮辱。這也正是推銷工作難以得到人們廣泛認同和接受的原因所在。

推銷工作難做，是一個不可否認的現實狀況，這給業務員本身也造成了很大壓力，使業務員受到了很多的挫折和打擊，所以在對待推銷工作上，很多業務員失去了原有的自信，而變得害怕、自卑、恐懼，從而導致推銷的失敗。缺乏自信成為業務員失敗的一個重要原因，想想看，如果一個業務員對自己都表示懷疑，那麼怎麼能夠贏得顧客的信任？

業務員要相信自己，不僅要相信自己的職業，還要相信自己的能力。

人們的偏見是社會上很多的負面因素造成的，但是那並不代表推銷工作就是不正當的。業務員要始終堅信自己的職業是正當的，是能夠為人們提供便利，為顧客帶來好處的服務性工作，沒有什麼見不得人的。只有對自己的職業樹立起信心，才會全身心的投入到工作當中去。

此外就是業務員要樹立對自己的信心，要相信自己的能力，更要有強烈的自尊，不妄自菲薄，不低聲下氣。

推銷必須透過與人互動才能實現，而在互動的過程中，業務員會遇到各式各樣的顧客，其中不乏知識淵博的學者、地位顯赫的權貴、家財萬貫的富翁等類型的人，而業務員往往會在這些人面前感到自卑，沒有底氣。因為對方太優秀了，太卓越了，自己根本無法與之對比，想要說服對方簡直比登天還難。這樣的心理使業務員失去了自信，因而膽怯了，退縮了，最終不戰而敗，一無所獲。

當然，業務員產生這樣的心理也是在情理之中的，但是即使這樣也不能輕易放棄。雖然在學者面前，在富翁面前，在高官面前，對方在某方面勝過自己千倍百倍，會無形中給業務員造成龐大的心理壓力，但是要想贏得他們

的欣賞和信任，並不是不可能的事情。這時候，業務員只需要不斷的給自己打氣，告訴自己辦得到，堅信自己的能力。這樣從業務員身上散發出的自信的魅力，往往能夠征服顧客。

只要業務員能夠自信的面對顧客，顧客也就會對業務員產生信任，而在實際推銷的過程中，業務員往往會不自覺的產生害羞、害怕、恐懼、自卑等不良心理，不能夠自信的面對顧客，在顧客面前表現得唯唯諾諾、低聲下氣，或者不敢拒絕，無法把自己的能力表現出來，而導致談判的失敗。

在顧客面前過於謙卑是業務員常常表現出來的一種狀態，這從一定程度上反映了業務員自卑的心態，在他們心裡可能會認為如果不對顧客表示十分尊重，不事事順從著顧客，就無法博取顧客的歡心，無法拿下訂單。其實對顧客表示尊重是必須的，但是卻應該意識到業務員和顧客彼此是平等的，沒有必要刻意的阿諛奉承、委曲求全，這樣反而會使自己在談判中處於不利地位，也讓顧客看不起自己。

最偉大的業務員喬．吉拉德曾經說過：「信心是業務員勝利的法寶。」自信心在銷售過程中有著至關重要的作用，是業務員坦然的面對顧客並贏得顧客的最有效的本錢。

不要等待，要積極主動的出擊

很多人在做事情的時候往往會產生一種被動等待的心理，卻因此錯過了成功的機會。早上鬧鐘已經響了，應該起床了，但是有的人卻伸手關掉鬧鈴，對自己說「再等等，時間還早」，結果一不小心睡過了頭；上班時間已經過了，有的人卻還在不慌不忙的品茶，沒有進入到工作狀態；顧客前來購買商品，業務員卻愛理不理，連幫顧客拿東西也是慢吞吞的，一點都不積極主動。這樣的人能夠做好事情嗎？消極的態度只能換來可憐的業績，只有積極

主動的工作的人，才能夠創造出好的成績。

對於銷售工作，積極主動的出擊是獲得好成績的最有效的方法。主動出擊才能夠掌控局面，消極等待只能面對失敗。銷售行業的競爭是非常激烈的，無數的業務員在東奔西跑，四處尋求顧客，如果不積極主動的出擊，自己所獲得的占比就會越來越少，天上不會掉業績，顧客不是上天為特定的某個業務員安排的，而是靠他們努力爭取才獲得的。

成功永遠都屬於積極主動的人，再「差」的業務員，只要化被動為主動，積極的去爭取顧客，一樣能夠比那些雖然聰明卻只會消極等待的業務員做得好。因為透過主動爭取，才會得到更多的成交機會。有句名言是：努力不一定成功，但是放棄一定失敗。對於業務員來說，可以改為：爭取不一定得到，但是等待卻一定會失去。比如，有人想要給你一顆糖吃，可是你卻握緊了拳頭，別人則無法放到你的手裡，如果你把手張開，並伸手過來把糖接住，那麼你就可以嘗到甜美的滋味。這就是主動與被動之間的差別。

因此對於業務員，最好的防禦是主動出擊，而不是消極等待。儘管市場的競爭異常激烈，但是畢竟未開發的顧客還是占絕大部分的，所以不是顧客都已經購買過了，沒有人再買了，而是因為業務員不夠主動，當你認為不可能把商品推銷給他們而放棄時，別人已經登門造訪，並成功的把自己的商品推銷給了這些顧客。

業務員小李，他所推銷的是人壽保險，他入行比較晚，進入公司一段時間後，發現一個奇怪的現象，那就是所有的同事推銷的顧客基本上都是一些中產階層，而對那些大公司、大企業的老闆、經理等成功人士卻無人問津。小李覺得很奇怪，就問同事為什麼不向這些成功人士推銷保險，這可是一批大顧客，如果談成，會給自己帶來很大的收益。而同事卻對他的想法嗤之以鼻，「你真夠幼稚的，人家都那麼有錢，不管是什麼保險，早已經買過了，難

道還都留著等你去推銷啊？」小李表示不解，問：「你怎麼知道他們都已經買過了呢？」同事呵呵一笑：「說你傻你還真傻啊！用鼻子想想也都知道是這麼一種情況，雖然我沒有確切的市場資料，但是我敢保證，百分之九十九的這樣的顧客都已經買過了，不要浪費時間了。」

小李還是堅持自己的想法，既然沒有確切的數據證明，就說明這是一塊潛在的極大的市場，即使他們都買過了，自己也要去試一試。於是在其他同事都朝著中產階層的方向擁擠的時候，小李卻單獨去跑這些高層人士的業務。小李不斷的主動出擊，不斷的去拜訪各大公司、企業的老闆和經理。雖然一開始並不是很順利，但是在他的努力下，情況終於出現了轉機。他在說服了幾個公司的董事長購買保單後，這些人看他為人不錯，又把他介紹給自己的朋友，當然也都是一些成功人士，這些成功人士買了以後覺得不錯，又介紹給自己其他的朋友。就這樣，小李逐漸在這些成功人士中間簽了很多保單，替自己賺取了很大一筆收入。

在別人都認為他們已經買過保險，或者根本就不敢去推銷的時候，小李並沒有放棄，而是主動出擊，努力去爭取，結果開發出了很廣闊的市場，因為實際情況並不是同事們想的那樣，這些成功人士雖然有錢，但也不是都買了保險，反而有很多人並沒有買，就等著有人去向他們推銷。小李想到了，並努力爭取了，所以他成功了。

在你餓的時候，天上不可能掉下一頓海陸大餐給你吃，只有你去努力的尋找，才能夠獲得。做業務其實也是這樣的，沒有付出就沒有收穫。當你一直在傻傻的等著顧客前來找你的時候，已經有業務員把業務送到顧客的家裡去了，所以你永遠也等不到。當你認為不可能說服某些顧客購買自己商品的時候，已經有很多業務員登門造訪過七八次，也許再來一次就可以促成交易。因此在業務員的心裡永遠不能有懈怠的情緒，總是認為不著急，總是認

為不可能，總是替自己尋找各種推託的理由。當看到別人成功的時候，除了羨慕之外，還固執的認為他們只是運氣好一點而已。嚮往成功卻從不主動的去追求成功的人，只會離成功越來越遠。

也許你一週跑了 50 個顧客，而這 50 個顧客裡面只有 15 個顧客願意和你坐下來談談，而這 15 個有意購買的顧客中，可能只有 1 個人購買了你的商品，但是你依然是成功的。只要你不斷的主動出擊，去尋求、去爭取，你的成績就會越來越好，不像那些只會空等的業務員，等了一年，也沒有談成一個顧客。

對於業務員來說，消極等待是其成功的最大障礙物。不管什麼時候，都要抓緊時間，積極的去贏得顧客，不等待，不拖延，努力為自己創造更多的機會和價值。

成功來自嘗試古語云：「合抱之木，生於毫末；九層之臺，起於累土；千里之行，始於足下。」意思是說，成功不是一蹴而就的，而是一點一滴累積起來的。不經歷風雨怎麼見彩虹，沒有人能夠隨隨便便成功。做什麼都不容易，難免會遭受挫折和失敗，如果就此選擇放棄，那麼就永遠也無法達到成功的彼岸，但是如果能夠鍥而不捨的堅持下去，不斷的嘗試，不斷的進步，終有一天會獲得驚人的成功。

銷售商品，其實是在推銷自己

銷售活動是由業務員、顧客以及商品三方面要素共同構成的。顧客要購買商品，而業務員則是連接顧客和商品的橋梁，透過業務員的介紹，使顧客得到更多關於商品的資訊，從而自己做出判斷，決定買還是不買。而在這個過程中，雖然顧客是衝著商品而來，但是顧客最先接觸的卻是業務員。如果業務員彬彬有禮、態度真誠、服務周到，顧客就會對其產生好感，進而接受

其推銷的產品；而如果業務員對顧客態度冷淡、愛理不理、服務不到位，顧客就會很生氣、很厭惡，即使其產品品質很好，顧客也不會購買。從顧客的角度來說，其購買的最終目標是商品，但是業務員的服務和態度對交易是否能夠達成，卻有著決定性的作用。如果從業務員的角度來說，業務員最先推銷的應該是自己，其次才是商品，因為只有讓顧客首先喜歡你、接受你，才會進而購買你的產品。所以在銷售界，有這樣一條推銷的基本原則，那就是:業務員首先推銷的應該是你自己。很多時候，業務員就像是一件又一件的商品，有的相貌端正、彬彬有禮、態度真誠、服務周到，是人見人愛的搶手的商品，所有的顧客都喜歡;有的衣衫不整、粗俗魯莽、傲慢冷淡、懶懶散散，就會令顧客討厭，甚至避而遠之，根本不會買他的東西。

銷售與購買，其實是業務員與顧客之間的一種交往活動。既然是交往，只有彼此之間產生好感，相互接受，才能夠繼續發展下去，並建立起比較穩定的關係。只有當顧客首先接受了業務員，才會進而接受其產品。因此，業務員在推銷產品時，首先要讓顧客能夠接受自己，對自己產生信任，這樣顧客才會接受其推銷的產品。如果顧客對業務員有諸多的不滿和警惕，即使商品再好，他也不會相信，從而拒絕購買。

因此，讓顧客接受自己，是業務員首要的任務。

曾經有一個保險業務員，在他最初從事這一行業的時候，每次出去拜訪顧客，推銷保險，總會失敗而歸，儘管他也很努力。

後來這位業務員開始思考，究竟是什麼原因導致自己失敗，為什麼顧客總是不能夠接受自己……在確定自己推銷的產品沒有問題後，那就說明是自己身上的缺點讓顧客不喜歡，因此導致顧客拒絕接受自己的產品。為此，業務員開始進行自我反思，找出自己的缺點，並一一改正。為了避免當局者迷，漏掉自己發現不到的不足，他還邀請自己的朋友和同事定期聚會，一起

來批評自己，指出自己的不足，促進自己改進。

第一次聚會的時候，朋友和同事就向他提出了很多意見，比如：性情急躁，沉不住氣；專業知識不扎實，應該繼續學習；待人處事總是從自己的利益出發，沒有為對方考慮；做事粗心大意，脾氣太壞；常常自以為是，不聽別人的勸告等等。業務員聽到這樣的評論，不禁感到汗顏，原來自己有這麼多的毛病啊，怪不得顧客不喜歡自己。於是他痛下決心，一一改正。而且他還把這樣的聚會繼續辦了下來，然而聽到的批評和意見越來越少，而是得到了更多的認可。與此同時，在保險推銷方面，他簽成的單子也越來越多，並且受到了越來越多的顧客的歡迎。

可見，在推銷活動中，業務員自己和自己推銷的產品同等重要，把自己包裝好，讓顧客喜歡，顧客自然也就會購買你的產品。

因為顧客在購買時，不僅要考慮產品是否適合自己，還要考慮業務員的形象和品質。在一定程度上，業務員的誠意、熱情以及勤奮努力的品質更加能夠打動顧客，從而影響顧客的購買意願。

影響顧客購買心理的因素有很多，商品的品牌和品質有時並不是顧客優先考慮的對象，只要顧客從內心接受了業務員，對其產生好感和信任，就會更加接受他所推薦的商品。研究人員在一項市場問卷調查的結果中發現，約有 70%的顧客之所以從某業務員那裡購買商品，就是因為該業務員的服務好，為人真誠善良，顧客比較喜歡他、信任他。這一結果顯示，一旦顧客對業務員產生了好感，對其表示接受和信賴，自然就會喜歡並接受他的產品。相反，如果業務員不能夠讓顧客接受自己，那麼其產品也是難以讓顧客接受和喜歡的。

所以從某種意義上說，業務員在銷售的過程中，最應該推銷的是自己。業務員應該努力提高自身的修養，把自己最好的一面展現給顧客，讓顧客對

你產生好感，喜歡你、接受你、信任你，當你成功的把自己推銷給了顧客，接下來的工作就會順利很多。

先做顧客的知心人，後做賺錢的生意人

顧客是朋友，只有當我們真正與顧客成為朋友，這才是我們最大的本錢。如果你真正能讓顧客當你是朋友，那麼，這樣的朋友是會為你的生意帶來許多好處的。以真誠的心，去對待每一位顧客，把每一次接待，都當做是在為自己的朋友（甚至是自己）服務，這樣你就能得到不少的朋友。

我們在實際的工作中，如果能真正為顧客多想想，多做一點力所能及的事，顧客的感動是很真誠的。

去年冬天，一位長者來展示中心看車，不巧原來與他聯絡的那位同事在休假，於是小穎熱情的接待了他，帶他領錢，幫忙取車、加油。就這樣結識了這位長者，之後他每次來展示中心，都很關心他們及他們公司的銷售情況，有時還會與小穎閒話家常：「你家有幾個姐妹啊？他們都做什麼工作？」他還把自己的收藏品拿給他們看，去年 6 月分車展的時候，他還特地趕來與他們一起拍照留念，並約定時間一起爬山。

感受到這位長者的關愛和祝福，小穎心裡覺得特別溫暖。這種溫暖和快樂其實同事們也常遇到。當自己走在路上，突然有個熟悉的車停下來問你要去哪裡，要不要送你一程。簡單一個招呼，一個微笑，心底油然而生的是一種溫馨喜悅。即使客戶沒有看見你，自家品牌的車從身邊飛馳而過，心裡也會覺得愜意和快樂，車子與小穎的生活已是緊密相連。

二月分小穎公司舉辦了「贈人玫瑰，手有餘香」愛心傳遞活動，其實，人生的付出與收穫亦等同此理，物質豐厚是幸福，但僅此而已是不夠的，幸福的關鍵是活得有價值，在我們享受關愛的同時，也要給身邊的其他人「力

所能及」的關愛，幫助別人是快樂的，經常幫助別人的人就能經常體驗這種快樂，而太多的快樂編織在一起，就形成了幸福。只有這樣，我們才能在「知恩、感恩、給予」的循環中不斷的感受快樂、收穫幸福。也只有和顧客先做朋友，才能得到顧客的信任，從而有利於自己以後工作的發展。

一個成功的生意人，不僅需要過人的智慧、高人一等的生意手腕、精明的用人方法，更需要超人的魄力，擁有超強的人脈網絡，以及長遠的目光和進取的心態。想達成交易，不妨和顧客先成為朋友。

某電氣公司的約翰在賓州的一個富饒的荷蘭移民地區做了一次考察。

「為什麼這些人不使用電器呢？」經過一家管理良好的農莊時，他問該區的代表。

「他們一毛不拔，你無法賣任何東西給他們」那位代表回答，「此外，他們對公司火氣很大。我試過了，一點希望也沒有。」也許真是一點希望也沒有。但約翰決定無論如何也要嘗試一下，因此他敲敲那家農舍的門。門打開了一條小縫，屈根堡太太探出頭來。

「一看到那位公司的代表，」約翰先生開始敘述事情的經過：「她立即就當著我們的面，把門砰的一聲關起來。我又敲門，她又打開門；而這次，她把公司的不滿一股腦的說出來。」

「屈根堡太太。」我說：「很抱歉打擾了您，但我們來不是向您推銷電器的，我只是要買一些雞蛋罷了。」

「她把門又開大一點，懷疑的瞧著我們。」「我注意到您那些可愛的多明尼克雞，我想買一打鮮雞蛋。」

門又開大了一點。「你怎麼知道我的雞是多明尼克種？」她好奇的問。「我自己也養雞，而我必須承認。我從來沒見過這麼棒的多明尼克雞。」

「那你為什麼不吃自己的雞蛋呢？」她仍然有點懷疑。

「因為我的雞下的是白殼蛋。當然。妳知道，做蛋糕的時候，白殼蛋是比不上紅殼蛋的，而我妻子以她的蛋糕自豪。」

「到這時候，屈根堡太太放心了，變得溫和多了。同時，我的眼睛四處打量，發現這農舍有一間修得很好看的乳牛棚。」

「事實上，屈根堡太太，我敢打賭，妳養雞所賺的錢，比妳丈夫養乳牛所賺的錢要多。」

「這下她可高興了！她興奮的告訴我，她真的是比她的丈夫賺錢多。但她無法使那位頑固的丈夫承認這一點。」

「她邀請我們參觀她的雞棚。參觀時，我注意到她裝了一些各式各樣的小機械，於是我『誠於嘉許，惠於稱讚』，介紹了一些飼料和掌握某種溫度的方法，並向她請教了幾件事。片刻間，我們就高興的在交流一些經驗了。」

「沒多久，她告訴我，附近一些鄰居在雞棚裡裝設了電器，據說效果極好。她徵求我的意見，想知道是否真的值得那麼做……」

「兩個星期之後，屈根堡太太的那些多明尼克雞就在電燈的照耀下了。我推銷了電氣設備，她得到了更多的雞蛋，皆大歡喜。」

做朋友和引導顧客消費兩不誤，我們何樂而不為呢？

第二章

把握顧客消費心理最關鍵

能始終堅持微笑，說明他有很強的職業道德，有一個能接受他人對自己提出批評的寬闊胸懷。因此面對這種微笑，客戶會不忍心繼續指責下去，那麼，他們也會接受業務員一開始提出的價格。

第二，對自己的產品要有信心。那位小販在客戶的再三指責下，還是堅持自己的價格，這主要源於他對自己的水果很有自信，如果他對自己的產品沒自信的話，他肯定會在與顧客討價還價中敗下陣來。

第三，堅持自己的原則，應對客戶的指責。

對於業務員來說，在推銷的過程中也是要有自己的原則的，面對客戶討價還價時，不能無限制的降價，這樣自己肯定會吃虧，只要是貨真價實的商品，就應該堅持自己定出的價格。

身為業務員，要記住，客戶指責你的商品，就是他們對你的產品發生興趣的開始，這樣的客戶才是你真正的準客戶，因此，面對這些指責，你要沉得住氣。

和顧客換位，你就知道該怎麼做

說白了，銷售人員最直接的目的就是從客戶的口袋裡掏錢。如果沒有「勾引」客戶的能力，客戶根本不想買，你怎麼能將他口袋裡的錢掏出來呢？如果你硬是強賣、強掏的話，也許他會撥打 110，警察很快就會告訴你這是光天化日下的搶劫……

所以，想從客戶的口袋裡掏錢必須先打動他們的心！誰的錢也不是大風颳來的，買東西之前誰都會考慮再三。你想賣給別人東西，先要想好客戶買這東西值不值，也就是說，假如這是自己的錢，我們又該怎麼做？

這就是說，銷售人員一定要懂得體會客戶的心理，站在客戶的角度想問題，找出他們真正想要的東西。假設你的銷售對象是一家公司，如果你有一

定經驗的話，你肯定清楚客戶對錢的強烈反應。很多銷售人員認為客戶公司首先考慮的問題不是如何花錢，而是如何賺錢。事實真的是這樣的嗎？「如何賺錢」是每一家公司都必然考慮的最終目的，但這不是他們關心的首要問題。那客戶在錢這個問題上首先考慮的是什麼呢？事實上，客戶一般的考慮順序是：

1、省錢。

2、賺錢。

3、不花錢。

心理學認為：與尋找快樂相比，人們更急於避免痛苦，因為人的本能就是保護自己免受外界的傷害。保護自己不受傷害有兩種辦法：努力尋找快樂或者避免遭受痛苦。

知道賺錢的艱難，那就必須學會省錢，花錢在大部分情況下是一種痛苦，不管你是一個窮人還是富人。客戶大多會先考慮如何避免遭受痛苦，然後才會考慮如何才能找到快樂。想讓客戶掏錢，那就是給他製造痛苦，所以大多數人都在盡量避免花錢。

想達成自己的交易目的，不妨給客戶一個尋找快樂的理由。讓他們明白價值遠遠要大於價格，有些價值是不能用金錢來衡量的，你的首要任務就是找到這個切合點。記住，你的使命是讓客戶花錢花得舒心而不是窩心！只有快樂的交易才能維持長時間的熱度，也就是積極拉動所謂的「回頭客」。

作為一名銷售人員，你必須具備一定的成本意識。不僅僅為自己考慮、為自己的老闆考慮，更要為客戶考慮。你想讓顧客買你的車，不妨做個假設。假如現在你想買輛新車，你會買最便宜的，還是選擇一款物有所值的？你的客戶同樣也會想這個問題。實際上，他們想的永遠要比你多。你只是在想著錢，而客戶卻在考慮這些在你看來雞毛蒜皮的小事：維護方法；產品及

零件的使用壽命；零件成本及供應情況；能帶來多少生產力的提高；需要進行多少相應的人員培訓；產品安全性等。

如果客戶選擇了成本最低的產品，那麼只有兩種可能性：

（一）　你不是一個合格的銷售人員，沒能向客戶說明成本和產品價格之間的區別。

（二）　你不是一個合格的銷售人員，你找錯了客戶。

看看，都是你的責任。讓客戶選擇了價格而不是價值，這是一個銷售人員最大的失誤。不要說，這個客戶是個窮人，花錢也是分場合的。當一個客戶走進售車場的時候，他已經有了自己的一個心理預算。銷售人員唯一能做的是盡量讓這個客戶增加先前的預算，多多益善。

國外有位銷售心理學家對價格和價值做了如下詮釋：「價格代表了你的付出；價值是你的所得。」客戶內心所想不過是避免痛苦，尋找快樂。但在尋找快樂之前，他們想要從銷售人員獲得的價值可能是這些：如何降低成本；如何降低風險等。如果你能找到客戶想要的真正價值，並讓客戶明白如何獲得這些價值，那你已經占據了主動權。

有些銷售人員常常抱怨說：「我努力的向客戶解釋價格和價值的區別，但客戶根本不想聽，我真的是沒有辦法了。」如果你也遇到了這種情況，那麼你要明白，買家和賣家之間的衝突是必然存在的。從銷售的角度出發，目的無非是從客戶腰包裡掏錢。從客戶的角度考慮，他們要盡可能的避免錢包裡的錢溜走。衝突就是這樣產生的。這個衝突是不可解除的，唯一的方法是舒緩。

大多數客戶認為自己的錢被銷售人員拿走是一種痛苦，那怎麼才能說服客戶呢？只有一句話，告訴客戶：你花錢購買和不買相比，不買的損失更大！利益是相對的，權衡利弊，客戶不是傻瓜。如果客戶對你的推銷術不感興

趣，原因可能有兩個：

(一)　他們還沒有意識到不買的損失。

(二)　他們對你不夠信任，不想與你分享他們的痛楚。

讓客戶獲得心理上的快感，千萬不要把自己接近客戶的意圖定位在僅僅賺他們的錢上面，結果可想而知 —— 客戶會對你敬而遠之！但如果你能夠處處為客戶著想，把客戶的錢當成自己的錢來考慮，給他們一個強有力的理由，相信你的交易很容易就能實現！

換個思維和說話，更能夠吸引客戶

一般的業務員見到顧客的第一句話就是：「你好，我是某某公司的，我來向您推薦我們公司最新生產的產品……」一聽這樣的話語，十個客戶有九個都會反感，本來一般人對業務員的印象就不怎麼好，而又來說這樣的話，這樣的業務員不被拒絕是不可能的。

我們在切蘋果的時候，都習慣於豎著切，我們如果橫著切的話，會有什麼不同呢？也許我們會有新發現。不管能不能有一種新發現，這種思維就已經是新的了，因為這是不同於常人的逆向思維。

逆向思維可以說是創新的基礎，因此也就成了發展的前提。正是因為人類有這種逆向思維，才創造了許多的奇蹟。

洗衣機的脫水槽，它的轉軸是軟的，用手輕輕一推，脫水槽就東倒西歪。可是脫水槽在高速旋轉時，卻非常平穩，脫水效果很好。當初設計時，為了解決脫水槽的顫抖和由此產生的噪音問題，工程技術人員想了許多辦法，先加粗轉軸，無效，後加硬轉軸，仍然無效。最後，他們來了個逆向思維，棄硬就軟，用軟軸代替了硬軸，成功的解決了顫抖和噪音兩大問題。這是一個由逆向思維而誕生的創造發明的典型例子。

而在銷售方面，運用逆向思維而帶來的成功例子也數不勝數。

某時裝店的經理不小心將一條高級毛呢裙燒了一個洞，其售價一落千丈。如果用織補法補救，也只是蒙混過關，欺騙顧客。這位經理突發奇想，乾脆在小洞的周圍又挖了許多小洞，並且精心修飾了一番，將其命名為「鳳尾裙」。一下子，「鳳尾裙」銷路頓開，該時裝商店也出了名。

我們總是在常規思維裡打轉，正是因為我們習慣了這種常規思維，所以它一直都在束縛著我們的發展。只要我們打破這種常規思維而進行逆向思維，也許擺在我們面前的是一條平坦的大道。

保羅是一家服裝公司的業務員，有一次，他來到一家購物中心推銷產品。進了門，對方只埋頭忙自己的事，只是冷冷的問了一句：「哪家公司的，推銷什麼呢？」

而保羅卻不急著遞名片、報公司，而是不慌不忙的說明來意：「先生，旺季到了，我是來幫你忙的。」

「幫我？」他停下手中的活，用疑惑的眼神看著眼前的保羅。

「是呀。」

「怎麼幫我？」

「幫你提高營業額，增加利潤呀。」

「是嗎？」他頗有興致的問。

「是的。你看旺季到了，你的花色品種還相當單調，我來幫你補充新的樣式和顏色呀。」

「那——」

這時保羅見時機已經成熟，於是遞上自己的名片和宣傳資料，並進一步說：「像這個品種，在全國其他城市已經為商家帶來了很可觀的利潤。」

「嗯——」

於是這筆生意保羅輕而易舉的就做成了。

可是，我們都已經習慣了常規的思維方式，那麼怎樣才能把常規思維扭過來而進行逆向思維呢？逆向思維是否有技巧可尋呢？答案當然是肯定的。

第一，和客戶轉換角色。當你和客戶正面談判不能獲得資訊的時候，就可以換一種思維方式，當你的客戶是一家公司時，你自己或者讓公司的其他同事偽裝成客戶公司的新客戶，利用電話或者直接上門拜訪的方式洽談，多多提問題，相信客戶一定不會拒絕一個新客戶的，這樣，客戶的很多資訊都會主動告訴你，你就能掌握客戶的情況。這樣一來，你透過這些重要的資訊，可以對客戶「展開進攻」了。

第二，在自己的定位上進行逆向思維。一般的業務員都是以業務員的身分出現在客戶面前的，一見面就主動推銷自己的產品，但是這樣做的結果卻恰恰相反，因為大部分客戶都會拒絕一個業務員。但是如果我們把自己定位為客戶的朋友，事事都為客戶的利益考慮，那麼客戶豈有不接受我們的道理。或者把自己打扮成一個虛心的請教者，一個虛心的學生的角色，向客戶請教很多問題。在請教問題的時候不斷做筆記，這樣一來，慢慢的客戶就很信任你了，你就能和客戶成為好朋友，這個時候不用你推銷，客戶會自己購買你的產品。

第三，在稱呼上進行逆向思維。我們在向客戶推銷產品的時候，一般的稱呼是「某某總、某某總經理、某某先生……」儘管這樣的稱呼也許和客戶的身分相符，但是這樣的稱呼卻太過於嚴肅，使人與人之間的關係顯得疏遠了。而如果改用比較親近的稱呼，就像老朋友一樣，那雙方的關係在無形之中就升溫了。

銷售其實是一種技術工作，你能不能吸引客戶就看你會不會想辦法。我們總是被一些和常規思維相反的做法所吸引，就是因為每個人心中都有一種

這樣的心理——逆向思維讓人感覺很獨特。如果把這種逆向思維用在銷售上，那麼吸引客戶也就不是一件難事了。

保持幾分神祕，吊足顧客購買欲望

「你不給，他偏要！」這是人類普遍存在的一種叛逆心理。

人們在受到批評的時候，都會覺得「不服」，心裡很彆扭。就算明明是自己不對，也死不承認。在行銷中利用這種心理傾向，對銷售工作大有裨益。

有一家酒館生意一直不是很好，於是老闆想出來一個主意：

老闆讓人在離他酒館不遠的大街上蓋了一棟漂亮的小房子，並且在房子牆壁四周打了一些小孔，房門上寫著四個大字：「不許偷看！」很多路人因為好奇，都要對著小孔看看。看進去，映入眼簾的是:「美酒飄香，請君品嘗。」鼻子下面正好放著一瓶香氣襲人的美酒。於是，聞到酒香的人紛紛走進了這家酒館。越來越多的人「偷看」了小屋裡的美酒，越來越多的人走進了老闆的酒館。

「不許偷看」四個字，正是利用了人的叛逆心理，你不讓我看，我偏偏要看。抓住顧客的心，才是經營獲勝的法寶。

「人們在沒有感覺到太多的壓力時，往往不會改變自己的想法，但一被人誤解，就會生氣，甚至懷恨在心。每個人的心裡都隱藏著一些動機，這些動機包含著強烈的信念，如果有人想要改變自己的信念，那他就會不知不覺對想要改變自己的人反感。」

這段話的意思很明確，人人都有叛逆心理，別人告訴你「不准看」，你就偏偏要看。你的欲望被禁止的程度越強烈，抗拒心理也就越大。所以，銷售人員不妨深層次的研究一下這種心理傾向，善加利用，不但能把那些「頑固」的顧客軟化，還能讓他們對你的態度發生 180 度的大轉彎。

現在很多超市都在舉辦什麼「五週年店慶」、「十週年慶」的促銷活動，廣告詞大同小異，都是一些諸如「加一元多一件」、「買一送一」的口號，這些行銷手段很平常，沒什麼出色之處。銷售人員要走出類似這種「順」心理的怪現象，適當用些「逆」手段，也許效果更好。

比如，一個大型賣場，舉行了一場這樣的促銷活動：「本飲料每人限購兩瓶」。大大的廣告牌子幾乎要被熙熙攘攘的顧客擠倒了，生意好得不得了。這是一種新飲料，開始是「買三贈一」，效果不是很好，願意嘗試的顧客不多。後來，經過行銷專家的指點，採取了這種「限量版」銷售，吊起了很多顧客的胃口。人們都想試試這個新飲料有什麼特別之處，賣東西不是越多越好嗎？幹嘛還要限制數量呢？

出於叛逆心理，很多顧客本來想買一瓶，但是一說限購，就覺得買兩瓶還是很合算的。你不賣給他，他偏偏要搶著買，是不是很奇妙？一點也不，這就是人類心理上的共有特點，人的天性就是如此。

所以說，利用顧客的叛逆心理，是一個相當有效的銷售策略。就看你能不能讓顧客反著來，走進你布下的圈套。

讓客戶覺得自己很特別，他才肯掏錢

俗話說：「巧婦難為無米之炊」，沒有客戶，再厲害的銷售也賺不到錢。客戶就是上帝，客戶就是你的衣食父母，把你的客戶「伺候」好了，讓他們覺得花的錢物有所值，花錢花得很特別，花錢花得很有品味，花錢花得舒服，花錢花得開心，何愁你的銷售成績提高不上去呢？

怎麼才能讓顧客花錢花得舒服呢？事實上，這相當程度取決於有技巧、有效的溝通。溝通，不是簡簡單單的對話，需要站在顧客的立場上考慮問題。體會顧客的喜怒哀樂，讓顧客享受到購物的樂趣，而不是花錢的痛苦。

只要讓顧客的心裡舒服了，才能談及購買的事。

銷售人員不能總是把自己擺在銷售者的位置上，要學會把自己看作一個消費者。假設站在櫃檯外面的那個是你，思路才能真正的貼近消費者，牽引消費者；才能明白怎樣去講解商品，才能引起消費者的認同，可以引起消費者的共鳴。

小梅是應屆大學畢業生，從學校畢業很長時間找不到工作。有一次，經過一家手機店，看到玻璃上貼著一張徵才廣告。小梅到近前一看，原來是招聘銷售人員的。因為很長時間沒有收入，小梅決定試一試。不是說「先就業再擇業」嘛。

面試過程很簡單，小梅第二天就開始工作了。經過幾天簡單培訓，小梅站在了手機銷售點的櫃檯前。因為正趕上國定假日，店裡的生意很好。小梅也接待了幾個顧客，賣出一部手機，很高興。沒想到，還沒高興夠，就出了問題。一位顧客在買手機的時候，對手機的性能不是很了解，問了小梅很多問題。因為看手機的顧客很多，小梅不可能照顧得那麼周到。顧客問問題，小梅沒時間詳細回答，難免出現一些摩擦。沒想到，這個顧客大發雷霆，對小梅的服務很不滿意，非要小梅道歉不可，小梅一開始還很耐心的跟他說話，後來也忍不住發起火來。兩個人大吵大鬧，驚動了店面經理。最後，小梅以離開這家手機店了事。

雖然，這事不能完全怪小梅，但是小梅不能控制自己的情緒也是不對的。顧客本來是很想買這部手機的，不買他問那麼詳細也沒什麼意義。顧客花錢不是來找不自在的，最後搞得一肚子火，這生意是沒法做了。所以，銷售一定要讓顧客覺得花錢花得舒服，心情愉快，心理上受尊重，獲得一定的成就感。作為一名業務員，在對顧客服務的時候要注意以下方面。

微笑是世界上最神奇的東西。與顧客保持微笑吧，微笑不僅能調節自己

的心態，還能引起消費者的好感。當然，也要把握微笑的時機，對自己的情緒要控制自如、收放有度。

言談舉止有涵養的人，往往能得到別人的尊重。與顧客溝通時想讓顧客留下好印象，表現一定要謙虛有禮，營造起友好和諧的氣氛。

成功的和顧客溝通，可以與顧客從感興趣的話題開始談起。這個話題要根據顧客的身分來判斷，內容也可以是多種多樣的。上至天文，下至地理，風俗財經，都是可選擇的溝通話題。

學會聆聽，學會解答，成為一個有溝通技巧的人。顧客說話的時候，不要打斷；顧客提問的時候，盡力詳細的去解答。讓顧客覺得很舒服，這錢花得很特別，才會對你的產品發生興趣，進而達成交易。

尋找共同點。人與人之間總會有共同點的，找到你和顧客的共同點，獲得心理上的共鳴，這是加強溝通最有效的方法。

製造一種顧客買不到中意產品的假象

D.H. 勞倫斯的小說《查特萊夫人的情人》曾一度被列為禁書，在小說成為合法出版物前，光黑市上的盜版書就賣出了好幾千冊。人們往往都有這樣的心理，得不到的永遠是最好的，吃不到嘴裡的永遠是香的。按照一位社會心理學家的說法：「我們對稀罕貨的本能占有欲直接反映了人類的進化史。」

在銷售中，這個道理同樣適用。人們常常對那些買不到的稀罕東西興趣比較大，越買不到，越想得到。業務員可利用客戶「怕買不到」的心理，吸引消費者的眼球。比如說：「這款衣服就剩下這最後一件了，而且貨源也比較緊缺，短期內我們不會再進貨了，您要不買恐怕以後真買不到了。」一般來說，只要感興趣的顧客就會「聽話的」買下這件衣服，因為他怕「買不到」啊。

現代經濟學認為，價格是商品和資源的稀缺性的訊號。供不應求時，價格上升；供大於求，價格下降。也就是人們所說的「物以稀為貴」，就像魯迅先生《藤野先生》筆下的「北京的白菜運往浙江，便用紅頭繩繫住菜根，倒掛在水果店頭，尊為『膠菜』；福建野生的蘆薈，一到北京就請進溫室，且美其名曰『龍舌蘭』。」有時候，東西貴點更好賣。

據最近的一項研究，商店老闆將一些巧克力餅乾免費讓顧客品嘗，先是從一個滿滿的罐子裡取出一些餅乾給他們吃，顧客說「味道不錯」；然後又從一個個快空了的罐子再拿一些餅乾給他們吃，顧客說「這種餅乾味道更好」。其實，老闆拿的是同一種餅乾，只是形狀略有不同罷了。這項研究說明人類天性一個很有趣的特點：人們往往認為稀缺的東西價值更高。

銷售人員在銷售中可使用「物以稀為貴」這一招式，不能告訴顧客：「我們這貨太多了，您隨便挑。」顧客就會感覺自己選擇的餘地很大，完全沒有必要花大價錢買你的東西。有時候，「存貨不多」、「限時特價」，會讓顧客更加珍惜。銷售菁英們都知道，強調對損失的恐懼比強調收益更能見效！

一位阿拉伯商人拿著三件稀世珍寶到一個大型的拍賣會上出售，三件開價 5,000 萬美金。第一次出價，根本沒人回應。這個商人當機立斷，打碎了一件，人們在驚訝之餘都感到很痛惜；第二次出價，兩件仍開價 5,000 萬美元，可惜還是沒人買，於是商人又打碎了一件，眾人大驚，情緒波動十分強烈；第三次出價，只剩一件珍寶了，商人仍開價 5,000 萬美元，眾人皆搶⋯⋯

面對這樣的絕世珍寶，真正的收藏家是不可能再容忍其損壞的，商人對自己的東西有信心，又利用了人們的「物以稀為貴」心理，最終實現了交易。假如他降價的話，根本賣不到 5,000 萬美元。這就是一種銷售中的「匱乏術」，讓客戶感覺到貨物奇缺，錯過這個店就沒有了。人們害怕失去又渴望擁有，掌握了客戶這種心理，何愁你的銷售不能成功？

義大利著名的一家商店採用了一種單次銷售法，對所有的商品僅出售一次，以後再不會進貨，再熱銷的東西也是如此。你是不是覺得，這家商店會損失許多利潤呢？實際上，恰恰相反，因為商品太搶手，利潤會更大。這家商店就抓住了顧客「物以稀為貴」的心理，讓顧客覺得這家商店的東西「機不可失，失不再來」，一猶豫就買不到了。所以，商店只要有新品上市，往往會被顧客一搶而空。為客戶編個「她」的故事，我們先來看看如何向那些喜歡看韓劇、日劇、美劇的女生推銷。

「圍上這條圍巾，您簡直就是《我的野蠻女友》裡的全智賢。」

「您看，您真像電影《麻雀變鳳凰》裡的茱莉亞．羅勃茲，這件外套完全可以呈現您知性的一面。」

於是，這些女生就迷迷糊糊的掏出了自己口袋裡的錢。有人說：女人等待的是會說故事的男人。

時刻要向客戶證明，他是占了大便宜的

價格是個很敏感的詞彙。事實上，談到錢的問題，一切就變得敏感起來。價格合理不合理，利潤是否可觀，對客戶來說是非常重要的。在處理價格這個問題上，銷售人員除了要懂得價值和價格之間的關係外，還要學會一些關於價格的小技巧，讓客戶覺得銷售人員所說的價格是合理的或者利潤是可觀的。

銷售人員要明白：價格是客戶對商品的價值有所了解之後才涉及的一個話題，按價格購物也是對商品價值的肯定。客戶對商品的購買欲望越強烈，他對價格也就考慮得越少。

就像初次面試的時候不能和老闆提薪資一樣，業務員最好不要主動和客戶談價格。因為你很難知道這個客戶的真正想法，也不是很清楚他對你推

薦的商品感不感興趣。當顧客主動詢價時，那就說明他對這件商品產生了興趣。答覆顧客的詢價，也不要太直接，應是建設性的：「價格大體是這樣的，不過您最好考慮一下商品品質和使用壽命。」答覆後，你要乘勝追擊，繼續進行促銷，永遠把商品的價值放在價格前面，不能讓顧客停留在價格的思考上。

向客戶證明價格的合理，最好是學會把他的注意力引向相對價格而不是實際價格。相對價格，就是與價值相對的價格。讓客戶體會到購買你的商品的好處和獲得的利益。「便宜」和「貴」都是相對的。同一商品，有人覺得貴，有人卻認為便宜。就以買書做例子，有人花 150 塊錢買了一本書，他覺得很貴，但是吃了一頓飯花了 1,500 塊錢卻不以為然。

如果客戶捨不得花錢購買你推薦的商品，覺得產品的價格高，難以接受，而想選擇一些相對廉價的商品。業務員可以想方設法的將這兩種商品進行對比、示範，向客戶強調所銷售的產品的優點，說明自己推薦的商品能為他帶來實實在在的利益，花錢完全是物有所值的。也就是說要學會引導顧客正確看待價格差別。

如果你銷售的產品價格確實比較高，怎麼才能打動顧客的心呢？

這時，你應該向顧客強調所有能夠抵消價格「高」的因素。當顧客對價格提出反對意見時，你要有理有據的說服顧客，不要一言不發。了解顧客不想買的真正原因，並把產品的所有優點詳細的說給他聽。

如果顧客說：「我記得以前的價格不是這樣的啊。」言外之意是對現在的價格不滿意了。銷售人員如何應答呢？這時，千萬不能說類似十年前 25 元一斤肉這樣的話。這些話，很容易招致顧客反感。應態度誠懇、實事求是的說：「這不是我們無故漲價，是因為成本提高了，功能改進了，原料價上漲了，進價提高了等。」盡量讓顧客覺得商品價格是十分合理的。

總而言之，滿足了客戶這種「討說法」的心理，向他證明所買的產品價格是合理的或利潤是客觀的，很容易達成你的交易目的。

讓客戶需要你，比你去尋找客戶更重要

作為業務員，你的客戶需要你嗎？你對他們是必不可少的嗎？你是不是把客戶和你的關係看作是朋友關係，失去他們，你就失去了一個朋友？因為你的客戶覺得你的產品不錯，他們會迫不及待的告訴他身邊的朋友嗎？

如果你對這一連串的問題都能做肯定回答的話，那麼你的銷售業績肯定會不一般。但要是你不能清楚的回答上面的問題，就證明你對你的客戶不夠用心，一個對客戶不用心的業務員怎麼會贏得客戶的信任與需要呢？

所以，能讓客戶想起你的業務員是一般的業務員，而能讓客戶需要你的業務員才是真正成功的業務員。

客戶需要你，就意味著這些客戶對你是信任的，那麼他們就會購買你的產品而不是購買別人的產品，不僅如此，他們還會為你介紹更多的客戶，這樣你的銷售業績肯定會直線上升。

同時，如果客戶需要你，那麼你就不會把客戶的拒絕放在心上，因為有需要你的客戶，你就會想方設法讓他們獲得實實在在的好處。這個時候，客戶自然就會想到你，因為客戶意識到你的專業知識對他們多麼重要，你已經成為他們的合作夥伴，而不僅僅是供應商或服務商。那麼你意想不到的事情也會發生——你的客戶就會成為你的忠誠客戶，潛在客戶也會迫不及待的給你打電話。

湯姆拖著兩個沉重的箱子，走向機場的候機廳。這時他路過一個擦鞋攤旁，正要走過去的時候，那個老闆對他說：「先生，我幫您擦一擦這雙 Cole Haan 牌子的休閒鞋吧。」「哦，謝謝，我正要趕飛機。」為了逃避這位老闆

的糾纏，湯姆胡亂的找了一個理由。但湯姆的心裡就奇怪了，自己都不清楚穿的鞋的品牌，那個老闆怎麼會知道呢？於是為了驗證老闆的話，他走進洗手間，仔細的看了看鞋上的商標，沒有想到的是，果然是老闆所說的品牌。

「可見這位老闆的眼力是多麼的好，而且很專業，這樣的擦鞋人才是真正的專業人士，這樣的擦鞋員的擦鞋功夫肯定也是一流的。」於是湯姆走出洗手間，回到了那位老闆的前面，說道：「我改變主意了，想把鞋擦一下。」

你對自己的產品熟不熟悉，這是最能顯示你是否專業的一點。一個對自己的產品都一知半解的業務員怎麼會贏得客戶的信任呢？那是不可能的。所以，業務員專業的知識是客戶需要你的一個因素，除此之外，是否還有其他因素呢？

第一，從小處著手。很多業務員的失敗並不是他不會說話，也不是他的產品不好，很多時候是失敗在細節上。例如，客戶在簽約的時候向你提出了一點不太滿意的地方，但是你卻沒有把客戶的話放在心上，而下次他購買你的產品時要是他發現你並不理睬他這一點小建議時，那麼他也就不會再和你合作了。

第二，對客戶要多付出。只有付出才有收穫，這是每個人都懂的道理，可是現實中，人們總是喜歡不勞而獲，但是不付出怎麼會有收穫呢？所以在客戶需要你付出的時候，不要不願意，他想讓你付出，也一定有付出的必要，如果你做不到，那麼你也就不可能是客戶所需要的人。

第三，要隨時準備為客戶服務。客戶在購買了你的產品後，他們對你就會自然而然的有了一種依賴性，這種依賴性會促使他們不管有什麼問題都會來問你。那麼你要隨叫隨到、按時回電、及時答覆、誠實以對，把你所懂得的所有的產品知識以及市場和行業知識講給客戶聽，讓他們對你的產品買得放心，用得安心。這樣客戶就會越來越需要你了。

第四，站在顧客的立場考慮問題。顧客有時候對你的產品不甚了解，這時候他們就會向你諮詢許多的問題，那麼你就要把你的產品介紹清楚，你要從客戶的角度出發，讓他們了解你的產品確實對客戶有用，這樣客戶才願意從你那裡購買東西。如果你把一些對客戶沒有任何用處的產品推銷給了他們，那麼他們回報你的也是下一次的拒之門外。

如果客戶需要你，就證明客戶把你看成是一個可以依賴的人。這時候，他們也就成了你的忠實客戶。所以，你要做的就是怎樣去成為一位被客戶需要的人。

第三章

顧客第一需求是心理需求

最有力的銷售武器是情感

大家可以看看麥當勞的標誌，招牌底色是紅色，「M」是黃色。選擇這樣的顏色也是有目的的，是麥當勞利用色彩以引起人們對麥當勞的情感注意。從人的記憶特點出發，選擇特殊色彩，有針對性的連續注入情感。

生活在城市中的人們每天都要和紅、黃、綠這三個顏色打交道，紅燈停，綠燈行，黃色是要注意。麥當勞就是充分認知和利用了這種習慣性的思維。人們走到麥當勞店前，就會不由自主的受習慣性的情感控制，走進去看看。這就是一種利用情感與認知的緊密關係的經營策略。

現代心理學研究認為，情感因素是人類接受訊息的閥門。情感是刺激理智的唯一途徑。人們在涉及錢的時候往往是很理智的，如何打破顧客的理智心態，最有力的武器是情感！縱觀那些在銷售中成功的商家，無一不是大打「情感牌」。

銷售從表面上看，只不過是商品和貨幣的交換過程，只是一種單純的買賣關係。實質上，消費者從產生購買願望到購買行為的完成，感情因素往往發揮著決定性的作用。如果顧客上了你一次當，絕對不會傻傻的去吃第二次虧。顧客之所以不再上當的主要原因，不僅僅是經濟上的損失，而是因為精神上的傷害，心中產生的憤恨、惱羞成怒、懊悔等負面情感。正如美國一本雜誌所言：「高超的推銷術主要是感情問題。」這不是什麼技巧性的問題，這是科學道理。

情感和需求往往是緊密相聯的。顧客願意選擇哪一種產品完全是由自己決定的，銷售只有符合顧客的需求才能產生積極的情感，進而順利的促成購買行為。

一對外國夫婦到一家珠寶店選購首飾，相中了一枚四十萬元的翡翠戒

指，但是嫌太貴，一直猶豫不決。這時一個深諳顧客心理的售貨員跟這對夫婦說：某國總統夫人也和你們一樣很喜歡這枚戒指，但是由於價格太貴沒買。這對夫婦聽完後，當下就付了款，拿著戒指心滿意足的走了。就因為幾句話，滿足了顧客的自豪感，達成了交易。美國一位博士調查認為：平均68%的顧客是由於賣主態度漠然才轉身離去的。可見滿足顧客情感需求是一件多麼急迫的事！

當然情感也有否定性情感。銷售人員要做的是讓顧客產生肯定性情感，同時促使否定性情感轉化成肯定性情感。現在一般很少見到冷冰冰的面孔，但隨之而來的是熱情過度。過猶不及，反而造成了不好的影響。業務員太過熱情，往往事與願違。因為絕大多數顧客都有一個輕鬆觀察、比較、挑選商品的過程，貿然打斷他，自然會產生不滿和抵觸情緒，甚至會放棄購買計畫。

「愛美之心，人皆有之」，這句話在銷售中並不一定就實用。不要以為銷售人員越年輕越漂亮越好，銷售量的提高不是靠人的長相決定的。顧客大多願意找那些和自己儀表相應的售貨員，而不是美得冒泡或者醜得要命的人，長相特殊的人往往會讓顧客「心理不安」。

銷售一定要學會變通，盡自己最大的努力去滿足顧客的情感需求。比如說，一位一隻腳大、一隻腳小的女士買你的鞋子，試了很多雙，都不合腳，你怎麼說？如果你說：「鞋不合適是因為您的一隻腳比另一隻大。」不用猜了，這位女士肯定不買你的帳。人都是愛面子的，都有虛榮心。你不妨換個角度，對她這樣說：「太太，您的一隻腳比另一隻小巧。」也許，這位女士真就買走你的鞋子了！

消費者的情感還具有流動性和層次性，有經驗的銷售者往往能及時捕捉和滿足顧客一定時期最大的情感需求，獲得絕佳的銷售效果。

情感是最有力的銷售武器。「情感行銷」貫穿於整個行銷過程，重點在心靈溝通和人文關懷，更強調行銷的「殺傷力」。要學會情感行銷也很容易，務必曉之以利，動之以情，持之以恆！

滿足客戶買得放心的心理需求

安全感已經成為今天的客戶的第一購買需求。成功的業務員會抓住銷售過程中的安全感這一主題，從多方面努力，滿足客戶的安全心理需求，提高自己的銷售業績。

業務員上門推銷之所以很容易失敗，這與客戶沒有安全感有莫大的關係。

試想，一位業務員，在客戶的眼中，完完全全就是一位陌生人，你走進人家的家裡，誰都會對你抱有戒備之心。加之現在市場上假冒的產品太多，時時刻刻在威脅著人們的身體健康，作為業務員的你，銷售的產品一定就是好的嗎？當你一說出你的來意的時候，也許客戶就在心裡這樣的反問自己了。而如果購買了你的產品，萬一是假的，你只是一個見過一次面的人，到時候到哪裡去找你呢？

所以大多數消費者都對業務員退避三舍，這不是沒有原因的。因為安全感已經成為今天的客戶的第一購買需求。成功的業務員會抓住銷售過程中的安全感這一主題，從多方面努力，滿足客戶的安全心理需求，提高自己的銷售業績。

可安全感不是說有就能使客戶相信就有的，而要透過一定的手段來達到。對於老顧客來說，就不會存在這些問題，因為雙方都很熟了，安全感就自然而然的在雙方的交往中增加了。但是對於那些陌生人，那些潛在客戶，增強他們的安全感則是使他們購買產品的前提。而怎樣才能增強他們的安全

感呢？親身體驗就是最好的方法。

當我們走進購物中心買衣服的時候，業務員不管我們買不買，都會拉著我們去試穿衣服，在超市裡，一些食品、飲料攤位都可以免費品嘗，這就是經營者所實行的推銷策略，那就是在心理上消除顧客對產品的不安全感。

唐唐是一家房地產公司的業務員，因為她們公司最近推出了一個新建案，所以，該公司的所有業務員都在為能把這個建案賣出去而努力著，唐唐也不例外。但是由於是新建案，很少有顧客來問津。

一天，唐唐終於接到了一位看房的客戶，於是唐唐就緊緊抓住這一機會向客戶推銷她們公司的房子。「您看我們的房子怎麼樣？我們的建案四周環境優美，風景秀麗，安靜宜人，很適合您居住。」在唐唐的介紹下，客戶顯示出了高昂的興致，於是唐唐趁機說：「要不我們去看看樣品屋吧。」

客戶欣然接受了唐唐的請求，於是跟著唐唐來到二樓的樣品屋。唐唐打開房子的門讓客戶進去。然後帶著客戶觀看房子的每個角落，邊走邊介紹房子的資訊。因為唐唐知道這位客戶是一位知識分子，於是特意把他帶進了書房，並且順手拿起書桌上的一本書，讓客戶坐下來，在書房裡體驗一下讀書的樂趣。而客戶也確實是一個愛好讀書的人，於是就接過唐唐遞過來的書，坐下來就讀了起來。過了一下子站起身，還沒有等唐唐開口，客戶不由的發出感慨：「這個地方真安靜，真是一個讀書的好地方，我喜歡。」

面對這種情形，唐唐接著把客戶帶到房子的每一個房間參觀，讓客戶留下了很好的印象。在唐唐的一再努力下，這位客戶終於買了這間房子。

於是唐唐成為了這個新建案賣出房子的第一人。

唐唐之所以能成功的賣出這間房子，這跟她盡力去消除客戶的不安全感有很大的關係，這是一個新建案，本來是無人問津的，但是唐唐卻抓住了機會，讓客戶親自去體驗了一下房子的優點，使客戶的不安全感在參觀房子的

時候消失得無影無蹤。最後唐唐把這間房子推銷出去也就水到渠成了。

所以，隨著人們生活水準的提高，客戶對產品的需求也隨之增多，而安全感則是其中最重要的一種，如果客戶不能從你的產品中獲得足夠的安全感，那麼客戶就不可能購買你的產品。而業務員從哪些方面可以給予他們安全感呢？

第一，給予客戶心理安全感。對於業務員來說，一般會有這樣的經歷，就是自己在推銷的過程中，客戶問了一連串的問題，但是最後還是不買。這是為什麼呢？我們可以反思一下，客戶問的是一些什麼樣的問題？我們回答得好不好？客戶之所以會問那麼一大堆問題，無非是想在購買這種產品之前就獲得一種心理上的安全感，之所以最後會不買，就是因為他們的這種不安全感還沒有消失，他們對業務員還不是很信任，甚至會懷疑業務員的水準，這樣，怎麼能讓客戶有安全感呢？

第二，給予客戶人身安全感。不斷提高銷售量是所有業務員都希望看到的結果，因為那可以讓自己獲得利潤，但是業務員要把客戶的人身安全擺在利潤之上，業務員不能只為了利益而不顧客戶的安全。如果客戶不能從你的解說中獲得足夠讓他感到安全的資訊，就會讓客戶打消購買的念頭，所以你在解說的時候不能漏掉一些有用的資訊，業務員正確的態度絕對不是消極的去閃躲，應該是積極的說明，並且積極的在售後服務上關心客戶，因為客戶會感受到原來他的安全不是只有他自己關心，業務員也一樣在關心。這樣客戶就能成為你的回頭客戶。

第三，給予客戶經濟安全感。對於業務員來說，幫客戶做規劃，能夠給予客戶一種經濟安全感，這樣就能降低你的銷售阻力。你在銷售中應該去思考怎麼做才能讓客戶和自己都得利，最終實現雙贏。這樣的話，你就能贏得客戶的信任，而客戶的信任高於一切，贏得了客戶的信任，銷售量、銷售額

的提高只是遲早的事了。

廣告語中常說:「買得放心，用得安心。」這個就是從安全的角度提出的，要是你的產品都不能為客戶提供安全保障，那怎麼能得到客戶的認可呢？

安全感，是客戶深層次的心理需求

客戶最需要什麼？優質的產品，真誠的服務，合理的價格……沒錯！這些都是客戶需要的。但是，客戶還有一種更深層次的需求 —— 安全感。

馬斯洛（A. Maslow）是人本主義心理學的代表人物。他認為，安全感是人類要求保障自身安全的需求，也是除了生理需求外，第二需要滿足的需求。

如今的市場，魚龍混雜，假冒商品層出不窮。很多情況下，安全感成為客戶的第一購買需求。銷售人員想提高自己的銷售業績，一定要學會抓住安全感，努力滿足客戶的安全需求。

給予客戶心理安全感

為了讓客戶心理有安全感，你就必須加強自身的業務能力，不能用草率的態度去對待客戶。專業是品質的保證，對產品了解得越深，對行業理解得越透徹，你的信譽度和能力也就越高。作為一個銷售者，自己對產品的專業知識都不是很了解，客戶怎麼能相信你呢？所以，千萬不能讓客戶懷疑你的能力。

暗示的效果也很重要。你需要平時注重個人的衣著打扮，樹立良好的外在形象：髮型、鬍子、衣著、皮鞋，要乾淨清爽，讓客戶留下美好的印象。要知道，個人的外在形象也是創造銷售機會的重要手段。也許，好好打理一下，就能幫你創造出意想不到的效果！

給予客戶經濟安全感

學會幫客戶做規劃，能夠減少銷售的阻力，給予客戶一定的經濟安全感。做這個規劃的目的是幫助客戶和公司實現雙贏。幫助客戶用最少的錢發揮最大的效益，雖然起初的銷售額較低，但給予了客戶經濟安全感。客戶的信任高於一切，只要贏得了客戶的信任，還怕你的銷售量、銷售額和銷售業績上不去嗎？

給予客戶人身安全感

客戶的人身安全也極為重要。銷售人員有時候會害怕把產品說得太詳細而打消客戶的購買欲望，所以總是躲躲閃閃，希望客戶不要去注意產品中的問題。實際上，這樣的做法是非常愚蠢的，除非你想撈一筆就跑。有的產品存在一定的風險性，所以一定要跟客戶說明這些風險，切實保證客戶的人身安全。讓客戶感受到：「原來你也在關心我的安全，而不是只想著我的錢。」滿足客戶的安全感，讓客戶憑著安全感決定自己的購物需求，這才是真正高明的銷售技巧。

還有一些銷售人員在和客戶溝通的過程中，總圍著客戶的需求繞圈子，覺得自己很被動，實際上，客戶常常覺得自己很不安全，潛意識裡拒絕銷售人員的「進攻」。因此，客戶才是被動的。

銷售人員應該明白，不管你的推銷技巧有多複雜、多高明，客戶都知道你的目標只是想掏出他們口袋裡的鈔票。對客戶來講，他們內心真正需要的卻是一份安全感，所以一方面希望自己的需求得到滿足；另一方面出於種種顧慮，對銷售人員「躲躲閃閃」。

銷售人員和客戶交流的過程中存在著相互矛盾的複雜心理，這種矛盾心理源自於哪裡？安全感！客戶的不安全感使得他們在每一次的溝通過程中都

從內心深處渴望得到銷售人員足夠的關注。一個優秀的銷售人必須理解客戶的這種深層次需求，盡量去滿足他們的安全感！

賣不賣沒有關係，先試試看適不適用

體驗行銷是指企業透過採用讓目標顧客觀摩、聆聽、嘗試、試用等方式，使其親身體驗企業提供的產品或服務，讓顧客實際感知產品或服務的品質和性能，從而促使顧客認知、喜愛並購買的一種行銷方式。這種方式以滿足消費者的體驗需求為目標，以服務產品為平臺，以有形產品為載體，生產、經營高品質產品，拉近業務員和顧客之間的距離。

市場經濟發展到今天，商業競爭已變得空前激烈，產品差異化越來越難以實現，依靠產品優勢取勝的品牌瀕臨絕種。在這個資訊爆炸的年代，消費者獲取資訊的途徑越來越多，輕輕鬆鬆就能接收到他們期望得到的資訊。

所以有時候客戶對產品資訊的了解並不比業務員差，有時候甚至比業務員自己還要專業。因此當業務員向他們介紹產品的時候，他們往往會嗤之以鼻。這對於業務員來說，則是一種可怕的現象。那麼怎樣才能改變這種現象呢？要想改變這種社會是不可能的，那麼就只能從客戶著手。客戶希望消費的結果能帶來期望得到的價值，他們渴望自己主導消費過程，能夠親自感覺、感受到商品能帶來的價值，體驗商品所帶來的感覺、感情、認知和關係價值，而不僅僅是產品的功能價值。

由於體驗的複雜化和多樣化，伯恩．施密特在《體驗行銷》一書中將不同的體驗形式稱為策略體驗模組，並將其分為五種類型。

第一，知覺體驗。知覺體驗即感官體驗，將視覺、聽覺、觸覺、味覺與嗅覺等知覺器官應用在體驗行銷上。

第二，思維體驗。思維體驗即以創意的方式引起消費者的好奇、興趣、

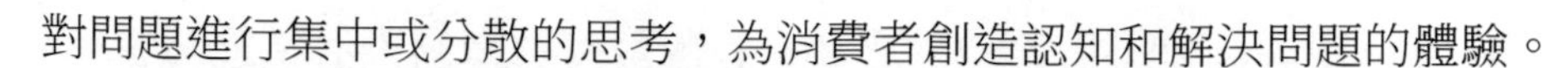

對問題進行集中或分散的思考，為消費者創造認知和解決問題的體驗。

第三，行為體驗。行為體驗指透過增加消費者的身體體驗，指出他們做事的替代方法、替代的生活形態與互動，豐富消費者的生活，從而使消費者被激發或自發的改變生活形態。

第四，情感體驗。情感體驗即展現消費者內在的感情與情緒，使消費者在消費中感受到各種情感，如親情、友情等。

第五，相關體驗。相關體驗即以透過實踐自我改進的個人渴望，使別人對自己產生好感。它使消費者和一個較廣泛的社會系統產生關聯，從而建立對某種品牌的偏好。

星巴克是一家 1971 年誕生於美國西雅圖的咖啡公司，專門購買並烘焙高品質的純咖啡豆，並在其遍布全球的零售店中出售，此外，還銷售即磨咖啡、濃咖啡式飲品、茶以及與咖啡有關的食物和用品。

就像麥當勞一直倡導銷售歡樂一樣，星巴克把典型美式文化逐步分解成可以體驗的元素：視覺的溫馨，聽覺的隨心所欲，嗅覺的咖啡香味等。這種分解可以使顧客體驗到星巴克時時刻刻都在向目標消費群傳遞著其核心的文化價值訴求。所以，星巴克的成功在於在消費者需求的心中由產品轉向服務，再由服務轉向體驗。

同時，星巴克透過情境盡力去營造一種溫馨的和諧氛圍。在環境布置上，星巴克給自己的定位是：第三空間。即在辦公室和家庭之外，另外一個享受生活的地方、一個舒服的社交聚會場所。無論是其起居室風格的裝修，還是仔細挑選的裝飾物和燈具，煮咖啡時的嘶嘶聲，將咖啡粉末從過濾器敲擊下來時發出的啪啪聲，用金屬勺子鏟出咖啡豆時發出的沙沙聲，都是顧客熟悉的、感到舒服的聲音，都烘托出一種「星巴克特有的情景體驗」。

正是這種體驗式的行銷，使得星巴克的分店遍布世界。

體驗是業務員和顧客交流感官刺激、資訊和情感要點的集合。這些交流發生在銷售環境中，在產品和服務的消費過程中，在售後的服務跟進中，在用戶的社會交往以及活動中，也就是說，體驗存在於業務員與顧客接觸的所有時刻。但有什麼技巧可循呢？

第一，定位好自己的角色。要想做好體驗式銷售，跟業務員自身有很大關係，那麼你自身最少要扮演好三個角色：做客戶的「長期的夥伴和朋友」、做客戶的商業顧問、做與眾不同的協調員。

第二，建立好與客戶的關係。有人說現在做業務非常難，尤其是在差異越來越小、競爭越來越激烈的時代，其實很多情況下關鍵是看業務員個人的能力、氣質及為人處事的方式，看你是否能夠做到體驗式銷售，從產品到服務再到體驗，給人一種很好的感受、印象，與客戶建立起信任，這是很重要的。

第三，樹立自己的影響力。要做好體驗式銷售有一個很重要的因素就是要有影響力，沒有影響力也做不好。那怎麼去影響客戶呢？要做到有影響力，最起碼你要對自己非常自信，要選擇適當的對象，學會與人進行良好的溝通，還有就是你個人要讓人覺得很可信。

儘管體驗行銷可以拉近業務員和消費者之間的距離，成為銷售者推銷的新武器。但體驗式行銷並不是適合於所有行業和所有產品，產品只有具備有不可察知性，其品質必須透過使用才能斷定的特性，才可以運用這種方式。因此，業務員只有在推銷這種產品的時候才能實行體驗式銷售。

機不可失能對顧客產生極大誘惑力

機會越少，越難得，我們就會越珍惜，進而使自己因為不願意錯過難得的機會而採取某種行動。這種心理效應可以達到這樣一種效果，那就是：「就

是它了，我絕對不會再錯過了！」它幾乎能夠左右人們的行為，甚至改變人們原先猶豫不決的態度。

機會越少越難得，而人們往往對越難得到的東西就越會珍惜，進而使自己因為不願意錯過這樣的機會而採取某種行動。這樣的心理效應能夠促使人們盡快的做出決定和採取行動，而不再猶豫不決。

「機不可失，時不再來」的氛圍會給人帶來一種強烈的緊迫感，使人們不再猶豫，甚至放棄過多的考慮，果斷行動，以便抓住這稍縱即逝的機會，免受錯失之痛。因為稀少，甚至短缺，機會才會變得很珍貴，很難得，使人們不願意放棄。在有眾多選擇機會的寬鬆環境下，試圖改變人們的行為則會顯得非常不易，而在緊缺的氛圍和環境中，則能夠對人們造成壓力，可以有效的促使其做出決定。

一個顧客到商店裡去購買一種水泵的零件，他去過很多地方都沒有找到。當他再次向商店的業務員詢問有沒有這種零件的時候，得到的卻是業務員否定的回答。聽了業務員的話，顧客的失望之情很明顯的寫在了臉上。

因為求之而不得，這種商品對顧客的誘惑力反而變得更大。業務員看出了顧客急切的購買欲望，於是對顧客說：「或許在倉庫或者其他地方，可能還有沒賣掉的這種零件。我可以幫您找找。但是它的價格可能會高一些，如果找到，您會按這個價格買下來嗎？」

因為短缺，這件商品對於顧客來說是很難得的，因此，他毫不猶豫的就答應了。過一下子，業務員就帶著發現有貨的消息回到了顧客面前，而顧客也沒有再猶豫什麼就選擇購買了。因為他別無選擇，因為就這一次機會，即使在價格上貴了一點，他還是不會放棄的。

借助短缺原理來促成銷售，是一種很有效的行銷方式。因為顧客極易受到誘惑的時候，是不會放棄這樣的機會的。而業務員需要做的就是讓顧客感

受到自己如果不盡快購買，可能就會失去購買的機會。在這樣的緊迫感和危機感的作用下，顧客難捨自己喜歡的商品，必然會主動促成交易。

除了採用「數量有限」策略，讓人不再考慮，趕快占有之外，「時間有限」策略也能達到這個效果，它會讓人趕在時間到達之前，果斷的做出行動。在銷售中表現為：對顧客獲得某種商品的機會加以時間上的限制，從而利用人們害怕失去機會的心理而成功的實現銷售。

因為短缺而使獲得的機會減少，這樣的狀況往往能夠十分有效的激起人們強烈的占有欲。而對於獲得數量和時間的限制越徹底，其產生的效果越明顯。

當獲得機會的可能被渲染得越來越少，能夠引起人們獲得機會的欲望就會越大，比如，一家電影院為自己做影片放映的宣傳：「獨家放映、預訂數量有限、放映僅限三天！」這樣的宣傳無疑會引起人們的關注，短短的一句話中，就從三個方面警示大家：「機會很小，欲看從速！」

當上帝沒有好處時，還不如做個普通人

顧客就是上帝！客戶大於天！現在很多企業都信奉這兩句話。有的企業甚至這樣規定：行銷準則第一條，客戶永遠是對的；第二條，如果客戶錯了，請參照第一條。似乎給顧客優惠，圍著客戶團團轉已經成為現代企業經營的一種思維和行為方式了。事實真的應該是這樣嗎？

把客戶當成上帝，最終的目的是什麼？是讓顧客滿意嗎？錯！很多企業之所以這樣說，就是為了從客戶口袋裡掏錢，為了讓其再次光顧、再次購買或再次合作。但是客戶真正的需求卻被忽視。銷售的真正目的是滿足客戶需求，創造利潤，維繫企業存在的價值。彼得杜拉克曾說：「企業存在的目的就是創造顧客。」以此來看，總是給顧客優惠，不一定就能創造忠實客戶和維

繫客戶。

顧客既然買你的東西，對你的商品還是比較滿意的。一位老師說：滿意就是 Everything is ok！顧客不投訴就代表了滿意。讓顧客感到滿意就行了，沒必要總是想著給他們一些優惠。

從心理學上來說，人的天性是善變的，得到一定滿足的後果就是尋求更大的滿足。當你不能滿足顧客更大的欲望時，結果很可能就是「叛變」！你要知道，移情別戀的事情同樣會發生在顧客的身上，除非你具有他非買不可的理由，讓他產生極大的依賴性。

舉個簡單的例子，一家化妝品店的生意很好，很多女士都喜歡來這家店購物。其實，這個店裡的化妝品品質並不是很好，與其他店比，等級也都差不多。生意好很重要的一點是積分卡。隨著積分的增加，顧客能獲得不同程度的精美禮品以及打折優惠，而不是簡簡單單的隨機贈一些小東西。積分卡能促使重複消費，在一定程度上給了消費者非買不可的理由。

也就是說，你是在幫助顧客省錢，而不是在他們花大錢的基礎上送小便宜。幫他們省錢就是幫他們賺錢，你能為顧客帶來額外價值，無形中也會讓顧客購買的產品增值。光是降低顧客的購買成本不行，還要幫助顧客減小購物的風險，以達到緩解顧客的心理壓力，增強自己的不可替代性。

只有具備了不可替代性，替顧客帶來了實實在在的利益，才能決定你能否贏得顧客。而絕不是購物的時候順帶給他們一些優惠那樣簡單，也不是口號式的「把顧客當上帝」。

別總給顧客優惠，別總是把客戶當上帝。上帝是教徒們用來禱告和信仰的，而顧客是用來交流、關懷和幫助的。認真研究你能給顧客帶來的好處，你將擁有不可替代的優勢；用心和顧客進行交流，傳達你帶給他們實實在在的利益；真誠的關懷顧客，站在他們角度想問題；幫助顧客得到他們真

正想要的結果，時時改進自己的產品和服務，這才是抓住顧客、創造顧客的根本。

給顧客優惠並非永遠是上策，一味的提供產品、提供服務，像對待上帝一樣對待顧客，顧客也會敬而遠之。顧客會說：當上帝沒有好處時，還不如做個普通人！

當然，在實際的操作中，還可以利用一些折扣或獎勵的手段，來鼓勵顧客將產品推薦給其他人。比如他能帶來三個新顧客，可以讓他享受10%的折扣優惠。這種方法和上文中的化妝品店有異曲同工之妙。還可以和附近的其他商家合作，共同提供優惠券，互惠互利的合作能夠讓顧客感覺更經濟、更方便、更值得，對你的依賴性也就更大！

學會引導，激起客戶對產品需求和渴望

消費者的需求也就是客戶的弱點，對準客戶的這一種弱點，銷售者就要全力以赴，這樣才能有希望成交。如果你沒有辦法把你的產品推銷給你的客戶，那麼你的競爭對手就會趁機跟進而搶走了你的生意。

一般顧客去購買東西肯定是對這些東西有所需求才去購買的，所以，業務員要想使客戶自願的掏腰包，那麼就得為客戶著想，激起客戶對產品的需求。這是銷售中最有效的方法。

而人的需求是可以透過觀察看出來的，比如，客戶希望你提供什麼樣的服務、什麼樣的產品能夠吸引客戶的興趣等等。所以，只要你留心觀察這些，那麼你就能和客戶走得更近。

傑克是一家公司的銷售經理，有一次，他帶著一位新來的業務員去拜訪客戶，按照他們的約定，這次傑克把所有的談話重點都交給這位新業務員，也就是說，由他來主導這次談話、展示產品和交易細節。

但是一個多小時過去了，這位新手還沒有說服客戶，這時候，傑克不得不加入了談話。他說：「我在前兩天的報紙上看到有很多年輕人喜歡野外活動，而且經常露宿荒野，用的就是貴廠生產的帳篷，不知道是不是真的。」

一聽傑克知道他們的公司，客戶馬上表現出了興趣，「是的，過去的兩年裡我們的產品非常受到喜愛，而且都被年輕人用來做野外遊玩之用，因為我們的產品品質很好，結實耐用……」

這樣傑克與這位客戶打開話題了，大約過了 20 分鐘後，傑克把話題引入了自己公司的產品，關於產品他們聊了半個小時後，這位客戶最後愉快的在合約上簽上了自己的名字。

其實，客戶拒絕你不是他不需要你的產品，只是因為你沒有引起他對你的產品的需求，只要你讓他對你的產品產生了需求，那麼簽單就是一件很容易的事。可這種引導就需要技巧了。

第一，在你拜訪客戶之前，一定要事先把你要拜訪的目標調查清楚，調查的內容包括對方的嗜好，只有你了解清楚了客戶的一些基本情況，對你的顧客瞭如指掌，那麼你做成生意的機率也就會大很多。

第二，在談話中一定要找到客戶感興趣的話題，當你們的談話已經達到老朋友的狀態時，你的推銷才有成功的希望。否則，你不要輕易打開推銷的話題，如此，也能給下次拜訪留一個機會。

第三，你要找到自己產品銷售的要點，只有這樣才能最大限度的激發客戶購買的熱情。如果你對自己的產品在哪些方面有優勢都不知道的話，那你肯定不可能在客戶面前把產品銷售出去。

第四，巧妙的借用一些物品來吸引客戶的興趣。有一位業務員，在推銷完產品之後，他都會把自己身上所帶的那支昂貴的筆遞到客戶面前給客戶簽字，毫無例外，客戶都會拿起這支筆來簽上自己的名字，要是客戶對這支筆

顯示出很喜歡的神色，那麼他就乾脆把這支筆送給這位客戶。

很多時候，業務員與客戶見面不到30秒就被拒絕了，這在相當程度上是因為你的談話根本沒有引起客戶的絲毫興趣，有大量的事例證明，交易失敗的多數情況，是因為業務員沒有激起客戶對產品的需求和渴望。

有需求才會有行動，這是每一位客戶的心理寫照，作為業務員，你要做的就是激起客戶對你的產品的需求，這樣，他們購買你的產品才會有可能性。

用真誠打動顧客，買賣自然而然的成交

要讓別人接受我們的一些請求和條件，就需要引導對方產生答應的動機。想要顧客購買你的商品，就要讓顧客產生購買的欲望，這樣才能使對方主動的接受你的要求，購買你的產品。否則，如果對方沒有答應及購買的動機和欲望，無論你怎麼勸說也是沒有用的。甚至還會適得其反，引起對方的不滿，更加討厭你，對你沒有好的印象，以至於對你其他的要求或所推銷的商品也表示拒絕。

喬．吉拉德說：「銷售始於拒絕。」沒有拒絕，也就沒有銷售。顧客在起初的時候，難免會對業務員抱有一定的懷疑和抵觸，害怕上當受騙，對自己造成傷害，這是人之常情，是可以理解的。沒有誰不會對一個陌生人持有一定的警惕心。因為，每個人都有自我保護意識，在有可能面臨危險的時候，就會自動啟動自我防禦系統。而當其確認沒有危險之後，才會消除原有的抗拒和抵觸。作為一個業務員，在向顧客推銷商品時，遭到拒絕是非常正常的事。這個時候，你將如何做呢？

小王從事的是推銷鋼筆的工作。可是每次他向顧客推銷時，顧客對他的回答就只有一句話：「我不需要。」為此，他非常苦惱，不知道自己該怎麼辦

才好。無可奈何，他只好向那些表現突出的朋友請教。朋友說：「首先你要找對顧客啊！比如，你銷售鋼筆就只能找那些有學生的家庭或教育單位的人，他們才有可能需要鋼筆。」小王嘆了一口氣，說：「我找的就是這些人啊！可是人家都說不需要，我總是被人拒絕，我也不知道是怎麼回事。」朋友笑著說：「他們拒絕你，你就離開了？」

小王吃驚的說：「不然，我還能怎麼樣？」朋友說：「你至少可以問問他為什麼拒絕買你的商品吧！」小王說:「問了之後，怎麼辦呢？」朋友笑道:「知道他拒絕的理由，你的銷售就已經成功了一半。知道了問題的所在，剩下來解決問題就行了。他如果嫌鋼筆貴，你就應該努力讓他相信這是物有所值。他如果不信任鋼筆的品質，你可以告訴他如果鋼筆在半年之內出了問題，你把錢原封不動的退給他。如果把他拒絕你的理由都一一排除了，他還有什麼理由不買你的商品呢？」

小王驚訝的說：「你的銷售成績那麼好，難道你也經常被顧客拒絕嗎？」朋友笑了一下，說：「你以為呢？我並不是一個運氣好的人，我只是一個會把拒絕當成機會的人。」

這番談話讓小王深受啟發，原來在銷售中，拒絕並不只是拒絕，而是機會。他抱著這種想法再次敲開了一個顧客的門。顧客的第一句話仍然是：「我不需要。」

小王並沒有像以前一樣直接走掉，而是微笑著問：「我可以問一下你為什麼不需要嗎？據我所知，你有一個上國中的兒子，我想他應該是需要鋼筆的。」顧客說：「他有鋼筆。」小王說：「哦，可是我們的鋼筆特別好用，很多用過的人都這麼反映，不知道你兒子的鋼筆好用嗎？孩子每天都要用筆寫字，真的要有一支好鋼筆。」顧客說：「孩子是說過他的鋼筆不好用，可是我怎麼知道你的鋼筆好用呢？賣東西的當然會說自己的東西好了。」小王說:「你

用一下就知道了，我想你一定可以辨別好用和不好用的。」顧客用了一下，果然覺得好用，就買了一支鋼筆。雖然只是買了一支鋼筆，可是小王卻覺得自己找到了銷售的鑰匙，他相信自己一定可以成為一個出色的業務員。

很多業務員在遭受顧客的拒絕之後，就覺得自己毫無希望，沒有做任何爭取，也沒有詢問顧客不需要的理由，而只好再去向其他人銷售。這樣的銷售，恐怕很難獲得好的業績。

顧客之所以拒絕你，可能並不是不需要你的商品，而是你沒有成功引起顧客購買的動機。顧客的拒絕都有一定的理由，也許嫌商品貴，也許對商品不夠信任，也許抱怨商品沒有售後服務等，業務員只要能夠消除顧客的這些疑慮，就可以引起顧客的內在滿足感，使其產生購買的欲望。

要顧客購買你的商品，就要想法設法引起顧客購買的動機和欲望。有欲望才會有行動。否則，無論你怎麼勸說也都是不會產生作用的。

小倫是某品牌太陽能熱水器的業務員。一天他來到楊先生家進行推銷。楊先生雖然接待了他，但是態度表現得卻相當冷漠和嚴肅。當小倫向楊先生介紹自己的商品時，楊先生只是很冷靜的聽，也不發表什麼意見但是卻是一副若有所思的樣子。小倫看出楊先生是一個相當精明的人，害怕上當受騙。而現在，他顯然對自己還存在著懷疑，對自己的產品的可信度有疑問，正在努力的找出自己的破綻。

幸好小倫之前也遇到過這樣的顧客，於是他也不說一些虛的東西，而是把自己的產品的一些實驗數據、銷售狀況、顧客的評價等向楊先生簡單介紹了一下，以消除他的疑慮。這時楊先生才表現出對該產品的興趣，話也多了起來。

小倫熱心的結合楊先生的狀況，幫助他分析其使用的合適度，並承諾可以免費試用 10 天，讓楊先生真切的感受到自己的誠意。最終說服了楊先生

購買自己的太陽能熱水器。

顧客之所以對商品要精挑細選，在購買時小心翼翼，其目的只是想要買到貨真價實的東西，避免上當受騙，所以會很仔細的審視一切。如果業務員能夠幫助顧客解決自身的各種疑問，顧客就會產生強烈的購買欲望，並安心的購買。所以面對顧客的審視，業務員不必要感到窘迫，真誠的面對他，接受他的檢驗就是了。

顧客往往最在乎的就是業務員和他推銷的產品的可信度，所以業務員應該做的就是盡量消除顧客的疑慮，用真誠的態度和貨真價實的商品來接受顧客的檢驗，顧客確認沒有問題之後，達成交易就是理所當然的事情。

第四章

突破顧客消費的心理弱點

脾氣暴躁型客戶，用自己的真誠打動他

脾氣暴躁的客戶大多缺乏耐心，性格上大多有以下特點：一旦出現任何的不滿，不管大小，立即會表現出來；沒什麼耐性，總是喜歡靠侮辱和教訓別人來抬高自己；自尊感極其強烈，渾身上下充滿了濃濃的火藥味。

有些人天生就是這樣的，在銷售工作中，我們會發現有很多這樣的客戶。脾氣暴躁，因為一些小事，一不高興就對銷售人員發火。阿強就遇到這樣一位很「火爆」的客戶，因阿強的一句話沒說對，讓他大為生氣。打電話時，他很生氣的對阿強說：「我不在你們公司訂票了，我不是在你們公司還有很多點數嘛，把那些點數全部給我兌成現金，直接匯到我的銀行帳戶裡，和你們公司沒什麼好說的了，全結了省事！」還讓阿強不要再來煩他，連見面拜訪的機會都不會給他的。

後來阿強登門拜訪，說了很多好話，才勉強留住這位大客戶。面對這些凶巴巴的客戶，很多銷售人員摸不著頭腦，大多採取敬而遠之的態度。

首先，我們來看看這些脾氣暴躁的人內心是怎麼想的。其實，這些「火爆」的人明確的說都不是什麼大奸大惡之人。

脾氣暴躁的人，大多眼睛裡容不得半粒沙子，在是與非、對與錯上觀點異常鮮明。說得好聽一點，就是勇於和不良傾向對抗；說得難聽一點，是明顯的「社會適應不良症」。

脾氣暴躁的人愛發火，但是發火之後常常後悔得要命，但以後照樣還是會大發雷霆，後悔並不能阻止他下次發脾氣。也就是說，脾氣暴躁的人不能很好的控制自己的情緒，控制能力明顯較弱，嚴重者就是心理障礙。

脾氣暴躁的人往往嫉惡如仇，通常不會耍什麼「鬼點子」。所謂直腸子指的就是這類人，比如李逵、張飛等英雄好漢。因此，完全沒有必要在把這類

客戶看成什麼洪水猛獸，反倒應該去信賴他們。這些人才是生意上真正可以信賴的好朋友。平時和這類客戶交往的時候多注意一些細節問題，應該是很好合作的。

（一）　面對這類客戶，最佳的做法是能讓他逐步提高控制情緒的能力。用自己的真誠和為人處世的小技巧積極引導他們，讓他們覺得自己是一個受過良好教育的謙謙君子。委婉的提醒他們不要隨隨便便生氣，這樣有失君子風度。把「小不忍則亂大謀」、「平常心」灌輸給客戶，相信一定會感動他的。

（二）　在和這類客戶接觸過程中，盡量不要刺激客戶，努力滿足他合理的或者可以理解的要求。在一些不值一提的小事上能忍則忍。退一步海闊天空嘛！只要在是非問題和重要策略上，保持你自己的觀點就可以了。只要客戶說的是對的，無論大小，你都不能狡辯搪塞，在這些人眼裡是不可能蒙混過關的。

總之，對於這些沒什麼耐性的脾氣暴躁的客戶，要以一顆平常心來對待，不能因為對方的盛氣凌人而屈服，也絕對不能拍馬屁，這兩種態度都會讓他看不起你。唯一正確的心態是真誠無欺、不卑不亢，從而用自己充滿魅力的言語去感動他！

理智好辯型客戶，用自己的人格感化他

有些客戶喜歡跟你唱反調，你說東，他偏偏跟你扯西；你說西了，他又扯到北面去了。這種客戶喜歡和你唱反調，爭強好勝，透過反駁來顯示他的能力。但是和那些自命清高的客戶不一樣，他們更願跟你講道理，大談心得，明知自己錯了還要和你爭辯，就算辯論輸了嘴上還是不服輸。

在銷售的過程中難免會引發一些有爭議的話題，這是無法避免的，遇到

這種喜歡跟你大講道理的好辯型客戶千萬不能和他爭論。就像一場戰爭一樣，即使你打贏了，國家還是滿目瘡痍。就算你把這位爭強好勝的客戶給駁倒了，最終的結果還是你輸。客戶會說：「好，你厲害，那我不買你的東西總可以了吧，有什麼大不了的！」即使他們嘴上服了，但執拗的心理讓他們感覺還是很不舒服。一旦讓客戶感覺不舒服，他還會買你的東西嗎？

所以，一個成功的銷售人員想獲得客戶的好感，首先要贊同客戶的意見。即使意見相左也不要和客戶爭個面紅耳赤，與其爭論、反駁，不如平心靜氣的聽他說話。要知道，銷售人員的勝利只是表面上的、空洞的勝利，結果只能是永遠得不到客戶的好感。

一位行銷專家這樣告誡新來的員工：「你們的出現是幫助客戶解決問題的，想出單，先把你們那些臭脾氣給我扔得遠遠的！你們要學會控制自己的情緒，任何時候都不能對客戶發火！你們最需要的是耐心、誠實、寬容，要學會同情、感激你的客戶！和客戶交流的時候要歡迎不同的意見，但是不能太著急，要留給客戶考慮問題的時間，爭辯是毫無意義的，只有和諧的交流技巧才能達到你的目的。」

銷售的過程說白了就是一個說服客戶接受你推銷的產品的過程，一個願意和你以及你所代表的公司展開合作的過程。出現一定的爭執是必然的，只不過有客戶爭強好勝的心態更強烈一些罷了。

事實上，這些客戶內心真正所想的也不是把你們爭論的結果作為決定是否交易的依據，在他們眼中，不管爭論的是什麼，原因在哪裡，最終結果是什麼，他們希望的只是讓你參與到自己的「爭論過程」中來，看看你有沒有把他們當作上帝。如果你不能體驗到客戶這種渴望被尊重、被理解、被滿足的心理需求，一般來說你已經沒戲了！

在和這些認為「愛爭才會贏」的客戶交談時，銷售人員切忌把「爭論」當

「說服」。說服的目的是希望打消客戶的疑慮和不滿，從而實現交易，要本著友好合作的態度；爭論的結果只是讓你的觀點壓過客戶反對的聲音，迫使客戶認同你的觀點。

記住：任何時候、任何情況下都不能和這些理智好辯的客戶爭論。因為你永遠都不可能獲勝，不管你占了上風還是下風！和這類客戶爭論，實話告訴你，你是在「找死」！從你最初和客戶開始接觸，一直到整個銷售過程的結束，你所做的一切不都是為了成交嗎？你和客戶爭論有什麼意義？你的目的是掏出他們口袋裡的錢，而不是為了顯示你的口才有多好！

在談話的時候，如果你的客戶是個理智好辯型，最好先承認對方的一切說法，語氣要委婉，態度要誠懇，讓他覺得你很願意聽他的辯解，讓他覺得自己在你面前很有優越感，讓他覺得你是個善解人意的人！博取了客戶的好感，再加上對你的產品有一定了解，接下來不就是給你掏錢了嗎？總之，要掌握客戶「爭一口氣」的心理，少說多聽，切中要害，一針見血，刺激他內心真正的需求！

貪小便宜型客戶，給他一些小便宜誘惑他

面對一些愛貪小便宜的客戶，最好的方法是談話的一開始就告訴他：「我的產品能幫你省錢，絕對能給你一些優惠！」

這種類型的客戶總是希望天上能掉餡餅，做買賣一定會賺錢。愛占便宜的人不管在你面前裝得有多大方，內心真實的想法還是希望你能便宜賣給他產品甚至免費送給他。關於產品到底是什麼樣的，能給他帶來多大的好處，他們往往是放在其次的，根本沒把你的介紹放在心上，他們在乎的僅僅是價格。越便宜越好，最好不花錢就可以擁有。當你給他們一些便宜的時候，他們對你的態度會來個 360 度大轉彎。

有家大鞋店生意一直不是很好，老闆一籌莫展，價格已經降得很低了，可惜還是冷冷清清。在和一個朋友聊天的時候，朋友給他出了一個點子：製造一場轟動效應，讓顧客「限時搶鞋」。具體規則是這樣的：事前先胡亂擺放一大堆新鞋，不分左右，不分尺碼，在限定的時間內誰能把一雙鞋配上對就歸誰。

第二天，老闆做了如是安排。只見，隨著老闆一聲令下，「開始」的口號還沒說完，一大群顧客爭先恐後的衝進來，在鞋堆裡瘋狂的亂翻起來。看到這樣的場景，老闆的臉上泛起得意的微笑。活動結束，老闆當場把鞋子替顧客打好包，還說：「以後這樣的活動還會常辦的，希望大家來捧場，本店的鞋子品質上乘，物美價廉！」

雖然這種活動本身是不值得提倡的，是拿消費者當猴耍，以消費者的醜態來引起轟動效應，替自己做廣告。但是從某些方面來看，何嘗不是對人性的拷問，對人貪便宜心理的操控！

我們不能像這個老闆這樣做，但我們要領會這種掌握顧客心理的精神，給顧客一些小便宜，也許更能實現自己的「大便宜」……

面對貪小便宜型的客戶，銷售人員能做的不是有求必應，客戶說什麼就是什麼；他想占多大的便宜，你就滿足多大的需求。當你發現客戶有得寸進尺的傾向時，最好馬上打斷他這種不切實際的想法，就說：「公司有規定，我不能這樣做。」或者是說明你不能再降價或免費贈送的理由。

說話的時候要柔中帶剛，盡量讓他們理解你和公司的苦衷。說完這番話，接下來再給他一點甜頭，讓他感覺自己仍然是在占便宜，這樣購買就不成問題了。

猶豫不決型客戶，用危機感使其快下決心

劉先生現在是一家外貿服裝廠的業務員，經常和客戶打交道。在他的銷售工作中，發現有些客戶總是猶豫不決，看著一單生意馬上就成了，但過幾天竟然杳無音訊了。他說：「雖然我明明知道我的客戶需要我們的產品，客戶也知道我們的產品能給他極大的幫助，我的服務也不差，但是談了很久仍然是一副猶豫不決的樣子。我真發愁，怎麼才能讓這些猶豫不決的客戶快速決定呢？」

讓我們先從心理的角度分析一下這些猶豫不決的人的特點。

這些人大多情緒不是很穩定，忽冷忽熱;對一些事物往往沒有什麼主見，但喜歡叛逆思維，總是盯著事物壞的一面，而不去想好的。

如何應對這樣的客戶呢？針對他們的心理特點和性格因素，既然他們不能快速的做決定，你可以想辦法催促他們。你可以告訴他「這個案子非常適合你，如果現在不做，將來肯定會後悔」等具有強烈暗示性的話。讓他感受到危機感，迫使其快速下決心。盡量和客戶之中那些富有主見的人去溝通，讓有主見的人去帶動猶豫不決者的情緒。

面對猶豫不決者，商談的時候，你很有可能會遇到不同程度的障礙，如果不能設法促成對方做出最後的決定，生意必然是「大事化小、小事化無」。解決這些問題，我們可以嘗試使用下面這些方法。

假定客戶已同意簽約

這個技巧主要還是攻心為上。當你發現客戶露出購買訊號卻有點猶豫不決時，最好假設客戶已經在按你的思維做決斷。如：顧客想做一個網站來宣傳自己的產品和企業形象，但是他對網路了解不是很多，不太了解上網對公司有多大的好處，仍在猶豫，不知道這樣做合適不合適。這時，銷售人員就

可以對這個客戶說：「總經理，您看先做 5 頁，暫時先把您的網站建起來，以後再根據效果增加網頁數好呢，還是一次性把您的網站建全面好？既然要擴大貴公司的宣傳力度，要做就做最好的嘛！反正錢也差不了多少！您怎麼認為？」這樣，客戶考慮的就不是做不做，而是怎麼做的問題了。無形中，已經同意做這個網站了。這種二選一的商討方法模糊了客戶的視線，從而順利達成協議。

欲擒故縱

如果你的客戶天生優柔寡斷，雖然對你的產品和服務很有興趣，你也解決了他的所有問題，但他就是拖拖拉拉，遲遲不肯做決定。這時，你不妨故意做出一副收拾東西，馬上就說再見的樣子。一般情況下，這樣的行動會促使那些真正想買的客戶做出決定。但也要注意只能適用於競爭不是很激烈的情況，否則真離開客戶，可能會適得其反，被別人鑽了機會。

拜師學藝

當你費盡口舌，「機關算盡」，七十二般「武藝」統統無用，什麼方法都無效，眼看這筆交易要失敗的時候，不妨試試這個方法。可以這樣說：「總經理，雖然我知道這樣的業務對貴公司很重要，也許是我的能力太差，沒辦法說服您。不過在認輸之前，我想請您指出我的錯誤，能否讓我有個進步的機會？」以謙卑的口吻說出誠摯的話語，很容易滿足對方的虛榮心，也許還能解除你們之間對抗的態度。他如果願意「指點」你，在鼓勵你的時候，說不定還能帶來簽約的機會！

建議成交

這些話富有一定的技巧性，也許能促使客戶快速簽約。記下來，也許真

的很有用！你可以說：

「既然一切都定下來了，那我們就簽個協議吧！」

「您是不是在付款方式上有疑問？」

「如果您有什麼疑問，可以向我諮詢！」

「我們先簽個協議吧，我們也好開始準備為您服務，讓貴公司早日受益。」

「如果現在簽協議的話，您覺得我們還有哪些工作要做？」

節約儉樸型客戶，讓他感覺物美價廉的實惠

有時候，我們會發現一些非常節儉的消費者，他們不僅是對高價位的產品不捨得購買，而且對自己很滿意的產品也是處處挑剔，對你的產品和服務大挑毛病，多年以來的節儉習慣讓他們拒絕的理由也是五花八門，讓你意想不到。

最近，自稱業務很精熟、能力很強的小晨遇到了難題。他以前面對的都是那些相當有錢的客戶，最近在一家新公司任職，出現了一些新問題不知道如何去解決。他說了這樣一件事：「我真的不知道怎麼對待一位特別節儉的客戶，他不僅很會算，還很會討價還價，每天跟我在電話裡、公司、服務現場談，讓我感覺像是待在一個菜市場裡，跟買菜似的討價還價。這種感覺快要讓我發瘋了，我真想大吼幾聲！」

他跟主管訴苦：「在這個客戶眼裡，好像我們所有的東西都該免費提供給他一樣，整天纏著我，我的服務也是免費的啊？都免費了，我們這些銷售人員不都要去喝西北風了嗎？」「就算我們的服務是免費的，那也要根據合約的約定去執行吧？」

老闆笑著說：「年輕人，不要著急嘛，你可以跟他講明白我們產品的實際

價值，告訴他，這些東西是最低價了，適當對他製造點危機感，不信的話，讓他自己調查調查。」小晨一頭汗，從主管辦公室出來就打了一通這個客戶的電話。

有這樣經歷的銷售者一定不在少數，畢竟這個世界上真正的有錢人不多。節儉簡樸也是傳統美德。

應對這種類型的客戶，其實很簡單，就像小晨的老闆所說的那樣，餵他們一顆定心丸，保你「百病無憂」。

如果你常和這類客戶打交道，你會發現他們並不是那種一毛不拔的人，他們只是花錢花得謹慎，他們認為錢就要花在刀口上。只要你能激發他們的興趣點，讓他們感覺到物有所值，賣給他們東西也不是很難！

在和這類客戶洽談時，最好著重強調一分錢一分貨，指出商品的特徵和價值所在，告訴客戶產品價格中還包含了許多其他的成分。你把產品的成本、生命週期、投資報酬率告訴他們，並強調高報酬率才是重點。幫客戶搞清楚價格的差別不是錢，而是報酬率。

只要你循循善誘，讓客戶明白了這個道理，他們就會很爽快的打開錢包。如果客戶以價格太高拒絕購買你的產品時，你還可以幾次推銷，把一次推銷任務化整為零，以減少關於價錢的壓力。

花錢要花得值得，相信你也是這樣認為的，何況是你要從客戶的口袋裡掏錢。銷售人員不僅要控制自己的心理，還要學會掌控客戶的心理。只要你讓客戶感覺他花的錢是花在了刀口上，你的目的也就快實現了！

小心謹慎型客戶，你越是著急，他越是反感

小心謹慎的客戶簽單率通常比較高，越是這樣的人越容易成為你的合作者。這樣的客戶對一個銷售人員來說，簡直就是一塊寶。因為怕上當的心

理，他們往往會很認真的聽你說話，用心聽，用心想，有不明白的問題就會馬上提出來，生怕自己稍有疏忽就上當受騙。這種客戶的心思比較細膩，但疑心也較大，反應速度比較慢。

這種客戶極度謹慎和理智，對應的是挑剔。相對來說，他們更在乎細節，對事物的準確度和真實數據十分關心，很在意事情的真相，非常留心商家的可信度，談話的時候會不斷提醒自己要小心謹慎。

這些心理上的特徵決定了他們的購物行為。在買東西的時候，他們往往慢條斯理、小心翼翼，生怕上當吃虧。因此，銷售人員一定要讓他們留下好印象，盡力把他們爭取過來。打個比方，在這些客戶面前，你要有一種把自己放在顯微鏡下的窘迫感，客戶小心謹慎，你要比客戶更小心謹慎。

小心謹慎的人往往都很精明，精明也可以分為兩類：「盡責型」和「執著型」。針對這兩種不同的類型，我們的銷售方法也要因人而異。

「盡責型」客戶 —— 你講得越清楚越好。大多數採購屬於這種類型，他的老闆在僱用他的時候，很大一部分原因是因為他們的性格就是小心謹慎的，具體表現為懷疑、挑剔、善於分析問題，所以這些客戶很難對付。在接觸客戶之前，你最好對其做一個詳細的了解，盡可能的掌握他們的心理，以達到讓其動心的目的。最好是讓他們有安全感，讓他們知道你是在認真傾聽、認真了解。

「盡責型」客戶 —— 喜歡和那些冷靜、細心的人打交道。從你一進客戶的門，他就會仔細觀察你的任何細節，包括你的著裝得體與否，你公文包裡的文件放置整齊與否。他們很在意這些小細節，也希望來和他們洽談的銷售人員具備精確和效率。

所以，銷售人員的推銷風格應當是嚴謹的，說話要緩慢、吐字要清晰，認真回答客戶提出的任何問題。對客戶來說，越詳細越好。你不說，客戶會覺得你是不可信賴的。切記：小心謹慎型客戶最厭惡的是一見面就想促成交易的銷售人員。和這類客戶做生意與其說是一件事，還不如說是一個過程。需要你去慢慢引導，以促成最後的簽單。

「執著型」客戶 —— 和「盡責型」客戶相似，這類客戶做事也喜歡認真仔細，但相對來說更執著一些。他們不願意和道德水準低下的人打交道。除了安全感，還要注意不能給他們壓力。他們很少和陌生的銷售人員打交道，但你要是能說服他們，得到他們的信任，你今後的日子也許真的就不愁吃不愁穿了。

從心理學的角度去理解客戶的行為對你的幫助是不言而喻的。和這類客戶打交道，有個重要的原則是不要太著急。你越是著急，客戶越反感。要學會「忍字訣」，允許客戶反覆比較，更不能在他們面前議論其他產品或供應商。作為一個「正人君子」，他們很不高興背後說人壞話。不許無法實現的諾言，不做模稜兩可的保證。少說空話，給客戶一個可靠的印象。

在實際的操作中，你可以順著客戶的思維節奏，盡量把你想表達的東西講清楚，不時摻雜一些專業性話語，並借助輔助工具、圖像證據、事實案例來配合自己，以增強客戶的信心。

記住：你接觸到的每一個謹慎的客戶，都是你的「會下金蛋的雞」，是你以後銷售生涯的堅實基礎。想讓雞生蛋，長期賺錢，那就得餵雞吃好的糧食。對客戶不能撒謊，不能強迫客戶買不需要的東西，更不要掩蓋事實的真相。否則，小心雞飛蛋打。

自命清高型客戶，讚美他，順便帶點幽默感

隨著財富和地位的提升，人的心理也會越來越自信，有些人被長期的滿足感籠罩著，漸漸變得自以為是，唯我獨尊。還有的客戶天生就是一個冷傲

的人，自命清高，自命不凡，凡事以自我為中心。銷售人員面對這些客戶又該如何處理呢？

這類客戶在談生意的時候，經常會出現這樣的情況:你剛說了一個開頭，還沒有進入正題，客戶就忍不住了，他會說:「這種事情，沒什麼特別的，每個商家不都是這樣嘛！我早就知道了！」

即使你還想跟他詳細說明情況，他也不願再聽下去了。很顯然，這種輕率冒失的舉止，往往直接導致交易失敗。舉例來說：你和客戶正在洽談交涉中，客戶只聽了一部分貨物的價格和銷售情況，就不願意再「浪費時間」了，他會認為全部貨物都是如此。結果到簽合約的時候，他看到以後的貨物價格遠遠高出一開始討論的價格，立刻就會反悔。可惜啊，你費了很多心血建立起來的貿易關係就這樣泡湯了！

不僅如此，客戶還會指責你，認為是你在故意含糊其辭，你該負起全部的責任。實際上，很多情況下是這些「清高」的客戶自作聰明，虛榮心作祟，不完全了解情況就認為生意談成了。一旦交易失敗，他們不從自身找原因，還會找一些有利於自己的理由，為自己的失誤找回面子。

銷售人員面對這種自以為是的客戶，最好的策略是掌握他們的行為模式。不妨從他們的個性和心理下手。在和這類客戶洽談時，絕對不要拐彎抹角。能說的話盡量都告訴他們，你要知道，這些客戶的癥結所在 —— 他們只憑直覺辦事，過於相信自己。不要讓他在正式簽約時，找一些不是理由的理由來反悔，這樣不但耽誤你的時間和精力，也影響你的收入。

在和自命清高型的客戶交涉時還要注意：如果你不知道客戶對合約條款或者細節的理解程度，最好簡明扼要的向他們解釋清楚。雖然一開始多花點時間，但是能很好的保證交易的進行。

在和這些客戶接觸的時候，學會恭維和讚美，最好還要有一點幽默感，

更不能直接批評、挖苦客戶，而是要跟他講清楚自己的優勢和將來所能獲得的收益。

如果想打開這些客戶的心門，最好了解他們特別的喜好。清高的人必然有特殊之處，琴棋書畫，投其所好，但不能阿諛奉承，讚美要真誠，盡量不多說一句廢話。當然，不能怕他。自命清高的人最怕、最欣賞的是和他一樣清高的人。所以，你不妨也「清高」一些，不要囉哩囉嗦。找準他的缺點，一舉攻破！

愛慕虛榮型客戶，奉承是屢試不爽的祕密武器

一位身材高䠷的美女走進一家服裝店，她試了很多件衣服，但總是覺得不合適。看到這位美女站在鏡子前感嘆衣服不合身，深諳銷售之道的老闆憑經驗覺得，很可能是她沒有挺直身子。他走到這位美女的身邊對她說：「您的身材這麼好，穿什麼衣服都不會難看，再試試這件，也許更適合您。」一邊說，一邊遞給了她一件裙子。

聽了老闆這番話，美女換上裙子，直起身來重新打量了一番試衣鏡中的自己。她感覺自己挺立的身軀配上那條看起來皺巴巴的裙子真是漂亮極了。老闆說：「真的是賞心悅目啊，我沒想到您穿上這條裙子會這麼漂亮。」美女看著鏡子裡窈窕的身段，滿臉都是燦爛的笑容。

人性是一個很奇妙的東西，很多情況下決定了一個人的生死存亡，更何況是買東西呢？美國商人談生意有一個很重要的訣竅：談論對方最引以為榮的事情。聰明的銷售人員必定對人的心理了解相當透徹，找出客戶自認為驕傲的東西，當面告訴他們，你也很欣賞，客戶通常都會「愛上你」！

這個世界上最美妙動聽的語言就是奉承話了。很多客戶不都是被這些奉承話拉下馬的嗎？一位百萬富翁很坦然的說：「我就喜歡奉承話，自己喜歡

聽，別人也愛聽，馬屁就是我屢試不爽的祕密武器！」

有一些人虛榮得有點過了頭。不知道你是否遇到過這類極度自戀、極度虛榮的客戶？他們為了滿足自己的虛榮心，喜歡撒謊騙人，好讓別人覺得自己高人一等。他們自大驕傲，想法單一，心裡除了自己，容不下其他的東西。

面對這種類型的客戶其實也很簡單，他們不是喜歡被別人吹捧嗎？那你就去「無微不至」的吹捧他，小到他的眼睛，大到他的為人。你想做成生意，就要學會逢迎對方的虛榮心，多說奉承話，讓客戶心情愉快。在這種友好和諧、愉悅輕鬆的談話環境下，客戶就會漸漸放鬆原先的戒備心態。對你所講的話題感興趣，也願意和你交談下去，一般情況下很容易成交。

就像上面那個喜歡別人誇讚的美女一樣，她在老闆的甜言蜜語中滿心歡喜，不知不覺的就被「糊弄」了。如果能恰如其分的恭維客戶，對他說奉承話，他絕對會喜歡你的。事實上，越傲慢的人，越喜歡聽奉承話。熟練的、恰如其分的說奉承話是銷售人員很重要的一門功課！

對這些愛慕虛榮的客戶，要多強調自己的產品最適合像他這樣的「高層次消費者」使用，滿足他的成就感，對其表示肯定，萬萬不能隨便貶低他們，更不可揭他的底。你要順著他的心理說話，給他們多一點奉承，他們對你就多一份認同。讓他感覺：「原來我一直在尋求的知己終於找到了，原來就是你啊！」多向他灌輸一些產品帶來的優越感，你的產品才有可能被這些「驕傲」的客戶接受！

奉承話怎麼說？這也是一門學問。最重要的是「虛實結合」，奉承必須「確有其事」，理由充分。

「拍馬屁」最忌諱的就是毫無根據的奉承一個人。沒做好的話，不僅會讓這些愛慕虛榮的客戶感到莫名其妙，還會覺得你不實在，是個油嘴滑舌沒品

味的人。發現了你的「小詭計」，必然會觸發他們的防範心理，從而導致陷入僵局。

所以，銷售人員在說奉承話的時候，要掌握好分寸，不能流於諂媚，也不貶低自己，盡量討客戶的歡心！

第五章
決定是否購買的心理因素

會定價的人，生意越做越旺

我們走在大街上，經常會看到一些「10元店」、「百元店」之類的小商店，還有在買衣服的時候經常會看到168元、199元的字樣，這些都是商家為了迎合顧客求實惠、求廉價、求吉利的心理，在商品定價上玩的數字遊戲。透過這些定價上的取巧，來達到招攬顧客的目的。其實，這就是產品定價上的心理學運用，如果不是故意用價格欺騙的話，完全值得銷售人員去學習和借鑑。

美國內華達大學商業研究中心對商品的價格曾做過一次調查研究，他們發現，產品的價格和產品的成本、流通費用、利潤的關係並不是很顯著，影響價格最顯著的因素，是市場供需關係和消費族群的心理購買預期。消費者的心理購買決策是定價最敏感的因素之一。所以，銷售人員要把客戶的心理需求作為定價的重要依據，最大程度的激發客戶的購買欲望。在實踐中，常用的心理定價策略有以下六種。

(一) 吸脂定價策略

也叫高定價策略。意思是從鮮奶中撇取乳脂，有提取精華的意思。利用的是消費者的求新、求奇心理，抓住還沒有其他競爭者出現的有利時機，故意把價格定高，達到短期內就能獲利，盡快收回投資的定價方法。比如，原子筆於1945年發明，當時，成本只有0.5美元，但商家利用消費者的求新求異心理，賣出了20美元的高價。

(二) 尾數定價策略

現代心理學研究顯示：價格尾數的微小差別，絕對會對消費者的購買行為產生影響，尾數定價策略迎合的是消費者求廉價的心理。一般認為，20元

以下，價格尾數以 9 最受歡迎；20 元以上，價格尾數以 95 效果最佳；百元以上的商品，價格尾數以 98 最為暢銷。8、6、9 的定位較常用。

(三) 聲望定價策略

聲望定價是參考產品在消費者心目中的聲望的一種定價策略。這種定價法迎合的是顧客的高價顯示心理。相對來說，消費者看重的不是價格，價格顯赫更能滿足自己的炫耀心理，看重的是對自身地位和身分的彰顯。適用於那些知名度較高、市場較大，深受消費者歡迎的著名商標。

(四) 招攬定價策略

招攬定價策略適用於經營日用消費品為主的大型銷售商，可以把一部分商品價格定低一些，來吸引顧客，真正的目的是招攬顧客購買價低商品的同時，帶動其他高價商品的銷售。但要注意，這些低價的「犧牲品」最好是那些需求彈性較大的商品，能透過銷售量彌補低價的損失。

日本一家藥房就利用了這種招攬定價法。他們先把一瓶 1,000 元的補藥定位 400 元，低價出售，引來消費者紛紛搶購。不但沒賠錢，而且盈餘每個月都在成長。原因是：藥店裡不只這一種藥，人們以為補藥便宜，別的藥也便宜，形成了盲目的購買心理。

(五) 習慣性定價策略

某些商品經過消費者重複性購買，性能、品質已經被消費者詳細了解並形成了固定的心理價格標準。這些商品在市場上被打上了「烙印」，消費者已經習慣了，他們不想再付更多的錢。這時，銷售人員就不要貿然去更改這些商品的價格了，改變的話很容易失去消費者的信任。比如消費者對泡麵廠商的聯合漲價就很不滿意，這個價格不能說漲就漲，要由消費者、企業和相關的管理機構共同磋商，依照經濟規律合理來定價。

（六）最小單位定價策略

最小單位定價策略是指銷售者把同種商品按不同數量包裝，然後以最小包裝單位量來定價。一般情況下，包裝越小，實際的單位數量商品的價格越高。

銷售人員可以靈活利用上述產品定價方法，只要能抓住客戶的心理，引客戶「上鉤」，你的銷售任務豈不是很簡單？

掌握懷舊心理，攫取財源滾滾

人類心理上有一個很重要的特點：面對不斷湧現的新鮮事物，若感到不適應的話，往往喜歡「追憶逝水年華」，依託懷舊來尋找一種解脫。在銷售過程中，巧妙利用這種懷舊心理，對某些消費族群會產生非常積極有效的作用。

懷舊者所懷舊的東西，必然是令人感到刻骨銘心的。我們說利用懷舊心理做業務，要找出一個族群的共鳴點，而不是某個人的，這樣才能更好的定位客戶族群，擴大自己的業務範圍。這個目標族群往往具有共同經歷或者共同體驗，只要你能引起他們的共鳴，以這群人的懷舊心理為基點，做一些銷售活動，必然能獲得很好的效果。懷舊者細分的話，大概有以下幾類。

年齡在 40 歲以上的族群

年齡越大，懷舊心理越強。40 歲以後生活和工作相對比較穩定，待著沒什麼事，總喜歡思考。再加上時代的差異性，他們大部分對現在的年輕世代有些不適應，也可以說是看不慣。和這些客戶交談的時候，適時的提一些過

去的美好生活，勾起這些年長的客戶的回憶，相當程度上能拉近你和客戶的距離，讓他們感到親切和溫暖，進而產生購買的欲望。

有特殊經歷的族群

有一家老兵餐廳，餐廳內陳列著老式的步槍、鏽跡斑斑的小鋼炮，還有發黃的軍事地圖、陳舊的軍裝……餐廳老闆利用的就是客戶的懷舊心理，牢牢抓住了一些有特殊經歷客戶的心理需求，生意自然很好。來用餐的除了真正的老兵，還有他們的家人，還有一些喜歡獵奇的年輕人。

再如共同上過戰場的戰友、淪落到海外的老僑胞……這些人都有著特殊的經歷，在他們的生命中，這些都是刻骨銘心的經歷。因為這些共同的經歷，很容易產生同樣的心理需求。只要你能讓他們追憶過去，產生共鳴，絕對會對你有一種認同感和親切感。

遠離或背離以往生活環境的族群

大多數成功的大富豪都有過艱辛的創業經歷。以前的日子很苦，經過多少年的奮鬥，有了雄厚的產業，生活富裕了。但是，他們絕對不可能完全忘記那些對他們來說非常重要的艱苦生活。如果仔細觀察的話，你會發現他們的言談舉止、生活方式和消費觀念，仍然有從前的影子。貧困的生活也許是他們一生中最寶貴的財富。

雖然現在的生活境況更好了，但那些深深刻在內心的生活體驗是絕對不會忘記的。銷售人員能做的就是讓這些客戶重拾過去的東西，讓他們回憶過去生活的印跡，讓他們流露出懷舊的意識。

不願改變過去的生活習慣，喜歡沉溺於過去情境中的族群

現在很多產品更新的頻率很快。年輕人大多喜歡追逐潮流；但還是有些人不願意「跟風」，心理上很抵制，仍喜歡購買那些至少在包裝上保留著過去

影子的產品，如收集舊鋼琴、珍藏古董字畫等。

從這四類消費族群我們可以看出，客戶的懷舊心理各不相同，依託的物品也多種多樣。在宣傳和促銷時，銷售人員要採用不同的策略和有針對性的行動。

消費流行對消費心理有很大影響

我們研究消費時尚與流行，不僅要看到消費心理對消費流行形成與發展的影響，同時也要看到消費流行如何引起消費心理的變化。

消費流行的三個階段。

消費流行的階段與產品生命週期相互關聯但又有所區別。時尚的週期性循環是以產品的生命週期為基礎的。每一個產品都要經過「導入—成長—成熟—衰退」這樣 4 個階段。流行則要經過「興起—熱潮—衰退」三個階段。

第一階段 —— 興起期。在產品的導入期。流行商品由於其鮮明特色和優越性能吸引了有名望、有社會地位的顧客和其有創新消費心理的消費者，他們對商品的使用產生強烈的社會示範效應。

第二階段 —— 熱潮期。流行商品的一個重要特點是能很快形成消費熱潮。由於有明星人物的示範作用，產品能在極短的時間內流行起來。許多熱衷時尚的消費者紛紛模仿，甚至形成搶購風。市場銷售成長率呈直線成長趨勢，對市場形成強大衝擊。

第三階段 —— 衰退期。流行商品與一般商品的最大不同是市場成熟期十分短暫，當新產品在市場大量普及之時，流行的趨勢已經開始減弱，隨即市場進入衰退期。所以產品成熟的同時，即意味著衰退期的到來，成熟期與衰退期是交織在一起的。

消費心理對消費流行的影響。

對消費流行產生影響的主要是以下幾個社會階層：第一，高收入階層。金融業者、企業家、成功商人等。這一階層人士生活消費支出有很大的選擇自由，生活消費表現為高層次、多樣化，對購買新商品的態度堅定。他們以強勁的購買力和追求高級產品享受成為流行的製造者。第二，知名人物階層。演員、歌手、藝術家等。這些人由於職業特點對新商品相當敏感，勇於購買使用，他們追求的是較高審美價值的商品所帶來的心理愉悅，是時尚品牌價值的發現者。從消費心理角度考察，這部分人中那些具有較高的商品認知能力。購買商品追求新穎、美觀、名牌，對製造時尚和流行的影響作用很大。第三，迅速致富的中等收入階層。創業者、富家子弟及高階上班族等。這些人往往為平衡自己的社會地位而表現出較強的炫耀性消費心理，或者具有比較消費、模仿消費心理，這種消費帶有圈套的盲目性，當一種新的商品進入市場後，他們會緊跟第一、第二種人的購買行為，由此帶動消費流行的發展。

消費流行引起消費心理的變化。

在消費流行的衝擊下，消費心理會發生許多微妙的變化，考察這些具體變化。也就成為研究行銷心理，做好市場行銷的重要內容。

第一，認知態度的變化。按照正常的消費心理，顧客對一個新事物、一種新產品往往開始持懷疑態度。但消費流行的出現，會導致認知心理的變化，首先是懷疑態度的取消，其次是肯定傾向的強化，三是唯恐落後消費潮流。

第二，驅動力的變化。正常情況下人們購買是出於消費需求，購買動機是比較穩定的，但在消費流行的驅使下，購買的動力會產生改變，如求新、求美、求名、從眾等。

第三，價值觀念的變化。正常情況下，消費者要對商品比值比價，力求購買經濟合算、價廉物美的產品，但在消費時尚和流行浪潮的衝擊下，消費者會放棄這些基本原則，明知價格被抬高還是樂意購買，甚至以買高價格的商品為榮。

第四，心理動機的變化。在購買過程中，有些顧客具有惠顧和偏好的心理動機。即對長期使用的產品產生信任感而形成固定購買的習慣。但在時尚和流行趨勢的要挾下，消費者會放棄這種偏好的心理動機，轉而趨向於使用流行性商品以炫耀或顯示自己是跟上潮流的，並非是墨守陳規的落伍者。

因為即將失去，所以必須爭取買到

「物以稀為貴」是一個眾所周知的生活常理，這句話出自唐代著名詩人白居易的《小歲日喜談氏外孫女孩滿月》。詩中有「物以稀為貴，情因老更慈」的名句，描寫了一位老人初抱孫女的喜悅之情。詩中還寫到「懷中有可抱，何必是男兒」，也就是說我活到這麼大年紀，在離世之前能抱上自己的外孫，管他是男孩還是女孩，有總比沒有強。

其實在現實生活中，人們對於俯拾皆是的東西往往都會不覺得稀奇，視而不見，不去理睬，而當它突然變得很少很難得到的時候，反而又把它當作寶貝，認為它很珍貴。這也就是所謂的「物以稀為貴」的道理，因此，人們常常會說「失去的東西才發現它的珍貴」。

從心理學的角度看，這反映了人們的一種深層的心理，就是害怕失去，或者說怕得不到的心理。而在消費購物方面，人們的這種心理也表現得很明顯。人們常常對越是買不到的、得不到的東西，越是想要買到它、得到它。例如商家總是會時常舉辦一些促銷活動，比如，「全店產品一律七折，僅售三

天」、「本店前 30 名客戶享受買一送一」等，很多的消費者聽到這樣的消息，都會爭先恐後的跑去搶購，因為機不可失，時不再來。商家利用的就是客戶的這種怕買不到的心理，而用「名額有限」、「僅有一次」的方式，來吸引客戶前來購買和消費。

小中是位建案業務員，他負責推銷 A、B 兩間房子。一天有個客戶前來諮詢，並要求看看房子。這個時候，小中想售出的是 A，在客戶看房子的同時，他邊走邊解釋：「房子您可以看，但是 A 套房子前兩天已經有人預定了，所以如果您要選擇的話，只能是剩下的 B 套了。」

這樣在客戶的心理就會產生這樣的效應：既然已經有人預定 A 了，就說明 A 套房子比 B 好。在這樣的心理下，客戶會越來越覺得 A 套房子好，並且有種後悔來晚的感覺。

過了兩天，業務員小中主動打電話給看房子的客戶，並興高采烈的告訴他一個好消息：預定 A 套房子的客戶因為資金問題取消了預定，現在您可以購買 A 套房子了。

客戶聽到這個消息很高興，有種失而復得的感覺，怕再次錯過機會，趕緊與小中簽訂了購房合約。

就這樣，小中順利的按照自己的預想把 A 套房子賣了出去。他之所以能夠成功，就是因為他善於利用客戶的害怕買不到的心理，巧妙的把客戶的注意力吸引到 A 套房子上來，並且讓他產生購買不到的遺憾，激發其強烈的購買欲望，最後又使客戶「絕處逢生」，天上掉下好機會，從而既歡喜又迅速的買下了 A 套房子。

當一個人真正需要或者想要得到某種東西的時候，就會害怕無法得到它，從而會不由自主的產生一種緊迫感，在這種心理影響力的作用下，就會積極的採取行動。針對客戶這樣的心理，業務員要善於在推銷過程中，恰當

的為客戶製造一些懸念，比如只剩一件商品，只有三天的優惠活動，已經有人訂購等，讓客戶產生一種緊迫感，覺得如果自己再不買的話，就會錯過最佳的購買機會，可能以後就沒有機會再得到了。這樣就會促進客戶果斷的做出決定，使交易迅速達成。

替客戶製造緊迫感，可以促進客戶迅速購買。業務員可以在與客戶交談過程中，為客戶提供一些適當誇張的市場資訊或者與自己推銷的商品有關的行情，顯示自己的商品相當暢銷，或者比較稀缺。讓客戶覺得現在就是購買的最好時機，再不購買可能就買不到了，進而促進交易的達成。比如，業務員可以說：「我們公司可能會因為人手不夠而減少產品的供應量，所以下半年市場的貨會比較緊缺。」或者說：「這種商品的製作材料最近價格上漲，所以過段時間，我們商品的價格也會相應上漲，建議您及早購買。」這樣說，客戶怕買不到，心理就會受到刺激，從而激發了客戶的購買欲望，使業務員與客戶迅速達成交易。

因為害怕買不到而造成的緊迫感，往往會促使人們迅速的做出決定，以便使自己不再錯過難得的機會。因此，如果失而復得，則更能夠讓人感到滿足和愉悅。

「物以稀為貴」，東西少了就會變得很珍貴。在消費過程中，客戶往往會因為商品的機會變少、數量變少，而爭先恐後的去購買，害怕以後再買不到。業務員如果能夠掌握客戶的這一心理，適當的加以刺激，就可以激發客戶的購買欲望，讓你順利的使自己的商品獲得暢銷。

不同家庭成員在購買中扮演的角色

銷售的目標受眾，也就是「對誰說」，也是一個很重要的問題。我們在推銷商品的時候，首先要明確溝通訴求的對象。只有找出了銷售的具體對象，

才能進一步了解他們在消費中的地位以及心理特徵。通俗的講，你想賣出你的商品，首先要知道誰最有可能來買你的商品。

了解產品的定位和自己將要面對的消費族群是銷售的基礎。在行銷活動中，產品的實際購買者相當程度上決定了銷售的命運，選擇適合自己產品的客戶才能保證你的「出單率」。

大多數情況下，不同的消費者在不同的商品購買中有著不同的作用。銷售人員面對的消費族群 80%以上是家庭使用者。在家庭消費活動中，有時候，商品或服務的購買者和使用者往往不完全是同一個人。比如父親買了一個足球，也許自己根本就不踢，使用者是他的兒子。家庭成員在購買中分別扮演了不同角色，銷售人員必須搞清楚出錢的人和使用商品的人。針對性強一些，更有成功的把握。

我們還以男孩子喜歡玩的足球為例。大多數情況下，我們直接面對的並不是某個男孩，而是男孩的父親或母親，因為家長才是商品的購買決定者和消費者，只有家長才是你推銷的足球的付款人。

同樣，在一個家庭中，衣服的購買者大多是妻子或母親，她們購買的不僅是她們自己的衣服，還包括丈夫和孩子的衣服。所以，在某些購買活動中，承擔購買任務、「扛起花錢重擔」的很可能都是由一個人來完成的。

當然，有一些購買，還可能是由家庭成員共同來承擔的。或許這些家庭成員會成為這部「購物大片」裡不同的主角。如何針對這些角色逐一攻破呢？古語有云：「射人先射馬，擒賊先擒王」，一般來說，我們要把主要精力集中在家庭的「掌櫃」身上。這個掌握保險櫃鑰匙的人，往往決定了一個家庭的購買力。

雖然這個「掌櫃」提供的資訊和建議，不一定總被其他家庭成員採納，但他的分析處理，相當程度上是其他人做出決定的重要依據。這個掌控「財

政大權」的人一般在家庭中占有較高的地位，對消費的影響力較大。銷售人員必須有這種先知先覺的「星探」嗅覺，掌控這個人的心理，對銷售有著極其重要的作用！

由此可知，銷售面向的對象應該是那些擁有購買決策權的「掌櫃們」，而不是一個產品的實際使用者。比如男孩想買一個新足球，可是他沒有錢，有錢也不一定敢買，他的購買欲望能不能實現，還是需要他的家長來決定的。

了解不同家庭成員在消費活動中扮演的角色，也許是家庭用品銷售人員必修的一門功課。業務員要明白：誰才是最可能對你的產品感興趣的人？誰才是這個產品的最終使用者？誰最有可能成為購買的決定者？誰在決策中發揮最大的影響力？對於不同產品的購買，家庭決策是以什麼方式做出的？

經研究發現，一般來說，保險的購買通常由丈夫決定；清潔用品、廚房用具、食品的購買基本上是妻子做主；購買／裝修房子大多由夫妻共同做出決定；飲料、零用物品的購買大多具有隨機性，由家庭成員分別自主決定；越是大宗物件、購買時間拖得越長，家庭成員越傾向於聯合做決定。

銷售人員多多注意這些細節問題，弄清楚家庭成員在購買上的具體分工，掌握各家庭成員的心理，對我們的銷售工作是大有裨益的！

商品的擺放恰當，也可激發購買欲望

即使是水果蔬菜，也要像一幅靜物寫生畫那樣藝術的排列。因為商品的美感能撩起顧客的購買欲望。這是一句法國經商諺語，講的是商品陳列的藝術。商品陳列關係到顧客的購買欲望，所以擺放商品也要考慮到顧客的心理需求。具體的操作中，商品陳列要注意哪些問題呢？

(一) 豐滿

顧客進購物中心的時候，最關心的什麼？不是銷售人員的服務，而是貨架上的商品。當顧客進門的時候，他的目光必定自然而然的去看貨架，而不是看銷售人員長得是不是漂亮。

一位行銷專家說：商品本身就是廣告。其實，商品陳列也是一種廣告。

當顧客看到貨架上的商品琳琅滿目時，他就會產生較大的熱情，精神也會為之一振。下意識裡會產生一種信任感和輕鬆感，因而購物的興趣也會高漲起來。相反，如果他看到的是稀稀落落的貨物，心裡就會覺得商品這麼少，看來是沒什麼好貨，想必生意也不會好到哪裡去。因此，商品陳列的基本要求是商品擺放要豐滿。

還有一句古話說：貨賣堆山。為什麼要堆山賣呢？主要的目的是想透過豐富的商品來招攬顧客，刺激顧客的購買欲。所以，要把商品陳列當成是一種招攬顧客的廣告，為了吸引顧客，一定要把商品擺放豐滿。當然，也要注意區分不同類別的商品，避免亂成一團。

(二) 展示商品的美

被那些堆放豐滿的商品所吸引，顧客接下來必然要走到自己打算購買的物品的櫃檯前。這時顧客最想知道的是「這東西怎麼樣」—— 包括商品的品質、外觀美不美、適不適合自己用等。

這時銷售人員就要學會展示商品的外在美。可以運用多種手段把櫃檯貨架上的商品予以美化，以此來激發顧客的購買欲。當然也不能忽視產品的「內在美」，品質也要保證，光好看也不行。這就是商品陳列的第二個基本要求。

（三）營造特有氣氛

這是商品陳列的第三個基本要求，指的是透過對商品的組合排列，盡量營造出一種溫馨、明快、浪漫的特有氣氛。透過這種美好的氣氛感染消費者，消除顧客與商品之間的心理距離，讓顧客產生可親、可近、可愛之感。

俄羅斯有句諺語說：「語言不是蜜，卻可以黏住一切。」銷售人員除了嘴上會說，還要學會讓你的商品也有語言。讓陳列的商品幫你向顧客傳達一種無聲的邀請，打動顧客的心，激發顧客的感情，讓顧客產生購買的欲望。

銷售心理學告訴我們：「大多數消費者購買商品是在想像心理支配下採取購買行動的。」聰明的業務員要學會透過商品的陳列讓顧客去發揮自己的想像，讓他們想像買到這種商品後會發生的種種可能，比如情人的一個吻、朋友的讚賞或者是為以後的生活帶來的變化等。

我們就拿買房子舉例。當你走進一間經過精心布置的房子，看到的是富麗堂皇、寬敞明亮，很可能就會心動，情緒自然而然的就會轉到自己身上。你會想像自己住到這間房子是一種什麼樣的情景，未來的生活一定會很美好，不知不覺就進入了售房者設好的「圈套」。商品的陳列也是如此，你要學會讓顧客自己為自己「造夢」，買你的東西也就順理成章了。

有一個成語叫愛屋及烏，說的就是「感情連帶反應」，因為喜歡房子就連房上的烏鴉也喜歡起來。購物同樣如此，當顧客被你陳列的商品營造的氣氛打動時，連帶的就會對你的商品產生興趣。這就是商品陳列營造特有氣氛能夠達到目的的奧祕所在。

促銷不僅僅賣的是商品，還得有創意

《天下無賊》裡「黎叔」對打劫的人說：「最討厭你們這些打劫的，一點技

術都沒有。」雖然這是一個黑色幽默，但蘊含的諷刺性卻頗值得玩味。看看現在那些做促銷活動的商家，很多都是赤裸裸的，「一點技術都沒有」！

有專家說：一個品牌投入的促銷費用高於廣告投入是非常危險的，不僅不能提升銷量，甚至還會拖垮這個品牌。促銷很可能會把累積起來的品牌資產漸漸變得模糊甚至消失。

還有一種觀點認為：促銷的最終目的是增強短期內的競爭力，在最短的時間內提升銷售。促銷是一種能使銷售量在短期內達到最大化的有利工具，可以有效的擴大市場占有率，壓制競爭對手。所以，銷售者要大力推廣。

這兩種觀點都不能說錯，但也要區分產品和市場環境的不同。正確利用促銷，不但可以使品牌更具親和力，還能保證短期內的銷售量。但是，現在品牌繁雜、競爭激烈，那些「沒有技術價值的」傳統促銷觀念已經落伍了。具體表現在以下方面。

手段單一、依賴性強

商家促銷最常用的促銷手段是「三板斧」—— 打折、抽獎、贈送。現在很多商家把促銷當成了取悅顧客的手段，希望透過這些經常性的打折、抽獎、贈送等促銷手段來吸引和刺激消費者。其實，顧客記住的不是你的產品，而是那些雞毛蒜皮的小優惠，更談不上什麼培養品牌意識了。

這種手段單一的促銷方法，沒有長遠的品牌規劃，消費者很容易流失。以促銷支持銷售，一旦促銷停止，銷售馬上回落。由此可見，對促銷的依賴性太強不是什麼好事。

競相求廉、嚴重趨同

很多商家還存在盲目比較的心態：看到競爭對手打五折，自己就打四折；對手打四折，自己打三折……推出比競爭對手更優惠的促銷措施。結果搞得

自己元氣大傷，丟了西瓜，撿了個芝麻，付出了很大的成本，卻無法從促銷活動中得到回報。

還有一些商家做促銷活動的原因更可笑，自己的生意本來就不錯，但是看到周圍的對手都在做，自己著急上火，馬上也去做促銷。這種行為因為沒有促銷計畫、促銷戰術和促銷目標，很難達到理想的效果。促銷的嚴重趨同化，會讓顧客產生司空見慣的心理，無法達到刺激銷售的目的。

隨意粗糙、急功近利

促銷不能太粗糙，一個沒有整體規劃意識的促銷活動是很危險的！促銷要注意形式、時機、具體商品等方方面面的因素。如果太隨意，沒什麼創意，不重視長遠計畫，很難產生整體效益。

比如「買一送一」，沒什麼新意，很容易被複製，即使能拉動銷量也是短期的。「宣傳單滿天飛，贈品當街發送」，相當程度上會降低顧客的購買信心。

促銷確實能發揮一定的積極效應，有時候也確實能達到打擊對手、討好消費者的目的。但是面對銷售壓力，不能完全依賴促銷解決問題。

如果行銷的時候不得不借助促銷手段，一定要改變陳舊老套的「三板斧」模式，打破傳統觀念。比如「節日促銷」是很多商家銷售的重頭戲，但要注意不能只為了促銷而促銷，這很容易產生反面的展示作用。

如果一次促銷行為不能讓顧客留下什麼印象，或者沒什麼好印象，這樣的促銷行為無疑是失敗的。所以，作為一名銷售人員要正視促銷，努力激發自己的創意思維，力爭打破顧客購物的心理阻力，讓銷售更上一層樓！讓促銷少一些單調、多一些創意吧！

時尚元素，是每個顧客不斷追求的目標

現在人們購物不僅考慮經濟因素，還要考慮很多社會方面的因素。社會生活的多樣化，直接影響了人們的消費觀念。尤其是那些帶有時尚特色的心理追求，一旦被社會承認，就會形成一種消費傾向的流行。

這種消費時尚的流行也就是人們所說的「趕時髦」，像在改革開放初期，年輕人都喜歡穿喇叭褲，那時候的人們比起現在更喜歡流行，畢竟受到的物質衝擊還比較小。

流行都是由族群中的相互模仿而促成的。你看見他穿這件衣服很好看，明天我也買一件，越來越多的人投入進來，產生了群體性的模仿，進而產生消費流行。所以相當程度上，模仿心理奠定了消費流行的基礎。

時尚性的購買行為大多是受外界環境影響，如社會風尚的變化而引起的。購買者的心理往往被這種社會性的「時尚」同化。表面上看，這些「時尚消費者」力圖透過所購買的商品來達到引人注目的目的。其實，這些消費者更容易被聰明的商家「糊弄」，他們會盡力誇大顧客的審美能力和判斷能力，將其形象盡力美化。

時尚性消費很容易受感情的驅使，通常呈現的是人們對美好生活的嚮往。銷售人員要特別注意顧客的這種對美的渴望和對流行追求的趨同心理。因為，希望自己「時髦」的需求，大多建立在物質水準逐步提高的過程中，通俗的講，追求時尚的人大多手頭比較寬裕。

這種時尚性消費呈現的是人對自我實現的心理滿足，是消費者希望自己與時代同步、趕上甚至超越時代潮流的心理需求。如能根據這樣的心理需求，推廣好自己的產品，一旦形成時尚型消費，必然會出現大批的購買者。

很多情況下這種時尚性消費具有短期性，短時間內可以形成大量需求，再過一段時間，很可能被別的更流行的產品或服務取代。比如跳舞毯這種商品就很典型，維持的時間比較短暫，只有短短幾個月。這就要求銷售者具有敏銳的眼光，在傾力「打造時尚」的時候，考慮到以後的長遠發展。

諾基亞引導的「手機換殼熱」相對來說比較成功，把外殼換成極具個性的樣子深受年輕人追捧，也為諾基亞手機的銷售立下了汗馬功勞。這樣的「換新裝」模式，甚至已經滲透到了其他消費品領域。

銷售人員要善於掌握顧客的求新、求變意識和希望突出自己的個性、展現自我的風采、與時代同步的心理需求，能做到這一點，就能成功的激發消費者的購買欲望。實際上，這樣的購買行為往往會成為時尚的開端。

所謂「三十六計，攻心為上」，不管什麼時尚的東西，必先讓顧客「心動」，這個心動的過程是改變顧客認知的過程。有些顧客並不認同你說的什麼「時尚」商品，你怎麼辦？你能做的是從品牌的層面和產品的品質上來「誘惑」消費者。

任何一個消費者的大腦中裡都有一個品牌倉庫，這個倉庫代表的是時尚和品位，這正是你需要誘發的核心內容。加入時尚的行列，你才能變成一個時尚的人。銷售人員要對客戶強力灌輸自己的品牌意識，把自己的產品也加入到顧客心目中的「品牌倉庫」裡！

抓住客戶的興趣點，不斷刺激讓其購買

星期天，一對夫妻和房屋仲介約好去看一間房子。看房子之前，丈夫對喜歡游泳池的妻子說：「千萬不能讓仲介知道妳喜歡游泳池，讓他知道，我們就沒辦法殺價了。」可惜，丈夫的忠告並沒有發揮什麼作用，妻子「一不小心」就被仲介人員套出話了。

這位先生說：「啊，這房子漏水。」仲介人員就會對女士說：「太太您看，

後面的游泳池是不是很漂亮？」先生又說：「這個房子好像很多地方需要重新整修一下。」仲介人員對先生微笑了一下，轉過頭繼續對那位只顧盯著游泳池看的女士說：「太太，這個游泳池非常適合您這樣苗條的人保持身材……」仲介人員總是把問題有意無意的引到游泳池上，這位太太很「順從」的回應：「對！對！對！游泳池！買房子我最看重的就是游泳池！」結果也是顯而易見的了，這間並不便宜的房子被賣了出去。

正因為仲介人員看出了這位太太對游泳池的特殊喜好，才能找到客戶購買的關鍵點，這樣，你說服顧客的機率就會大大增加。這個關於游泳池的故事，不正是「反覆刺激客戶購買關鍵點」對銷售是十分有效的最好證明嗎？

我們必須相信這句話：每一個顧客都有一個 key buying point，也就是找到顧客對你的產品的興趣發生點。不管你的產品有多少個自以為可以吸引顧客的理由，面對每一個具體的客戶，必須因人而異，因為對顧客來說可能只有一項對他來講是最重要的。如果抓不住這個最重要的關鍵點，再多的功能和優勢都沒用！

那如何才能抓住顧客的這個關鍵點呢？先站在顧客的角度去想問題！然後掌握顧客的心理！

顧客希望受到重視

作為一個銷售人員，我們要明白，發薪水給你的不是你的老闆，而是你的顧客！只有顧客才能讓你繼續生存下去，所以，我們必須去真正的關心、重視顧客，聆聽他們內心真正的想法、那些他們想說而沒有說出的話。

顧客希望被「特殊化」

當你不能滿足顧客的需求，讓他感覺你或你的產品不行的時候，你已經完了。顧客總是希望你能替他做一些「特殊」的安排，特別關照他們，更好

的滿足他們的需求。這個特殊的地方也許就是顧客的「關鍵點」！當我們用所謂的「規定」來拒絕顧客時，也許顧客已經做好了「另選他家」的決定。事實必然是這樣的，當你滿足了顧客看似「無理」的要求，顧客對你的印象馬上就會提升到一定的高度。即使結果不是很樂觀，讓他看到你的誠意，也許你還能獲得他的長期信任。

顧客希望一次性解決問題

顧客總是希望能一次性解決問題，而不是跑來跑去。你能做的是為他出謀劃策，連結各個方面，盡量幫助他解決問題。以客戶為中心，把客戶的需求放在自己心裡，而不能僅僅當作一句口號！

顧客只是希望真誠的補救

如果出現了錯誤，顧客希望能盡快得到有效的彌補和改正。當你出錯的時候，最好讓顧客知道：「我已經知道自己的錯誤了，我會馬上去補救的。」讓顧客認知到你的真誠和努力，也許他根本就不會在乎你犯的錯誤了。

弄懂了顧客的心理，才能更準確的抓住顧客在購物過程中的「購買關鍵點」。瞄準這個點，反覆的加以刺激，就像打靶子一樣，「打中 10 環」才是我們的真正目的！

第六章

巧妙讀懂顧客的身體語言

眉語，是顧客的第二張嘴

人們常說「眉目傳情」，很多時候，人們可以應用語言之外的其他形式來表達某種情緒和態度，如手語、頭語、眼語等體態語，這些都是無聲而有形的語言。有時甚至比有聲語言更能傳達出真摯的情意。而「眉語」也是體態語中的一種，指在特定的語言環境中，人們用眉毛舒展或收斂等動作來代替語言，以此表情達意。

古人將眉毛稱為「七情之虹」，因為它可以表現出不同的情態。透過眉語人們不僅能夠傳達出很多意思，還可以彼此進行交流，比如我們經常說的「擠眉弄眼」、「眉來眼去」、「暗送秋波」等就是一種交流，一種暗示。而透過分析對方的眉毛所表達出來的情態，了解對方的意思，叫做「察眉」。

《列子》中載有一個「察眉」的典故：「晉國苦盜。有郗雍者，能視盜之貌，察其眉睫之間而得其情。」意思是說，晉國人深受偷竊者之苦，有個叫郗雍的人，能觀察偷竊者的面容，根據偷竊者眉睫之間的變化，而知道他心中的實情。後來人們就把察看人的眉毛便知道其實情稱為「察眉」。在現實生活中，我們也可以透過「察眉」了解到人們喜怒哀樂的情緒和心理。

業務員也可以利用「察眉」，來了解顧客的心理變化，洞察顧客心中的真實情感。

不同的「眉語」，表達不同的人物情緒，我們常常見到的表現形式有以下幾種——

揚眉：表示高興的神態和心情。如「揚眉吐氣」。具體狀態是雙眉揚起，略向外分開，眉間皮膚伸展，使眉間短而垂直的皺紋拉平，而整個前額的皮膚向上擠緊，造成水平方向的長條皺紋。如果業務員的商品正合顧客的口味，使顧客有一種「踏破鐵鞋無覓處」的欣喜，顧客就會眉開眼笑，眉毛就

會揚起，表示欣喜和愉悅。

而如果顧客是一條眉毛上揚，一條眉毛下降，這樣的表情像一個「？」，表示心中有疑問，對業務員介紹的商品心存懷疑或者還有不理解的地方。這就需要業務員進一步證明或者加以解釋。

皺眉：雙眉皺起，臉部也跟著上揚，額頭出現長長的水平皺紋，這樣的表情表示不高興、不耐煩，或者很為難。這說明顧客對業務員說的話或者推銷的商品很不滿、不喜歡，而且不願意再聽業務員囉唆，有很強的抗拒心理。

聳眉：眉毛上揚，停留一下子又降下，同時伴有撇嘴的動作，這表示的是一種厭煩和不歡迎。有時也表示一種無奈。比如顧客以前有過不愉快的經歷，或者購買過不好的同類產品，如果你恰好又去推銷，顧客就會產生抗拒心理，聳眉，露出不愉快的表情，並表示不願意接受。這樣的話，業務員要保持冷靜，對顧客的心理表示理解，用最有力的保證去說服顧客。

閃眉：眉毛上揚，又立刻降下，像閃電一劃而過，同時還伴著揚頭和微笑的動作。眉毛閃動是驚喜的一種表現，表示眼前一亮，對對方的到來很歡迎。如果顧客有這樣的表情，那麼成交是很有希望的事情了。

此外還有很多含義深刻的「眉語」，如眉開眼笑、眉飛色舞表示喜悅或得意的神態；雙眉緊蹙表示憂愁不快樂；橫眉表示憤怒，如「橫眉冷對千夫指」；愁眉苦臉形容發愁苦惱，心事重重。

業務員要善於透過顧客的眉語來了解其內心情感，並學會以眉語與其進行交流，使彼此透過各種無聲的語言相互感染，有效的傳達自己的意思，從而產生共鳴，使顧客接受自己。

王先生準備買一輛新車，他來到汽車銷售點看了一上午，也沒有找到一輛合適的車，不是價格不合適就是款式不中意。他感到很累，心情也不好。

不知不覺他又走到一個展區，這時一位業務員過來詢問他是否買車。王先生隨便應付了一句。業務員見他眉頭緊鎖，表情凝重，就猜到他在購車的過程中肯定不順利。於是就安慰王先生說：「先生，看您很累的樣子，不如先過來坐一下，休息一下，買車最重要的就是選擇自己喜歡而且價格合適的車，所以急不得。」

一句話正中王先生的心意，於是便坐下來向業務員說起了購車的經過。業務員從王先生口中透露出的資訊已經知道他想要的車的款式和價位，於是就向王先生介紹了一款同類型的車，但是價格上低了許多。王先生一看，便眉毛上揚，顯示出一種欣喜的表情，但是很快又皺起了眉頭，他問：「價格便宜了，是不是功能上就會有所欠缺啊？」業務員趕緊做了合理的解釋，顯然王先生很滿意，最後眉開眼笑的購買了那輛車。

察言觀色是業務員在銷售中必不可少的一種技能。從顧客的表情中，具體到眼神、眉語，都可以看出顧客的心理特徵，以及對自己商品的態度和看法，準確的掌握這些資訊，對尋找有效的應對策略是很有幫助的。

坐姿暴露了顧客的心理活動

不要因為顧客坐在那裡，你就一籌莫展了。坐姿在相當程度上也能反映一個人的心理狀態。怎麼坐？坐的時候腿的姿態又是什麼樣的？這些微小的細節都能傳達給你一些有價值的東西 —— 顧客心裡到底在想什麼？

(一) 把腿放在椅子扶手上

在你和顧客洽談的過程中，如果顧客把腿放在了椅子的扶手上，那真是一件不幸的事，這樣的姿勢代表著一種漠不關心，甚至還帶點挑釁。放在兩個好朋友平時聊天的場景下，這樣的姿勢本來是無可厚非的，沒什麼大不了

的。但是放在顧客的身上，這就代表著一種對你不好的預兆已經出現了。比如，你在一邊喋喋不休的向顧客大談自己產品的優勢的時候，顧客的臉上一臉微笑，貌似很認真的聽你講話。實際上，他的一條腿已經跨在了椅子的扶手上……這時候，你再多的言語都顯得有些蒼白了。

你能做的是把顧客的腿放下來，當然不是讓你真的跑過去強行把那條腿拉下來。而是要設法讓顧客改變這樣的坐姿，驅散他這種漠不關心和挑釁的態度。給你提供一個簡單易行的方法：拿一些資料遞給他，請他往前面坐一點。

(二) 彈弓式坐姿

這種姿勢是把一條腿放在另一條腿上，成一個阿拉伯數字 4 字形，雙手放在後腦勺上。這種姿勢意味著冷酷、自信、無所不知，很多男性喜歡用這種坐姿來彰顯自己的強勢。一些經理級別的人往往鍾愛這種姿勢，可以向下屬施壓，或者故意營造一種輕鬆的假象。喜歡這樣坐的人，往往自我感覺高人一等，對一件事的態度非常有自信。

如果一個顧客採取了這樣的坐姿，那就代表他很想掌控這場交談的支配權。他們放在腦後的雙手告訴你：我很放鬆，我是勝利者，我不會上你的當。用這樣故作輕鬆的姿勢麻痺你的感官，讓你錯誤的產生安全感，從而真的被顧客掌握了主動權。

如何應對這樣的顧客呢？根據不同的場景，你可以採取不同的策略。但總體來說，還是打破顧客的這種防線，讓其改變自己的姿勢。你可以身體前傾，攤開手掌，對他說：「我知道您對我的話可能有些成見，您能跟我分享一下您的想法嗎？」然後你就可以靠在椅背上靜待佳音了。基本上，顧客對你的態度會發生很大的改觀。

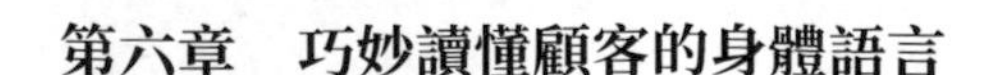

(三) 起跑式坐姿

雙手輕鬆的放在雙腿上，身體前傾，腳尖微翹，做出一副即將離開的動作。這樣的姿勢是一種起跑者的姿勢，表示「我已經準備好了，沒什麼好談的了」。遇到這樣的顧客，你可以鬆一口氣了。如果你們的談話是在和諧融洽的氛圍中的話，多半顧客會認同你的觀點，接受你的產品。

如果業務員向顧客推銷商品時，顧客先是撫摸了一下下巴，表示考慮，然後就做出了準備就緒的姿勢，那麼顧客 50%以上已經喜歡上了你的產品，也就是說你已經成功了一半！當然也要注意，還有可能顧客對你已經失望透頂，怒火中燒，恨不得立刻就「起跑」，遠遠的離開你。所以，我們要注意觀察顧客談話時的表情和態度，結合其他肢體語言進行綜合判斷。

(四) 軍人式坐姿

還有些顧客坐得筆直，中規中矩像個軍人一樣，挺胸、肩平、四平八穩、泰然自若，這樣的人大多比較正直。做事喜歡直來直往，穩紮穩打。銷售人員面對這樣的顧客不要「耍小聰明」，以免引起他們的反感。

聽話一定聽顧客的「弦外之音」

現實生活中，我們經常可以聽到一些顧客這樣埋怨：「我簡直是對牛彈琴，不管我用多少暗示，那個業務員就是不明白我的意思。」的確如此，在銷售的過程中，有很多業務員就是不明白顧客的意思，聽不懂顧客的暗示。換言之，也就是聽不懂顧客的「弦外之音」，搞不懂顧客的真正心理。

不乏這麼一些顧客，他們總是「話裡有話」，如果不仔細琢磨或者是理解錯誤，就很難掌握顧客的真正心理，形成一些誤解，那麼對於這次的銷售來說，成功的希望就會變得很小。例如，有一些顧客總是喜歡說一些與他的真

正意思相反的話，看見商品的價格昂貴，品質卻一般時就會說：「你們的商品不錯嘛，質優價廉。」但是語氣中卻流露出一絲不屑，此時，業務員如果把這句話理解成是顧客對自己商品的讚美，就大錯特錯了。但如果結合顧客的表情、神態和語氣，就不難發現顧客實際上含有一種嘲諷、貶低商品的意思。如果讀懂這一點，業務員就可以指出自己的商品在同類商品中的優勢，或者是在價格上稍微讓步。這樣可能會有利於銷售的進行。

還有一些顧客，他的一句話可能會包含多種意思，究竟哪一句話才是顧客的真正意思呢？這就要求業務員有一定的領悟能力，能夠從話語複雜的意思中領悟到顧客想要表達的真正意思，這樣才會了解顧客的內心，贏得顧客的好感，使顧客不僅信賴你這個人，也會信賴你的商品。

一對夫婦到一家精品店裡買茶具，業務員看他們50歲上下的年紀，就特意介紹了一款高貴淡雅的茶具給他們，認為比較符合他們這個年齡層的人。

這對夫婦在觀看這套茶具的過程中，的確流露出了欣賞的眼光，還在嘖嘖稱讚。但是那位妻子突然說：「這套茶具的確很漂亮，但是我外甥女結婚，我覺得應該送一套比較喜慶一點的。」

「哦，是這個樣子啊，那您看看這一套怎麼樣？」業務員熱情的說。

「顏色還不錯，就是款式好像不如剛才的那套。」

「阿姨，這是今年的新款，很受年輕人歡迎。您也知道的，現在年輕人的審美品味跟以前的年輕人有很大的不同。剛才還有一個年輕的女孩子買走了這麼一套，說要給朋友當結婚禮物呢！」

「是嗎？」那位中年婦女微笑著問，「看來我是落伍了。」

「我不是這個意思，您剛才看上的那一套的確很適合您這樣身分、年齡的人使用，既顯高雅，又顯品味。但是現在的年輕人追求的是時尚，您說對不對？所以呢，您不妨一樣來一套，一套送人，一套留著自己用。」業務員真

誠的解釋道。

最後，這對夫婦一下子買走了剛才挑選的兩套茶具。

其實，這位業務員之所以能夠成功的賣出兩套茶具，主要就是因為她能夠聽懂顧客的「弦外之音」，明白顧客的真正心理。當得知顧客想要送人時，她適時的介紹其他的款式，但另一方面又肯定了顧客的眼光和品味，在博得顧客的歡心之後，接下來就是愉快的交易了。

想要成為一個優秀的業務員，就一定能夠結合當時的語言環境和實際情況來掌握顧客的真正心理，聽懂他們的話裡包含的真正含義。

銷售的過程中，常常可以聽到這麼一句「我再考慮一下」，它就包含著多層意思。可能是顧客真的想要認真的考慮一下到底是買還是不買；也或者是他們認為價格方面不太合理；還有可能是認為眼前的商品對自己來說，並沒有太大的實用價值；再有可能是怕傷彼此雙方的面子，委婉的提出拒絕……面對這樣的情況，業務員要充分發揮自己的領悟能力，結合顧客的表情、經濟情況、審美趣味、購買需求等多方面的資訊，來正確掌握顧客這句話中包含的真正含義。

簡單的一句「我再考慮一下」就包含有如此豐富的意思，可見，在銷售的過程中把握顧客的弦外之音是多麼重要。從某種意義上說，「弦外之音」或許就是銷售成功的關鍵。而想要掌握顧客的弦外之音，業務員需要做的是努力從顧客的交談內容、聲音大小、語速快慢、表情神態、肢體語言、具體語境來分析，顧客不同的表現中，會暗含著不同的意思。所以業務員要努力發現他們的每一個細微的表情和動作變化，洞察出顧客真正的心理。

顧客頭部動作傳遞的資訊最重要

在身體語言中，業務員往往會透過閱讀客戶頭部動作，了解一個人的內

心發射的訊號，從而洞察他的心理。在現實生活中，人們所說的話常常與身體語言在相當程度上是不一致的。相對而言，身體語言會更為真實些。

業務員在和客戶交談的時候，如果客戶頻頻點頭，說明客戶對業務員懷有積極或者肯定的態度，而如果業務員自己在說的時候頻頻點頭的話，那麼就會感染客戶，使得客戶也會不時的點頭認可。這時候銷售就成功了一半。

如果客戶將頭部垂下成低頭的姿態，其基本訊息就是「我在你面前壓低我自己，我不會只認定我自己，我是友善的」。

如果客戶邊說邊搖晃頭部，說明客戶正在說謊而且試圖壓抑住要表示否定的搖頭動作。

頭部的動作所表達的意思是複雜的，但是業務員只有了解了這些動作的意思，才能很好的掌握客戶的心理。

小宇是一家旅行社的業務員，因連假假期快到了，外出旅遊的人會增多，這樣一來，自己的業績就會有大幅度的提升。一天，小宇早早敲開了一家公司經理的門。雙方入座之後，小宇就打開了話匣子，他把他們公司所能提供的服務、價格、優惠、安全，頭頭是道的說了出來，只見客戶不時的連連點頭，有時候又是把頭斜向一邊，手托著下巴做思考狀。

小宇見狀，在這個時候急忙結束了談話，拿了合約出來，叫客戶簽上了自己的名字。小宇怎麼能一鼓作氣的就把這位客戶給簽下來呢？因為他牢記著他剛進入銷售行業時，培訓老師對他講的話：「如果客戶在你和他交談時表現出頻頻點頭的情況，就是你正式談下訂單的時候，你要做的就是拿出訂單，讓客戶簽上他們的名字就可以了。」

眾所周知，頭部動作最常見的就是點頭、搖頭、低頭、把頭偏向一邊這幾種，那麼這些動作各自蘊含了客戶怎樣的心理訊息呢？

第一，點頭。點頭的動作大多用來表示肯定或者贊成的態度。你要是看

到客戶每隔一段時間就向你做出點頭的動作，這就表示客戶對你的談話很感興趣，他這樣點頭就是暗示你，你可以再繼續說下去。但是你要注意客戶點頭的頻率，因為不是所有的點頭都是客戶在肯定你，你如果看到客戶緩慢的點頭，則表示客戶對談話內容很感興趣，所以你就可以繼續說下去。而如果客戶快速的點頭，這就等於是在告訴你，他已經聽得不耐煩了，希望你馬上結束發言。

第二，搖頭。當客戶對你的談話表示不贊同時，他就會用搖頭來回答你，這就表示客戶不認可你的看法。而有時候客戶口上說「我非常認同你的看法」，或是「這主意聽起來棒極了」，又或者是「我們一定會合作愉快」，但是他卻又搖著頭說，這時候，不管客戶說出來的話有多麼誠摯，搖頭的動作都折射出了他內心的消極態度。所以，你要注意客戶的這種頭部動作，以便調整你的銷售策略。

第三，頭部傾斜。假如你和客戶交談的過程中，看到有客戶歪著頭，身體前傾，做出用手接觸臉頰的思考手勢，那麼你就可以確信你的發言相當具有說服力。這時候客戶對你就會產生信賴感，那麼你對他們推銷的產品才能打動他們。

第四，低頭。壓低下巴的動作意味著否定、審慎或者具有攻擊性的態度。通常情況下，人們在低著頭的時候往往會形成批判性的意見，所以，只要客戶不願意把頭抬起來，那麼你就不得不努力處理這一棘手的問題。所以你就要在發言之前採取一些策略，讓客戶融入和參與到你的談話之中。這樣做的主要目的就是為了讓客戶抬起頭來，從而喚起客戶積極投入的態度。如果你的策略得當，那麼客戶接下來就會做出頭部傾斜的動作了。

點頭、搖頭是一些最常見不過的動作，但是這些動作的發生是在心理的控制下才進行的，那麼這些動作也就暗含了客戶的心理，是客戶某種心理的

反應。業務員不能放過這些細微的動作，因為這些細微的動作也許就能決定你的銷售成敗。

迅速拉近距離的妙招：模仿顧客言行

模仿是人類的一種社交工具。模仿是最原始的學習方法之一，當雙方相互模仿彼此的身體姿勢的時候，也就意味著對對方毫不掩飾的欣賞，模仿也就成了雙方交往的黏合劑。正是靠「模仿」，我們的祖先才能成功的融入群居生活中。

現實生活中，我們卻很少能意識到「模仿」的作用。透過一些心理學研究專家的調查，發現人們在交談的時候，無意間都會模仿對方的行為，比如同時眨眼睛、張大鼻孔和抬眉毛，甚至還有同時擴張瞳孔的現象。是不是感覺有些不可思議，這麼微小的動作，是不可能有意識的模仿的。人們為什麼要相互模仿呢？

因為模仿能給人一種安心的感覺，可以建構友善的關係，是社交強有力的工具。當人們彼此有相似情緒或相同思路時，雙方很可能互相產生好感，而且會開始模仿對方的肢體語言。銷售人員充分認知到了這一點，就可以試著去「故意」模仿顧客的一些面部表情和肢體語言，以達到更好的交流。

面對陌生人，我們首先考慮的是對方是否有敵意，對方對待自己是真心還是假意。顧客第一次看到銷售人員的時候，往往也是如此，顧客需要安全感，也需要「親近」。

這種親近在相當程度上源自於「模仿」，是的，你沒看錯，是模仿。初次見面，你和顧客都會仔細打量對方的身體，觀察對方是否很容易接近，是否會「模仿」自己的身體姿勢。

銷售人員在和顧客交流的時候，需要和顧客保持「同步」，同步狀態是人與人之間連結的一個紐帶。當我們還是子宮中的胎兒時，就學會了讓自己的心跳節奏盡量和母親保持一致。模仿肢體語言可以實現「同步」，更容易得到顧客的認同。比如一位老闆想和一個拘謹的員工建立親善關係，為了營造輕鬆的談話氛圍，他就可以透過模仿員工的肢體語言來達到目的。

一個業務員想和顧客拉近關係，獲得顧客的好感，不妨先從模仿顧客的肢體語言開始。模仿顧客的肢體語言和聲音語調，能夠較為迅速的建立起友善的關係。你去「模仿」顧客，就能帶給顧客寬容和放鬆的心態，讓他「看到」你的態度，讓他感覺到你確實認同他的觀點，交易豈不是變得很簡單？

如何才能做到恰如其分的「模仿」呢？

初次見一個顧客，你可以先從模仿他的坐姿開始，仔細觀察他的體態、身體朝向、手勢。談話的時候，可以謹慎的模仿他的面部表情和語氣語調等。看看吧，過不了多長時間，他就會看到你身上那些他所喜歡的東西。他會認為你是一個「隨和」的人、易於接近的人，因為他在你的身上看到了自己的影子。

「模仿」就是這樣神奇的東西，模仿讓動物能更好的生存，也讓人們能學習更多的知識，任何技能的掌握不都是先從模仿開始的嗎？模仿更是銷售人員拉近你和顧客之間的工具，利用好這個工具，你的銷售會更出色！

人配衣裳馬配鞍，從衣著判斷購買力

我們常常會說這樣一句話「人配衣裳馬配鞍」，意思是說人需要服飾來修飾，經過一番打扮以後，會使人變得更加美麗漂亮、更加氣度不凡、更加高貴典雅。而從另一個角度來說，服飾則從側面反映了人們的一些實際的情況，如經濟能力、品味修養、愛好興趣、思想觀念等。作為業務員，雖然不應該「只認衣服不認人」，看見穿得華麗的顧客就努力巴結，遇到衣著老土的

顧客就愛答不理，但是卻可以透過顧客的服飾來對顧客的一些基本情況做出判斷，以便在銷售過程中能夠為顧客提供合適的商品和服務，使顧客滿意而歸，又不至於弄巧成拙，傷害到顧客。

業務員要善於察言觀色，而其中十分重要的一個方面，就是業務員要善於從服飾來評估顧客的購買力。雖然說沒有哪一個顧客會主動的告訴業務員自己的經濟實力，但是如果業務員能夠透過對顧客服飾的觀察來發現誰是有錢人，誰有超強的購買力，那麼就有利於在銷售中把握機會，多賣一些商品，為自己帶來經濟效益。

不同經濟水準的人，在穿著上也是各有特色的，從其服裝的款式、質地很容易判斷出一個人的經濟實力。通常，女性對服飾是十分看重的，因此也比較容易看出其在經濟地位上的差別。那些服裝款式比較新、布料優質的時髦女性，大多都是收入比較不錯的，生活寬裕，經濟負擔輕，在消費上比較慷慨大方，捨得在與個人生活和事業緊密相關的東西上花錢。

相對來說，男性的服飾不會像女性那麼具有很大的區別。通常，年輕的男性上班族在服飾上會表現得比較張揚，在吃穿用度上有自己的新主張，追求時尚、健康，服飾以舒適、簡潔、個性為特色。而成熟穩重的成功男士，其服飾的樣式會比較簡單，但是布料卻是非常好的，多為毛料、純棉、真絲，既有光澤又很平滑。

學會從服飾看一個人的經濟實力和消費品味，就容易在銷售時巧用應對策略，讓不同的顧客都買到自己喜歡而且滿意的商品，為自己贏得更多的利益。

小媛是一家廣告公司的業務員，一次她在一家美髮店裡遇見一個中年男子，身材很胖，雖然其貌不揚，但是穿的衣服卻都是相當名貴的品牌服飾。而且她還發現美髮店裡的人對他都很恭敬，親切的喊他「徐總」，看來這個人

大有來頭。於是小媛就想到向他推銷廣告。小媛主動和他搭話，這位徐總還是很謙和、很有禮貌的，兩人交換了名片，開始閒聊，當提及他的公司需要在當地做些宣傳時，小媛便介紹了自己的廣告公司，徐總聽後覺得不錯，就約定到公司細談，後來徐總同意由小媛的廣告公司代理宣傳，並簽訂合約，一筆 250 萬元的大單在一次不經意的機會中就實現了。如果小媛當時沒有留意那個人，就會失去一筆不小的生意。

業務員在現實生活中要善於觀察、善於發現，透過外表、服飾等特徵來判斷顧客的購買能力，把適當的商品推銷給合適的人。

雖然說從穿著是否華麗，可以粗略的判斷一個人是否有錢，但是也有人雖然穿得華麗，但卻是一身便宜貨，而有的人穿著雖然看似很普通，卻是高級產品。業務員應該仔細區別才是。除了衣服，鞋子也可以顯示出一個人的經濟水準，因為鞋子一般不會像衣服那樣容易過時，甚至以跳樓價出售，所以一個人可能能用低廉的價格買到品質相當好的衣服，卻買不到品質好的鞋子。那些服飾華麗而鞋子普通的人，一般不是很有錢，而衣著普通，鞋子高級的人則正好相反，經濟實力應該不錯。

此外，看人除了服飾、鞋子外，還可以從顧客身上的一些小的配飾發現其審美傾向和經濟實力。戴真金、鑽石、美玉的顧客，其經濟實力自然是很強的，而配戴一些別致精美的配飾的顧客也是不容忽視的，他們的品味比較高，消費上也是捨得投入的。

總之，業務員對顧客的觀察應該是全面的，仔細的，從整體以及細節上來準確判斷顧客的消費層次和購買能力，從而有針對性的實施銷售，必然會收到事半功倍的效果。

時刻注意顧客眼睛，眼睛是心靈的窗戶

眼睛就是人的一扇窗戶，你在想什麼，透過這扇窗戶看得一清二楚。事實上，在我們的肢體語言裡，眼睛所傳遞的訊號是最有價值也是最為準確的。為什麼這麼說呢？因為眼睛是傳達身體感受的焦點，瞳孔的運動是獨立、自覺、不受意識控制的。

銷售人員在和顧客交談的過程中，時時注意觀察他們的眼睛能更好的了解顧客的真實想法。舌頭能騙人，眼睛騙人可不是那麼容易就能做到的，沒有經過特務式的專業訓練，普通人的眼睛簡直就是他的內心！下面，我們就在談話中常見的幾種眼神來具體看看他們在想些什麼。

(一) 注視 —— 他的目光投向哪裡

彼此的眼神相交，是真正形成溝通和交流的基礎。和顧客交談時，為什麼有時會感覺舒服愉快，有時卻感覺局促不安，甚至有時還會有趕快遠離顧客的想法。這些想法的產生因人而異，但追其源頭都是從眼神開始的。在你和顧客交流時，顧客注視你的時間和面對你的注視所做出的反應，相當程度上決定了對你的態度。

一般情況下，兩個人交談時第一次目光接觸，往往先移開視線的人比較弱勢。很明顯，保持注視對方的姿態，隱含著挑戰的意味。當你和顧客對視的時候，你有沒有體會到這一點呢？仔細觀察你會發現，當顧客對你的觀點不認同時，他往往會長久的注視你。所以，不要以為顧客盯著你看就是喜歡你，關注你。如果顧客轉移目光，很可能代表著他已經被你的話打動了，表示了「屈服」。

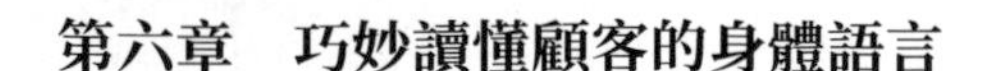

(二) 斜視 —— 我不是很確定

顧客轉移了視線，目光變得游離起來，不是正視你，而是斜視，這又代表著什麼呢？斜視的內容很豐富，有可能表示感興趣，也可能表示不確定，還可能是敵意。如何區分呢？

當顧客斜視時眉毛微微上揚或者面帶笑容，很可能就表示對你的話很感興趣，戀愛中的女孩子經常將之作為求愛的訊號。

如果斜視時眉毛壓低、眉頭緊皺或者嘴角下拉，那就很可能代表的是猜疑或者是敵意。人們都有這樣的心理：面對一個你不想見到的人，你不經意的就會去看別的地方，盡可能的擺脫這個人。把目光轉向其他地方，通常是對談話失去興趣的表現。所以，在和顧客交談的時候，千萬不能斜視，以免引起顧客不快。當顧客斜視我們的時候，我們要想辦法把顧客的眼光拉回來，讓他更專注的看著你。

(三) 眨眼 —— 頻率決定態度

通常，自傲自大的人會用延長眨眼的間隔來顯示自己高人一等，有時候還會腦袋後仰，長時間的凝視你。一般來說，眨眼的頻率比較慢，大多含有蔑視的意思。如果你和顧客交談的時候，發現顧客眨眼的頻率變得很拖拉，那就意味著你的話沒有打動他，表現不夠精彩，這時候你必須採取新的策略激發顧客的興趣。

注意顧客的手勢變化，判斷他是否在撒謊

有很多業務員對顧客的話感覺很無奈，實在搞不懂顧客哪句是真哪句是假，於是被顧客耍得團團轉，更不要說什麼談生意了。怎麼才能識別顧客的謊話呢？不僅要聽，還要學會看，看什麼？看顧客的手勢。

(一) 用手遮住嘴巴

當人們說謊話的時候，有時會下意識的用手遮住嘴巴，試圖掩飾自己的撒謊行為。再進一步，為了掩飾自己的「掩飾」，他們會假裝咳嗽，掩飾自己遮住嘴巴的手勢。如果一個顧客做出了這樣的動作，說明他不想把自己的內心真實的想法告訴你，這個手勢意味著顧客對你有所隱瞞。

(二) 觸摸鼻子

也許你還會發現這樣一些顧客，他們說話的時候，偶爾會用手在鼻子下很快的摩擦幾下，動作小到幾乎令你難以察覺。這樣的手勢雖然很不起眼，但也無形中反映了顧客的懷疑心理，甚至他摸完鼻子就會和你撒謊。

(三) 摩擦眼睛

小孩子不想看見某樣東西，往往會「掩耳盜鈴」，用手擋住自己的眼睛。成年人雖然不可能直接用手去遮擋自己的眼睛，但是當他們看到一些討厭的事情時，很可能就會做出摩擦眼睛的手勢。

顧客也是如此，不想再聽你說話的時候，他們有時也會摩擦眼睛，企圖用這樣的小動作來阻止眼睛看到一些讓人不愉快的事情。如果顧客做出了這樣的手勢「偶爾」揉搓眼睛，很可能是他想掩蓋一個彌天大謊。

(四) 抓撓耳朵

和觸摸鼻子的手勢一樣，抓撓耳朵也有時候也意味著顧客正處於焦慮狀態中。抓耳朵是為了「堵住耳朵眼」，當顧客感覺自己已經聽得夠多了，或者想開口說話時，也可能會做出抓撓耳朵的動作。儘管有可能他嘴裡說的是：「我願意傾聽你的講述！」

（五）抓撓脖子

這個手勢常常是用右手的食指抓撓脖子側面位於耳垂下方的區域。根據心理學家觀察，人們每次做這個手勢，食指通常會抓撓五下。具體為什麼要五次，原因還在爭論之中，但這個手勢表達的含義卻是顯而易見的：疑惑、不確定，甚至是謊言。有時候，顧客的口頭語言和這個手勢所表達的含義迥然不同，矛盾也會更加明顯。

（六）拉拽衣領

科學研究證明：撒謊會使敏感的面部和頸部神經組織產生刺癢的感覺。人們想掩飾自己的撒謊行為，往往會透過一些摩擦或抓撓的動作來消除這種不適感。這也是撒謊者面對測謊儀不斷冒汗的原因所在。當一個城府不是太深的顧客撒謊的時候，他們一般都會做一些小動作，比如拉拽自己的衣領。

當你看到顧客做出了這個小動作，你不妨直接對顧客說：「麻煩您再說一遍，好嗎？」或者：「您有話可以直說，有什麼困擾，我們一定會為您解決的！」這樣赤裸裸的語言，往往相當程度上會刺激這個企圖撒謊的人，逼迫他露出馬腳。

除了那些性感女星喜歡用這個手勢表示自己的魅力之外，大部分用手接觸嘴唇的動作都和撒謊、欺騙有關。這種欺騙主要源自於內心的不安全感。比如人們把手指放在嘴唇之間，吸菸、銜著鋼筆、咬眼鏡架、嚼口香糖等，這些行為都是一種尋求安全感的表現，撒謊也是為了掩飾這種「膽怯」。所以，遇到做出這個手勢的顧客，銷售人員不妨立刻給顧客一定的承諾和保證，將能得到他們非常積極的回應。

第七章

進退有度掌控顧客的情緒

寫在紙上的承諾會更加有效

我們知道，很多時候一個人的行為會比任何語言都更能暴露一個人的真實想法，因此，日常生活中我們也常常透過一個人的行為來對這個人做出某種判斷。但是如何才能讓一個人的行為與自己最初的承諾保持一致呢？這就需要一種憑證，證明他曾經有過這樣的承諾，並且把這個事實公布於眾，那麼這個人就一定會努力的將自己的承諾付諸實踐，使自己言行一致。因此，有一個很好的辦法可以使一個人的承諾更加有效，使其行為更加積極扎實，這個辦法就是讓他們把自己的承諾寫下來。

俗話說：「空口無憑，立字為據。」將自己的承諾白紙黑字的寫出來，並讓別人知道有這樣的事實，就有了不可逃脫的證據。在證據面前，人們則不得不去履行自己的承諾，而不做食言之輩。因為自己主動做出了承諾，並寫下了它，就會受到雙重壓力的影響和制約：一是來自自己內心，要使自己保持言行一致，維護自己的形象；二是來自外界，因為寫下的證據，還有別人作證，那麼自己就不得不在意別人的看法，這樣更得按承諾辦事，而不敢言而無信。這一策略可以在一定程度上對人們的行為發揮激勵作用。

有一家公司就深知書面聲明的威力，他們就依此作為刺激業務員獲得更大成就的方法，一般情況下，在每一個階段開始之前，他們會要求每一個業務員定下自己在未來一段時期內，所要完成的銷售目標，並要求他們一定要把銷售目標寫在一張紙上，這個目標一旦寫了下來，就等於每個業務員都對公司做出了一個承諾，這個承諾白紙黑字的寫在那裡，想賴也賴不掉，於是，這個承諾就成了自己接下來一段時間裡努力的方向和目標，而且為了保持自己的言行一致，業務員必然會加倍努力，在規定時間之內兌現自己的承諾。

這一策略果然發揮了不錯的效果，使每個業務員都能夠最終完成自己的目標，為公司創造了很大的利潤，可見，把東西寫下來會產生一種神奇的力量，因此，公司更加肯定了這樣做的必要性，當達到這個目標後，公司會再次讓業務員制定下一段的目標。

其實，不管是在企業管理中還是在學習中，將自己計劃在規定時間內實現的目標寫下來，並張貼在比較顯眼的地方，往往能夠發揮強化其動機的作用。因為寫下來的人會在心中這樣想：我已經把自己的目標寫了下來，我一定要做到，否則不僅對不起自己，還會讓自己在朋友面前丟臉。可想而知，在這種動機作用下，其辦事效率一定會很高。

當然，這一策略應用到銷售領域也是十分有效的。如果業務員要想讓客戶的行為符合自己的意願，也就是達到讓客戶購買的目的，他們也常常會讓客戶做出某種書面的承諾。客戶一旦做出某種書面承諾，就會受到來自自身和外界的雙重壓力，這兩種壓力都會迫使他們的行動與自己的承諾保持一致。

很多商業機構都已經認知到了這一點，於是他們常常利用書面承諾來對付那些可能會在購買商品之後選擇退貨的顧客。很多廠商為了達到良好的售後服務，往往允許顧客在購買之後的一定期限內無條件退貨，並且他們也會將全部貨款退還給顧客。如此一來，很多客戶可能會在購買一段時間後發現自己購買的商品並不是自己真正喜歡的，於是他們毫無疑問的就會選擇退貨。

為此，很多公司受到了一定程度的損失，但沒過多久，他們就找到了一個減少退貨量的辦法。其實他們的做法非常簡單，就是將以前由銷售人員填寫的銷售合約改為讓顧客自己填寫。奇蹟發生了，顧客的退貨量減少了很多。原因何在，是因為很多人都自覺履行了自己當初購買時寫下的承諾。

另外，書面承諾之所以有效，除了它容易被公之於眾之外，還因為它比一些口頭承諾需要付出更多的努力。而且有確鑿的證據指出，履行承諾所要付出的努力越多，這個承諾對許諾者帶來的影響也就越大。所以，難怪寫下來的東西會這麼有效。

一天，一家名不見經傳的化妝品公司突然舉辦一次徵文比賽，文章的主題是「你為什麼會喜歡……」而且，化妝品公司宣布，獲得這次徵文比賽特等獎作者會獲得50萬元的獎金;一等獎會獲得40萬元;二等獎會獲得30萬元;三等獎獲得25萬元。另外還會產生一批優秀獎，獲得5萬元。而且，這次比賽的參賽者無須購買任何的化妝品。

聽到這個消息，很多人都拿起手中的筆，把目標瞄向那個50萬元。當然，多數參賽者的作品主題是他們為什麼會喜歡這家化妝品公司生產的化妝品，並對此大肆褒揚。但很多人弄不明白，為什麼這麼一家名不見經傳的化妝品公司樂意支付如此昂貴的費用來舉辦這種活動呢？

但是，不久之後，人們發現這個品牌的化妝品逐漸開始變得知名起來。原因何在：是因為當他們舉辦這個活動的時候，有千千萬萬的人為他們的化妝品做了見證。在接下來的日子裡，人們會開始不自覺的相信自己所寫的文章，並且感受到有一種奇妙的力量推動他們去關注這種化妝品。當然，在不斷的關注的同時，人們可能就會無意識的進行購買。如此一來，化妝品便會變得熱銷，並迅速成為知名品牌。

其實，類似的事情還有很多，例如一些食品公司經常發出「少於25、50或100字」的徵文比賽。原來是人們在參加比賽的過程中會不自覺的開始偏好這種品牌，甚至形成不假思索就購買的行為，然後就會讓該企業產品的市場占比越來越大。的確，這不失為企業的一種有效的行銷手段。

因此，在銷售的過程中，業務員在遭到客戶拒絕的時候，不妨試著讓你

的客戶對你所推銷的商品做一個書面評價，讓他們寫出你推銷的商品的優缺點。等到他們寫下來的時候，他們就會對你推銷的商品多一層了解，多一分關注，並會對你接下來的改進和銷售發揮幫助和促進作用。

像朋友一樣幫助顧客解決難題

業務員與顧客之間的關係不是對立的，也不是此消彼長的，而應該是互利的。所以在談生意的時候，業務員要學會像對待朋友那樣來對待顧客。要親切友好，不要斤斤計較，為長遠的發展著想，使彼此之間的交往更加融洽。

在很多業務員的觀念裡，與顧客談生意就是為了賺錢，雙方可以為一點點利益而拚得你死我活。實際上，相互爭鬥不僅會傷了和氣，還會導致兩敗俱傷。而友好的談判則會讓雙方在和諧的氣氛中建構良好的合作關係。生意需要雙方坐下來真誠的談判，只有在和諧的氛圍中，才會獲得好的結果。在談判中，業務員要對顧客表示出足夠的理解和尊重，消除顧客的抵觸情緒，使彼此的情感升級，從陌生人變成朋友，這樣才會順利的進行交易。

業務員在面對顧客的時候經常會遇到一些讓自己很為難的事，可能顧客根本就不打算與你達成交易，可能顧客還會對你有很大的意見，並會對你產生或多或少的抵制情緒，你當然會因此受到心理壓力的侵襲。所以，學一些巧妙的交際方法非常必要。

銷售活動其實就是在建立人與人之間的關係。在顧客還不承認你是個「誠實的、可信賴的人」之前，許多生意是無法做成的，因此業務員要學會像朋友一樣與顧客談生意，只要能成為顧客的朋友，想要實現交易則會順利很多。

努力使顧客覺得自己自己是誠實的、友好的、值得信賴的人，像朋友一樣沒有距離感，這樣才會有共同的語言，從而有效的消除顧客的心理抗拒，順利的實現交易。

作為業務員，在與顧客進行談判時，可以嘗試讓雙方成為朋友。但是事實上，很多業務員在處理與顧客的關係時，並不能把對方作為朋友，而是像敵人一樣針鋒相對，大有處處壓倒對方的氣勢。這樣只能給顧客施加更大壓力，而顧客也會毫不客氣的為你增加壓力。於是，「你一拳，我一腳」，最終導致了兩敗俱傷，致使談判失敗。

要想在與顧客相處的過程中將簡單的顧客關係發展成為朋友關係，需要有誠懇的態度，更需要有相互的信任。心理專家指出，如果能夠獲得彼此之間的信任，設身處地的為對方考慮，不斷去理解對方，就完全有可能使兩個本為對手的人成為好朋友。這樣不僅有利於談判的成功，更重要的是這樣能夠幫助你化解來自顧客的壓力。試想，敵人給予你的只能是高壓，而朋友給你的卻是關愛。所以，無論在什麼情況下，都能與別人結成朋友的人，總會從朋友那裡獲得生存的幫助，更關鍵的是將顧客的壓力轉化為動力，讓自己身心輕鬆的面對工作。

承諾對人們行為的極大約束力

古語云：「言必信，行必果。」孔子在幾千年前就告誡我們：一個人要言行一致，說出的話一定要算數，行動起來一定要做出結果，不能半途而廢。只說不做是不講信用的人，是缺乏高素養的表現。一諾千金，敢作敢為，才會受人尊重；出爾反爾，優柔寡斷，則會遭人鄙棄。

這是我們一直以來都需要遵循的道德準則和行為規範，而在歷史積澱的過程中，其影響也已經深入人心。因此，在承諾的背後往往會對人產生很大的約束力。一個人如果表明某種立場，做出某種承諾，就意味著替自己

下一步的行動規定了方向，鋪好了舞臺，自己會受到一種力量的左右，使自己的行為順著這個方向前進，而不是偏離到別的地方去。因此，當你做出某個承諾的時候，固執的堅持這種承諾就會變得理所當然，勢在必行，似乎你已經沒有了其他的選擇。因為只有你言行一致，兌現了自己的承諾，才會得到認可和讚譽，而如果食言，言行不一，就會受到譴責和鄙視，這樣的結果，很多人當然是不願意承擔的。因此，承諾就有效的實現了約束人們行為的作用。

生活中，每個能夠讓人乖乖順從自己的行家往往就是採取這種策略，利用承諾的約束力來左右人們的行為。例如，在銷售的過程中，一些聰明的業務員就很善於採取承諾策略，他們常常誘使客戶對他們的推銷行為或者推銷的商品表明自己的立場，接下來，他們會利用客戶要與過去的言行保持一致的壓力迫使客戶就範，藉以達到銷售的目的。

一位社會學家曾經做過這麼一個實驗，他在印第安納州布魯明頓打電話給這市民，告訴他們說如果有人想要請他花費 3 個小時的時間來為美國癌症協會募捐，他們願意嗎？可以想像，在這種情況下是很少有人做出否定回答的，因為可能沒有人會在調查面前顯示自己沒愛心，所以他們會非常樂意的回答說做志工對他們來說是一件非常榮幸的事情，他們非常樂意接受。

當然，我們現在還不能從他們的回答中看出這個實驗的目的到底何在，但是幾天之後，當美國癌症協會真的打電話給這人的時候，社會學家精心設計的承諾方法就顯現出其效果來了，結果發現，這次答應做志工的人數是平時的 7 倍，原因何在，社會學家向我們提示了這一點：是因為他們之前的承諾給了他們極大的約束力。

做出承諾，就要想方設法來兌現自己的承諾。它已經成了一種強大的影響力，影響著很多人的行為。為什麼承諾在這方面會有如此顯著的效果呢？

就是因為承諾在一定程度上具有約束力，就如同法律約束著人們的某些行為，讓他們避免犯罪一樣，承諾會讓人們按照自己所定的準繩採取行動。

在現實生活中，我們不難發現這樣的例子。例如，我們走在大街上難免會遇到一些志工舉行的募捐活動。當你路過他們的身邊時，他們可能會這樣問你：「小姐（先生），您今天感覺好嗎？」或者是「您今天過得怎麼樣呢？」出於禮貌，你可能會用一些客套話來回答他們說：「是的，我今天感覺還可以！」或者說：「還不錯！」其實，他們向你提出這樣的問話並不是出於真正的關心和友好，接下來你就會知道他們的目的何在。

一旦你做出肯定的回答，表明你的立場之後，他們再要求你進行募捐的時候就會變得容易很多。因為他們可能會接著對你說：「很高興聽到你這樣的回答，我們希望你的這種狀態能夠一直保持下去。但是您知道還有很多人……那麼我想您不介意獻出您的一份愛心，幫助他們度過難關吧！」

小李是一家玩具廠的經理，他發現一個銷售祕密。那就是在春節期間自己的玩具賣得很好，其他季節銷售銳減。於是，在春節期間，在孩子們喜歡看的動畫頻道中做大量的玩具廣告。一般在這個歡樂的節日裡面家長都會滿足孩子的要求。

可是，此時小李並不著急上貨，而是故意製造一種這類玩具缺貨的現象，許多想買玩具的家長和孩子買不到玩具，只好用其他的玩具代替，小李向孩子和家長承諾只要新的玩具到貨，馬上通知他們。

春節過後，玩具銷售逐漸冷淡，此時，小李通知那些家長新的玩具到貨了，並重新做起了廣告。無奈，家長只好為孩子買這款玩具。

這樣，不僅僅保證了春節的銷售，而且在其他的月分玩具銷量也繼續增加。

事實上，即使很多家長意識到玩具公司的這個巧妙的「伎倆」，他們大多

情況下也無可奈何。一方面出於對孩子的愛，他們捨不得讓自己的孩子受一點點委屈；另一方面，也是最重要的，即他們一旦向孩子許下「一定會給你買」的承諾，這一承諾就會約束他們去實踐這一行動。因為他們還要在孩子成長的路上教育他們做人要信守承諾，如果自己不以身作則，則很難說服孩子，恐怕他們也不敢嘗試來冒這個險。

很多時候，正是承諾背後這種極大的約束力，約束著人們去做一些可能自己不願意做但又不得不做的事情。業務員如果能夠巧妙的抓住這一點，將之運用到銷售過程當中，則一定會使客戶心悅誠服的購買，即使他們知道，但因為承諾的約束力，可能也無可奈何。

讓客戶心甘情願做出承諾並履行

如果你剛剛向別人表明自己是一個很慷慨的人，接下來就有人請求你為某殘疾兒童基金做些貢獻，你能夠選擇拒絕嗎？如果你拒絕，就會使自己陷入一種尷尬的境地，因為你沒有兌現你的承諾，因為你言行不一。

當然，在現實生活中，還是有一部分人會食言，會不履行自己的承諾，這其中受各種因素的影響，但是畢竟是少數。因為不信守承諾再怎麼說也不是什麼光彩的事情，況且，誰也不願意往自己的臉上抹黑。

但是，讓人做出承諾，並按照自己的承諾去做，並不是一件簡單的事情。如果你能讓對方心甘情願的向你做出承諾，那麼之後的行為必然也會遵循之前所做的承諾。例如：家長如果想教育孩子「不要撒謊」，並讓孩子保證以後不再撒謊，有的家長會威逼利誘，甚至恐嚇孩子說：「撒謊的都是壞孩子，你以後要是再撒謊，小心我割了你的舌頭！」這樣的話當然可以讓孩子變得很聽話，並承諾自己以後不再撒謊。即使孩子真的不再撒謊了，但是他之所以不撒謊是因為害怕被割舌頭，而不是真正認知到撒謊是不好的行為，

孩子這樣做也不是發自內心的真情實願。因此，父母需要找一個更好的理由，採用一種更巧妙的方法，讓孩子認知到撒謊是錯誤的，自己真心的不想再說謊了，這樣才能使短期的順從，變成長期的承諾。也只有這樣，才能達到最持久、最深刻的影響。

推廣到其他事情上也是這樣，長期的承諾遠遠要比短期順從要更有效，影響力更大。而且我們看事情要從長遠著想，不能總做「一次性買賣」，要考慮長期的利益。而在銷售行業，更要注意這一點，業務員不能為了一時的利益而有失道德規範，做出欺詐的行為，即使能夠從中暫時獲得利益，也終會使自己遭受損失。因此，在對待客戶時，要真誠、友善，多為客戶著想，以自己的真心付出來換回應有的回報。

那麼，業務員該如何讓客戶心甘情願的做出承諾並履行呢？一般來說，一個人如果真心的喜歡一種東西，就會先在內心說服自己，承認它真的很好，並會不斷強化這種信念。當然，他們往往還會把這種訊息與自己家人和朋友分享，當朋友提出不同意見時，自己會主動為其辯護，說服他們，這樣就越來越堅定了他內心的信念，以及購買的欲望，最終是因為忠於自己的渴望而選擇購買了某產品。而業務員需要做的就是要讓客戶切實的感受到商品的好處，並產生購買的信念。當然，這其中業務員可以透過很多手段來增強客戶的這種感覺，使其從心底願意接受自己推銷的產品，這樣就可以達到銷售的目的了。

某客戶想要到二手車市場買輛車，他遇到了業務員小王，小王熱情的接待了這位客戶，並根據客戶的要求，為客戶挑選了提供了幾款合適的車，讓顧客挑選。雖然小王提供的車很讓客戶滿意，但是由於價格問題出現了問題，小王做出了讓步，但是客戶還是覺得有些貴。最好小王只好推薦了一輛車，價格上可以便宜一些些，在小王的勸說下，客戶最終決定就買這輛車。

為了增加客戶的購買決心，小王陪著客戶試駕了半天，以便使客戶對車有更親切的感受，之後，小王又陪著客戶填寫了若干的表格……總之，小王盡量做到讓客戶感到合理和實惠，增加客戶的滿意度。最終，小王讓客戶心甘情願的做出了購買的承諾，並堅定的將它付諸實踐。

承諾就像是一根無形的繩子繫在人們的心上，誰能夠牽住這根繩，誰就能夠因此而左右對方的行為。例子中，小王巧妙而隱蔽的運用了這一原則，使客戶在沒有受到逼迫的情況下就範。可見，保持言行一致，兌現自己的承諾，已經成了一種潛在的影響力，作用於人們的行為。業務員需要做的就是找到契機，把這種力量成功的引到客戶的身上。

銷售工作其實是業務員與客戶之間一種心與心的較量，因此業務員不得不注重心理因素可能對人們行為產生的影響。誰更能夠巧妙的運用心理影響力，誰就能夠占據優勢。但是前提還是要以服務客戶為己任。而承諾不僅是業務員引導客戶做出購買的承諾，還應該包括業務員對客戶做出的關於產品品質和信譽的承諾。只有大家都信守承諾，才能創造出更加合理公平的交易環境，使彼此都能夠從中獲得利益，這才是銷售的真正目的。業務員要端正自己的態度，正確的了解銷售工作，正確的運用這種心理影響力，這樣才會成為一個真正優秀的業務員。而不是為了金錢和利益不擇手段的貪財奴。

站在顧客這一邊，獲得的比較多

銷售過程中，很多業務員內心都有這麼一個原則，即「以獲利為唯一目的」。於是，在這一原則的指導下，許多業務員為了使自己獲得最多的利益，總是不惜損害顧客的利益。他們或者誘導顧客購買一些品質差但價格高的商品，或者是買完之後就感覺事情已經與自己無關，不管顧客在使用商品的過程中會出現什麼問題……其實，這樣做可能會在短期內獲得不菲的收益，但

從長遠的角度看，對業務員的發展卻是不利的。因為如果顧客的利益受到損害，對業務員的信賴度就會降低。長此以往，就會導致業務員的顧客不斷流失，從而使自身利益受到極大的損失。

情感是一種能夠大幅度升值的資產，不計較一時的得失，而真誠的為別人付出，要比唯利是圖、自私自利更能夠將銷售繼續下去，到最後獲得豐厚的收益。

在銷售的過程中，業務員要注意的是，只有把顧客的問題當做自己的問題來角解決，才能贏得顧客的信賴。因為適當的為顧客著想，會使業務員與顧客之間的關係更趨穩定，也會使他們的合作更加長久。

所以，在銷售過程中，業務員應該把顧客當作與自己合作的長久夥伴，而不是與他進行「一次性買賣」。業務員只有把關注的焦點放在為顧客著想這一事情本身上，而不是時刻關注怎麼最快的把商品賣給顧客，才能將生意做得更加長久。

而為顧客著想，最適用的一點就是為顧客提供能夠為他們增加價值和省錢的建議，這樣業務員才能夠得到顧客的歡迎。時時刻刻為顧客著想，站在顧客的立場上來看待問題，業務員要先不考慮將從中得到的利潤，而是幫顧客想一下，怎麼樣才能夠讓他省錢，其實這也是你在為顧客賺錢，幫助他們以最少的投入獲得最大的回報。

其實，先為顧客省錢，然後自己再從中賺錢，這並不矛盾。因為當顧客充分信任你之後，才會繼續與你合作，多次合作之後，你從中獲取的利益要遠遠超過「一次性買賣」。

業務員阿奇就是一個時刻為顧客著想的人，但這並沒有妨礙他的業績，而且他每個月的獎金要遠遠高於其他同事。在銷售過程中，他所堅持的原則就是要做好生意先要做好人，要時時刻刻為顧客著想，站在顧客的角度來真

誠的替他們解決問題。也正是因為他的這個原則，為他帶來了多次意想不到的收穫。

一次，阿奇接到一通來自外地的電話，對方詢問一些他們想要購買機器的價格等情況。阿奇就按照一般的情況報價給對方。但是他仔細聽了對方的要求之後，覺得他們的配置機型並不合理。但如果價格合適成交的話，他的銷售額會很高。可是，他還是向詢問者提供了這麼一個建議，他把電話重撥了過去，說道：「我仔細看了您剛才的數據，覺得機器的數量跟機型配置有點不太合理。當然，正常使用是沒有任何問題的，只是機器數量可以減少一些，機型容量也可以小一些，這樣您的投入也將會降低。」

對方很驚奇的回答道：「是嗎？是廠裡讓我負責採購這麼多此種類型機器的，而且好像是幾個工程師嚴密計算出來的，應該不會出現什麼錯誤吧？」阿奇聽到這裡，心裡突然一震，想到一樁生意可能會砸了，因為對方可能會認為自己的專業水準不高。但他還是不甘心，掛完電話之後，又與公司的工程師一起做了一份詳細的技術說明及可行性分析報告，證明自己的判斷是正確的，並發郵件到了對方的信箱裡。

一個星期將要過去了，阿奇仍舊沒有得到對方的任何消息，最後，他認為這次的生意肯定是做不成了，可能對方還以為他如此熱心，肯定能從中得到很大的利益。但意想不到的是，週日的晚上他接到一個電話，對方是上次打電話的那個人，他聲稱現在到當地了，明天去公司談合作的事情。這讓阿奇喜出望外。

週一那天，對方告訴阿奇說：「其實，我向很多公司詢問了價格情況，可是沒一個人像你一樣對我講得這麼詳細，而且不忘為我們著想。我這次來也是詳細詢問了一些內行的人，我認定你們的機器了，我們現在就簽合約吧，而且我決定你們就是我們的長期供貨商了！」

可見，正是他所堅持的「為顧客著想」的原則，才使他的事業不斷獲得成功。其實，在與顧客進行溝通的過程中，你並不是向顧客傳授某些知識或者是說教，而是在為其提供服務和幫助。也是在為他們解決問題和困難。當你能夠在銷售中掌握到這一點時，為顧客著想，將不再是一件困難的事情。

業務員與顧客是長久合作的夥伴關係，而不是「一次性買賣」。當業務員能夠多為顧客著想一點，而不是時刻關注怎麼最快的把商品賣給顧客，才能將生意做得更加長久。

有這樣一個故事：一個盲人在夜晚走路時，手裡總是提著一個明亮的燈籠，人們很好奇，就問他：「你自己看不見，為什麼還要提著燈籠走路呢？」盲人說：「我提著燈籠，為別人照亮了路，同時別人也容易看到我，不會撞到我，這樣既幫助了別人，也保護了我自己。」這個故事告訴我們：遇到事情，一定要肯替別人著想，替別人著想也就是為自己著想。

銷售的過程也是如此，你在為顧客著想的同時也是在為自己著想，當顧客從內心感覺到你是在為他服務，而不是要從他的口袋裡掏錢時，他就會消除自己的心理防線，進而非常樂意的接受你。因為當你真誠的來幫助他人時，相信沒有人會拒絕這種真誠。而且，顧客最討厭的就是那種既耽誤他們時間沒有提供給他們任何幫助的業務員。

為顧客著想，是銷售的最高境界。因為當顧客意識到你是在想方設法、設身處的向他提供幫助時，他就會樂意與你這個朋友來往，更樂意與你這個朋友合作。所以，在銷售的過程中，只要你能夠站在顧客的立場上為他們的利益著想，並真誠的與他們進行交流，不但不會對你的銷售帶來負擔，反而會贏得他們的信賴，成為你長期而牢固的合作者。

與顧客產生共鳴，增加他購買的自信

在銷售中，如果業務員能夠與顧客達成情感共鳴，就等於把兩個人的心理距離已經拉得很近了，也就意味著已經向成功實現銷售邁出了很大的一步。因為被那樣的一種同病相憐、惺惺相惜的氛圍籠罩著，誰也不會無情的拒絕對方。因此，簽單成交已經成了順理成章的事情。所以，情感共鳴在銷售過程中有著極為重要的作用。

所謂共鳴，在物理學上的解釋是當發聲器件的頻率與外來聲音的頻率相同時，由於共振作用而發生的一種聲學現象。而在心理學中則是指人與人之間在進行溝通時，他們在思想感情、理想願望、審美趣味等方面形成的一種強烈的心靈感應狀態。如果業務員能夠與顧客實現情感共鳴，就會拉近彼此之間的距離，為銷售營造出好的氛圍。

銷售是業務員與顧客之間情感的交流和溝通，只有彼此審美相似、情趣相投、願望一致，才會使言語與行動朝向同一個方向。而這種相似和相投往往會輕易的拉近彼此的距離。

其實，在業務員與顧客進行交流的過程中，很多時候是在交流彼此的想法和感情，諸如彼此對所推銷的商品。以及一些看起來與商品毫不相干的其他事情。顧客如果能夠在某一點上與業務員產生共鳴，那麼，就會因為「愛屋及烏」的心理效應，對你整個人，以及你所推銷的商品充滿好感。此時，把你的商品成功銷售出去，便不再是一件非常困難的事情。

那麼怎麼才能夠與顧客產生情感上的共鳴呢？從心理學的角度來講，要想達到情感上的共鳴，最重要的一點就是能夠讓顧客認可自己的情感、觀點、創意、想法等，從而誘發顧客的心理共鳴，最終讓顧客接受自己的商品。

而想讓顧客認可自己，首先就需要想辦法來吸引顧客的目光，引起顧客的注意。比如，運用一些讓顧客感覺耳目一新的廣告語，在店面內掛一些讓消費者感覺很溫馨的畫，或者一些簡簡單單的裝飾，抑或是業務員的一個動作，一個表情……很多意味深長的文學作品正是因為能夠引發讀者的共鳴，所以才會得到很多讀者的喜歡。業務員也是一樣的，只有引發顧客的共鳴，才能夠讓顧客接受你，進而喜歡你，接受你的商品。

菲利普是美國無人不曉的著名企業家。早年的時候，他曾經營一家食品店，為了更好的經營，他特意邀請了著名的漫畫大師羅賓為他的食品店畫漫畫，而且每週都要更新一次。但是這一切好像都無濟於事，幾個星期過去了，他的食品店生意依舊很糟糕，而且好像沒有人發現菲利普櫥窗裡的變化。

菲利普為此苦惱不已，因為如果照這樣下去，用不了多久，食品店就得關門。漫畫大師羅賓知道情況以後，靈機一動，決定畫一幅別出心裁的漫畫。他是這樣設計這幅漫畫的：一個愛爾蘭人背著一隻痛哭流涕的小豬，對旁邊的人說：「這頭可憐的小豬成了孤兒，因為牠的所有親人都被送到菲利普食品店加工成火腿了。」

這幅漫畫畫成之後，不斷有人在櫥窗旁駐足觀看，而且最重要的是已經有人開始進店買各式各樣的食品了。

菲利普知道機會來了，於是他告訴自己一定要趁這個機會大做文章。於是他立即去市場上買了兩隻又肥又壯的小豬，用各色各樣鮮豔的彩帶裝飾起來放進櫥窗裡，而且上面還掛有一條非常醒目的橫幅——「菲利普孤兒」。此時，活豬與漫畫上的小豬形成了鮮明的對比。

這幅生動而奇特的風景讓很多人駐足觀看，甚至流連忘返，自然他店裡的生意也一日比一日好。從此以後，菲利普聲名鵲起，蜚聲全球。

歸結菲利普成功的原因，從相當程度上來說，就在於他成功的誘發了人們的情感。他賦予了動物強烈的感情色彩，以此誘發人們的感情，「利用」人們的同情心，引發了消費者的感情共鳴，最終有效的將顧客吸引過來，使自己走上了成功的經營之路。

在商品越來越豐富的今天，顧客的選擇餘地越來越廣泛，同時他們的眼界也越來越多開闊，對產品的期望值也越來越高，選擇能力越來越強，也越來越挑剔。產品品質的提升和價格的降低，已經不能夠過多引起消費者的注意，也不再是讓他們做出購買決策的決定性因素。現在的顧客，開始越來越多的關注自己的感情世界，需要一種安全感、歸屬感，以及愛與被愛的感覺。如果業務員能夠抓住顧客的這種心理，引發他們的感情共鳴，則定能對成功實現銷售發揮很大的促進作用。

所以，業務員與顧客進行交流的過程中，業務員一定要注意掌握顧客的感情傾向，不要把話題僅僅局限在自己所推銷的商品上。可以從與商品有關的一些話題談起，如關於商品生產設計、生產過程中的人和事；或者是自己的一些銷售經歷；還可以坐下來，安靜的做一個忠實的聽眾；也可以與顧客談一些在生活和工作中遇到的麻煩，或者是一些時事；還可以就一部正流行的電影發表你們彼此的感受等等。

情感共鳴是拉近兩個人心理距離的最有效的方式，因為當被那樣的一種同病相憐、惺惺相惜的氛圍籠罩時，沒有誰會一反常態，而對對方產生排斥的。

關鍵是掌握住顧客的感情，隨著顧客的感情線索來安排內容。也就是說，你應該時時掌握住顧客的感情脈動，他喜你應該隨之而喜，他憂你應該隨他而憂；要悲傷著他的悲傷，快樂著他的快樂。最重要的是要把顧客當作你的朋友，而不是只局限於金錢關係。

銷售，不僅僅是銷售商品，它更是一個聯絡感情、交流感想的舞臺。而顧客就是你在這個舞臺上的朋友，是你的夥伴，你的合作者。在這個舞臺上，不管對方承擔的是什麼角色，不管缺少了誰，合作都將不能夠再進行下去。如果真是如此，那你才是其中損失最大的人。如果能引發對方情感的共鳴，你們的合作才能獲得最大成功，也才能夠達到雙贏。

引發顧客的情感共鳴，讓顧客知道業務員提供給他們的不僅僅是一種毫無溫情的、冷冰冰的商品。因為銷售不單純是一種你買我賣的過程，它也是感情交流和碰撞的過程，一種心理的探究和調節，一種傾聽，一種訴說。因此，業務員要善於運用這種心理效應，進而贏得顧客的信賴和愛戴。

積極回應顧客的抱怨，給予滿意答覆

在銷售的過程中，業務員可能會遇到顧客各式各樣的抱怨。抱怨主要是指顧客對商品的品質、性能或者服務品質不滿意的一種表現，一般來講，它可大可小，可有可無。

但是，在銷售的過程中，業務員如果不能正確處理顧客的抱怨，那麼將會為自己的工作帶來極大的負面影響。因為一個不滿意的顧客可能會把他的不滿意告訴他身邊的很多親朋好友，而他的親朋好友也同樣會把他的這種遭遇再告訴自己的親朋好友。照此類推，其破壞力是不可低估的。所以說，一定要學會積極回應顧客的抱怨，適當的對顧客做出解釋，消除顧客的不滿。讓他們傳播的是你銷售的好名聲，而不是負面的消息。

通常來講，顧客的抱怨主要來自以下幾個方面：一是顧客對產品的品質和性能不滿意。出現這種抱怨的原因很可能是因為廣告誇大了產品的價值功能，結果當顧客見到實際產品時，發現與廣告不符，由此產生了不滿。

二是對業務員的服務態度不滿意。例如，有一些業務員總是一味的介紹

自己的產品，根本不去了解顧客的偏好和需求，同時對顧客所提出的問題也不能給予滿意的回答；或者在銷售的過程中，業務員不能對所有的顧客一視同仁，出現輕視顧客、不信任顧客的現象。

此外，產品的安全性能，以及售後服務、價格等因素也都可能引發顧客的抱怨和不滿。其實，顧客抱怨不管是對廠商還是對業務員來說。都是在提醒他們要不斷完善自身，做到最優最好。而且抱怨相當程度上是來自期望，當顧客發現自己的期望值沒有得到滿足時，也會促使抱怨的爆發。如果能夠妥善的處理這些抱怨，很有可能使壞事轉變為好事，不僅不會影響銷售，反而會使銷售更上一個臺階。

佳琳上個星期在一家服裝專賣店看到一件非常漂亮的韓版毛衣，但湊巧她喜歡的那種款式正好賣完了。業務員莉莉看到佳琳對那種款式十分喜愛，就告訴她，店裡過兩天還要去訂貨，只要她先預付一定的訂金，就可以幫忙她訂一件。於是，佳琳付了一部分訂金，等著到貨來取。

這天，莉莉通知佳琳來取毛衣。當佳琳拿起毛衣時，卻抱怨說：「這不是同一個廠商生產的毛衣吧？怎麼看起來沒有其他款式的品質好呢？做工這麼粗糙，到處是線頭，而且顏色也比圖片上所顯示的要淺，我還是比較喜歡圖片上的那種顏色。」

站在一旁的莉莉看到這種情況，微笑著說：「真是抱歉，不過我敢保證，這種款式的毛衣與其他款式的毛衣品質絕對是相同的，而且它是剛出廠的貨，我們還沒有做任何修剪，所以線頭就多了一點。妳要是不著急拿回去穿的話，我很樂意幫妳把這些線頭修得整整齊齊的，保證讓妳穿起來舒舒服服。顏色的差別多少會有一點，不過我現在知道了，妳比較喜歡圖片上的顏色，希望妳有空就常來逛逛，下次我一定向妳介紹這種顏色的衣服。」

佳琳聽到莉莉真誠的解釋，抱怨一下子沒有了，高高興興的拿起毛衣回

家了。後來，她成了這家店裡的常客，而且還介紹了不少朋友來光顧。

很多時候，業務員一定要具有面對顧客抱怨的心理準備，當顧客抱怨時，業務員首先需要做的是不能感情用事。可能在業務員看來，一些顧客是雞蛋裡面挑骨頭，商品的品質和性能明明很好，他們硬要挑出一些根本不是毛病的毛病。此時，業務員一定要注意自己說話的語氣和態度，不能顧客憤怒，你比他還要憤怒。在他們抱怨時，業務員首先要做一個忠實的傾聽者，一定要克制自己的情緒，讓顧客把話說完，然後盡可能冷靜、緩慢的交談，對顧客提出的各種問題予以解決，如果實在解決不了，可以請教自己的上司。這樣在一定程度上可以緩解顧客激動、憤怒的情緒，也能夠為自己爭取到思考的時間。而且，當顧客意識到你的真誠，以及你服務的周到，顧客的怒氣就會減少。此時，所有的問題可能就會迎刃而解。

顧客有抱怨，對於業務員來說是好事，是對業務員工作的一種提醒和更高的要求。況且抱怨是需要聆聽和疏導的，越逃避，抱怨反而會越多。

另外，在銷售過程中，業務員一定要做好接受壓力的心理準備，才能夠在顧客抱怨時，順利解決問題。此時，業務員可以站在旁觀者的角度來了解顧客的感受，這樣就能夠在一定程度上減輕因顧客抱怨而對自己造成的憤怒。如果顧客的誤會較大，對業務員造成的傷害較大，業務員可以在閒暇時向自己的親朋好友訴說整個事件以及所遭受的痛苦，以這種方法來安定自己的精神，或者是向他們求助解決的辦法。

業務員應該把顧客的抱怨當作磨練自己的機會。遭遇顧客抱怨時，一定要保持一份平靜、坦然的心態，把他們的抱怨當作歷練自己的一次機會，因為只有在不斷的解決問題中，才能夠不斷進步，變得更加優秀、出色和卓越。而且抱怨不僅僅是一種不滿，一種憤怒，它還是一種期待、一種訊息。透過顧客的抱怨，你會明白在以後的工作中應該避免哪些問題的發生，或者

是再發生這類問題時應該怎麼解決。這樣不僅能夠贏得顧客對自己的信賴，也能夠提升自己成功應對各種挫折的能力。

當然，在應對顧客抱怨的過程中，業務員最忌諱的就是迴避或拖延解決問題的時間。要勇於正視發生的問題，並以最快的速度進行解決，把顧客的事情當作自己的事情來做，站在他們的立場上來思考問題，並對他們的抱怨表示歡迎，這樣就一定能夠化干戈為玉帛，化抱怨為感謝，化懷疑為信賴。最重要的是，這個顧客可能將會是你永遠的顧客。

俗話說得好：「伸手不打笑臉人。」面對顧客的抱怨，業務員一定要以最真誠的微笑和態度來化解對方的壞情緒，因為滿懷怨氣的顧客在真誠的微笑面前也會不自覺的減少怨氣。所以，面對顧客的抱怨時，微笑多一點，態度好一點，解決的速度快一點，定能獲得令雙方滿意的結果，而且也讓顧客感覺自己受到了重視、得到了肯定。

幫助顧客消除心中顧慮，他才可以放心

在銷售的過程中存在著這麼一個問題，即顧客對業務員大多存有一種不信任的心理，他們認為從業務員那裡所獲得關於商品的各種資訊，往往不同程度的包含一些虛假的成分，甚至會存在著一種欺詐的行為。於是，很多顧客在與業務員交談的過程中，往往認為業務員的話可聽可不聽，往往不太在意，甚至是抱著叛逆的心理與業務員進行爭辯。

所以，在銷售的過程中，如何迅速有效的消除顧客的顧慮心理，對業務員來說是十分必要的。因為聰明的業務員都知道，如果不能夠從根本上消除顧客的顧慮心理，交易就很難成功。

顧客之所以會產生顧慮心理，很可能是因為在他們以往的生活經歷中，曾經遭遇過欺騙，或者是買來的商品不能滿足他們的期望，也可能從新聞媒

體上看到過一些有關顧客利益受到傷害的案例。所以，他們往往對業務員心存芥蒂，尤其是一些上門推銷的業務員，常常會被拒之門外。

事實上，這些顧慮也是有一定道理的。因為新聞媒體經常報導一些顧客購買到假冒商品的案例，尤其是一些家電用品，有些會對顧客的生命造成龐大威脅;也有很多保健品和藥物，不但不能發揮預防疾病、治療疾病的作用，反而會使顧客的身體狀況變得更加糟糕……類似的情況很多，使得顧客在不知不覺中繃緊了心頭的那根弦，在購買過程中，他們會時時刻刻擔心商品的品質不好，是否存在著某種安全隱患，以免自己的利益受損。

顧客的購買心理會受到很多因素影響，顧客的心理存在顧慮是一種正確的心理。業務員要端正自己的態度，正確的對待這件事，對顧客表示理解，而不是怨恨。

也有很多時候，顧客還怕損失金錢或者是花一些冤枉錢，他們擔心業務員所推銷的這種產品或者服務根本不值這個價錢。還有一些顧客，往往會擔心自己的看法與別人的不同，怕業務員會因此而嘲笑、譏諷自己，或是遭到自己在意的、尊重的人的蔑視。這樣的話，顧客的心中總是存在著顧慮，必然導致銷售活動進展不暢。

立傑是一家機械公司非常出色的業務員。有一次，與他進行過多次交易的顧客突然打電話對他說：「張先生，非常抱歉，但是我還是要告訴您，以後我不準備向你們公司購買發電機了。」

立傑很困惑，不知道為什麼，這是怎麼回事？一直以來，他和這位打電話的鄭先生合作都很愉快。於是他鎮靜的問道：「哦，為什麼？鄭先生是覺得我們的發電機品質不好，還是價格太高？」

鄭先生答道：「因為近來一段時間我發現你們的發電機溫度太高，以至於我都不敢去碰了，我擔心它會燙傷我的手。」

如果是在以前，立傑可能會和顧客辯論一番，但是打電話的這位是他一直合作得很愉快的顧客，所以這次他決定改變策略，採取「蘇格拉底問答法」。

「鄭先生，我非常贊同你的這個觀點。如果這些發電機的溫度過高。你完全沒有必要購買它們，對吧？」立傑問道。

「我很高興你贊同我的看法。」顧客說。

「不過，鄭先生可能也知道，根據電器製造商規定，合格的發電機可以比室內的溫度高出攝氏 72 度，對吧？」立傑並沒有刻意辯解，然後裝作漫不經意的問了一句：「你們廠房的溫度大概有多高？」

「應該在攝氏 30 度左右。」鄭先生答道。

「也就是說，如果你們廠房的溫度是攝氏 30 度，試想一下，當你把手伸到攝氏 102 度的水裡時會是什麼感覺？你的手會不會被燙傷呢？」

對方沉默了一下後說：「張先生，我認為你的看法是正確的。那麼我現在可否再向您訂購 200 臺發電機呢？」

可以看出，業務員立傑正是因為打破了顧客的顧慮心理，才使得顧客很愉快的決定與他繼續進行合作。所以說，業務員在銷售的過程中，要盡自己最大能力來消除顧客的顧慮心理，使他們覺得自己所購買的商品物有所值，而且極具品味。

其實，業務員要想在銷售過程中消除顧客的顧慮心理，首先需要做的就是向他們保證，他們決定購買的動機是非常明智的，而且錢會花得很值得；而且，購買你的產品是他們在價值、利益等方面做出的最好選擇。

從某種意義上來說。消除顧客顧慮的過程也是幫助顧客恢復信心的過程。因為當他們猶豫是否購買你的商品時，他們的信心出現動搖也是非常正常的。這時候，業務員如果能及時的幫助他們消除顧慮，也就幫助他們強化

了自己的信心和勇氣。另外，要想消除顧客的顧慮心理，還需要業務員用自己的行動和語言來幫助顧客，因為業務員的沉穩和不經意間流露出來的自信往往可以重建顧客的信心。如果業務員對自己沒有一點信心，就更無從幫助顧客建立自信。

業務員如果不能夠從根本上消除顧客的顧慮心理，交易是很難成功的。而消除顧客顧慮的過程也就是幫助顧客恢復信心的過程。

有了自信的態度還是不夠，另外還需要以言辭作後盾。一個顧客想要購買一種電腦軟體，但是因為之前沒有接觸過，而且目前市場上軟體種類繁多，他不敢確定自己的選擇是否正確。聰明的業務員發現了這一點，於是說：「我很了解你的想法，你不是很確定這種軟體是不是具有您想要的那種功能，對不對？」顧客點了點頭。

「既然這樣，我建議您先試用一下，看看它的功能如何。現在我就幫你把這個軟體安裝到您的電腦裡，你可以試用一段時間，到時候你可以根據您試用的效果來確定到底要不要買這種軟體。你認為怎麼樣？」在關鍵時刻，這位業務員運用了他純熟的言語技巧，使得顧客的顧慮頓消。

人的想法是很複雜的，當接觸一些新鮮事物的時候，往往會不理解，想不通，疑慮重重。但只要能掌握脈絡，層層遞進，把理說透，就能夠消除顧客的顧慮，使銷售順利進行。

在銷售的過程中，顧客心存顧慮是一個共性問題，如若不能正確解決，將會對銷售帶來很大的阻礙。所以，業務員一定要努力打破這種被動的局面，善於接受並巧妙的去化解顧客的顧慮，使顧客放心的買到自己想要的商品。顧慮是心與心之間一條極大的鴻溝，填平它，業務員才能通向成功交易的彼岸。

第八章

學會聆聽，給客戶心靈支持

善於傾聽客戶內心的聲音

在與人溝通的過程中，表達往往是以自我為中心，只是重視自己的感覺，而傾聽則是以對方為中心，是對別人的重視和尊重。二者的效果是完全不同的。因此，很多時候，傾聽要比表達更加重要。

溝通和交流離不開說，更離不開聽，如果大家都有一肚子話要說，溝通起來各說各的，都說了很多，卻都沒有聽清楚對方說的什麼，這樣是根本沒辦法說到一起的。當對方說得口乾舌燥，而你好像是在認真聽他說，然而一開口，說的全都是風馬牛不相及的東西，這樣的交流只能製造矛盾，怎麼可能有效的傳達訊息和情感呢？說不定只會把雙方都弄得更加沮喪。

所以，在現實生活中，我們既要學會有效的表達，更要學會善於傾聽，表達出對對方足夠的重視和尊重，使對方渴望被傾聽的心理得到滿足。這其實已經是對對方最大的幫助和支持了。而不被傾聽，往往會給人帶來很大的失落和打擊。其影響是很嚴重的。

某一年的聖誕節，一個美國男人為了和家人團聚，興沖沖從異地乘飛機往家趕，一路上幻想著和家人團聚的喜悅。不料老天變臉，這架飛機在空中遭遇暴風雨，飛機脫離航線，上下左右顛簸，隨時都有墜機的危險。空姐也驚恐萬分，最後要求每個乘客寫一份遺書裝進特製的口袋。這時飛機上所有的人都期待能夠化險為夷，結果終於脫險了。

這個男人異常興奮的回到家中，不停的向自己的妻子兒女描述在飛機上驚險的遭遇，並在屋子學著飛機顛簸的樣子，滿屋子叫著，喊著……然後，他的妻子正和孩子興致勃勃的享受著節日的喜悅，對他的經歷絲毫沒有興趣，男的叫喊了一陣子，卻沒有人傾聽，死裡逃生的大喜悅與冷漠形成了極大反差，最終他在妻子分蛋糕的時候，在陽臺上結束了自己的生命。

為什麼好不容易從險境中撿回性命的美國男子，在回到家以後反而又自殺了呢？因為他沒有得到傾聽，沒有得到重視和安慰，沒有得到理解和積極的回應。這對他的心靈造成了極大的打擊。懂得傾聽，不僅是關愛、理解，更是調節雙方關係的潤滑劑，而那位美國男人的妻子沒有做到，所以導致了悲劇的發生。由此可見傾聽的重要性。

每個人在煩惱和喜悅後都有一份渴望，那就是對人傾訴，他希望傾聽者能給予理解與贊同。這是人際交流中最普通的一種心理。夫妻間如此，業務員和客戶之間也是這樣。有效的表達是業務員必不可少的一門基本技能，而有效的傾聽則更加不可或缺。

業務員與客戶的溝通過程是一個雙向的、互動的過程：對業務員來說，他們需要透過「說」來向客戶傳遞相關的訊息，以達到說服客戶的目的。同時，銷售人員也需要透過「聽」接受來自客戶的訊息，從客戶那裡獲得必要的回饋。但是很多業務員並沒有注意到「聽」的作用，而且也沒有重視起來，在銷售中，總是以表達為主，而忽略了傾聽，結果導致了銷售的失敗。

業務員在與客戶進行談判的時候，往往總是自己在滔滔不絕的說，總是把自己的感覺和想法強加給客戶，而無論你說得如何好，客戶最後還是會斷然拒絕。為什麼呢？因為你不重視自己的客戶，沒有去聆聽客戶的意見，沒有去了解客戶的想法。雖然在銷售中，業務員的解說是必要的程序，但是學會聆聽往往比說個不停更容易獲得客戶的心。有位優秀的業務員說過這樣一句話：「有人說世界上最偉大的恭維，就是問對方在想什麼，然後注意傾聽他的回答。」

傾聽是十分重要的，業務員要特別注意這一點。聽的動作，大家都會做，但是聽的品質卻是不一樣的。在聽別人說話的時候，我們要認真的聽，仔細的聽，用同情心去聽，要善於聆聽對方心靈深處的聲音。傾聽是一種

尊重，而只有尊重別人，滿足別人的需求，才能為自己贏得發言的權利。因為，善於傾聽的人，給予別人充分尊重的同時，更能夠輕而易舉的駕馭別人。

傾聽不僅僅用耳朵，還需要用心思考慮，並做出及時的反應，最終和客戶達到共鳴。有的業務員傾聽客戶說話時，心不在焉，幾乎沒有注意客戶所說的話，心裡考慮著其他毫無關聯的事情。這種層次上的傾聽，往往會引起客戶的不滿，是一種極其危險的傾聽方式。

有的業務員被動消極的聽客戶所說的字詞和內容，常常錯過了客戶透過表情、眼神等體態語言所表達的意思。這種層次上的傾聽，常常導致誤解、錯誤的舉動，失去真正了解客戶的機會。

真正的傾聽，應該是主動積極的聽，用同情心去聽。業務員要專心的注意客戶，聆聽對方的話語內容，並從中獲得有用的資訊，設身處地的從客戶的角度來評價和看待事情，這種有感情注入的傾聽方式，才能更加有效的贏得客戶信賴，得到其積極的回應。

面對客戶的滔滔不絕要學會閉嘴

一位美國著名銷售大師曾這樣總結：「在銷售過程中，銷售人員不應只是自己滔滔不絕的介紹自己的公司或產品，而是應注意聆聽，聆聽客戶對產品的需求是什麼，由客戶幫助你改變你的產品。」

在人們的印象中，業務員都是一些巧舌如簧、雄辯滔滔的人，要不是這樣的話，怎麼能說服客戶？但是現實中的業務員是否真的這樣？這就不一定了，因為現實中的業務員要是也像這樣的話，那這樣的業務員早就被客戶趕出去了。

所以，業務員除了要巧舌如簧之外，還要懂得沉默。

在銷售中，保持一定的沉默，是一種有效的銷售技巧。因為這樣能讓出更多的時間來給客戶，讓客戶說，自己則作為一個忠實的聽眾。

博恩・崔西作為一名成功的業務員，有一次，他成功的讓一位女士為她11個兒子買了11項儲蓄保險。這次推銷，他並沒有像往常那樣的滔滔不絕講保險的作用，而是用沉默來代替。因為這位女士剛剛因車禍失去了丈夫，於是博恩・崔西只是安靜的聽這位女士訴說，只偶爾插進一兩句安慰話。之後，他就建議她為孩子們購買保險，因為即使她將來沒固定收入，孩子的教育和未來也不至於沒有依靠。

同時，業務員閉上嘴，可以給自己時間與空間來思考客戶的談話內容，以抓住客戶的需求點。

小唐大學畢業後進了一家生活用品公司做業務員，剛剛入行的他什麼也不懂。在經過了三個月的培訓之後，銷售經理為了鍛鍊他的能力，使他更加成熟，更有自信，就把一位準客戶交給了他，並且對他說：「這位準客戶是一位非常難纏的客戶，但是你要能堅持到最後，這位客戶肯定會購買我們公司的產品。」

於是小唐來到這位客戶的家裡，他敲開門，是一位老人來開門，並把他請進了房間裡。小唐準備向他推銷公司的生活用品，但是這位客戶果然像經理所說的一樣，非常難纏，話又多。進去五分鐘了，小唐還沒有插進一句話，又過了十分鐘，還是這位客戶在滔滔不絕的講，小唐沒有任何機會發言。他只是面帶微笑的看著這位客戶。

這樣持續了一個多小時後，客戶終於停了下來，對小唐說：「年輕人，你有什麼要說的？」

小唐說：「先生，我帶來了我們公司新近上市的最優質的生活用品，相信其中總有您用得著的東西。」

「那好吧！有些什麼？我都買了。」客戶說。

在銷售中要學會閉嘴，而讓客戶滔滔不絕的去講，當客戶講完了之後，那麼就是你說出你的看法的時候了。那麼要怎樣去閉嘴呢？

第一，真誠聆聽客戶的談話，並不時透過表情或簡短的語句回應客戶的談話內容。適當的表情或回應的語句會激起客戶繼續談話的興趣。因為你的回應顯示他的談話正在受到關注，從而有興趣與你繼續溝通與交流。而不僅銷售機會將增多，而且將獲得更多的客戶需求資訊。

第二，不要打斷客戶的談話，也不要加入話題或者糾正他。聆聽是給客戶談話時間，這能使客戶受尊重的自豪感油然而生，反過來會更加信任並尊重你。所以，在談話未完成之前，不要隨意打斷客戶的談話，認真聆聽的態度會讓客戶留下好印象。

第三，在適當的時機提問。就像案例中的業務員一樣，在客戶講完了之後，再發表自己的見解，這時候的提問，不僅表現出你在認真聆聽客戶的談話，同時在認真思考客戶談話的內容，這會讓客戶有受到重視的感覺，並能引導客戶談出有利於銷售的內容，這將便於你收集所需資訊。

在銷售中，你如果遇到了講話滔滔不絕的客戶，你就要學會閉嘴，這時候沉默是一種最好的銷售方法。

動機來自客戶內心滿足感的獲得

人們從事某種事情，採取某種行動的最基本的內在動機來源，就是內在滿足感。如果他所從事的這件事情，或者他採取的這種行動，不能給行動主體帶來一定的滿足感、愉悅感，就會使其感到厭煩、無聊，甚至覺得受到束縛，或感到痛苦。試想，有誰面對自己從內心就感到討厭的事情，依然會充滿熱情的去做呢？無法獲得內心的滿足，就無法激發自身的動機，不想去

做，或者即使做也是敷衍的、應付的，怎麼可能做好？

例如，小孩子做錯了事情，你會如何去教育他改正自己的行為？你會怎樣勸說朋友不要再參與賭博？你怎樣讓一個怯懦的學生在課堂上大膽的發言？要想讓他們改變自己的行為，拋棄錯誤的，接受正確的，我們就要讓他們知道，正確的行為會讓人感到愉悅，而錯誤的行為會讓人痛苦。只有使其內在的反應發生變化，使其能從正確的行為中獲得滿足感、愉悅感，並覺得錯誤的行為著實令人討厭和痛苦，才會激發他們改變自己行為的強烈動機。

有一個菸癮很大的人，他一直都想戒菸，但是不管使用什麼方法，都不能發揮很好的效果，總是過一段時間以後，他就不能夠控制，又開始複吸，很多時候，當他再想吸菸時，就會替自己找出若干的理由，說服自己沒有必要這麼折磨自己，結果戒菸戒了一年多，卻沒有發揮一點效果。他的朋友對他也是苦口婆心的勸說，最終還是無可奈何。

最後在一位心理醫生的幫助下，這個嚴重菸癮的人居然真的不再吸菸了，堅持了很久，並慢慢把菸戒掉了。那麼這位心理專家使用了什麼樣的神奇方法呢？其實很簡單，心理醫生給他看了兩張照片，一張是健康人的肺，一張是因為吸菸而患有肺癌的人的肺。看著被厚厚的焦油覆蓋和損壞的肺，有嚴重菸癮的人被震撼了。從此，他再也不吸菸了。

是什麼力量，讓這個菸癮如此嚴重，而屢戒都不能成功的人，最後卻如此簡單的下定決心去戒菸呢？那就是吸菸這種不健康的行為讓他真正發自內心的感到厭惡，而對不吸菸這種健康的行為著實的感到滿意。這樣就激發了他戒菸的強烈動機。

因此，我們可以透過改變某種行為本身的意義，從而達到改變人們行為方式的目的。從理論上說，是行得通的。當某種原本令人厭惡的行為，會給人帶來某種滿意的體驗，人們就會接受它，當某種原本會給人帶來快感的行

為，會對人造成某種傷害，人們就會摒棄它。這就是內心滿足感對人們的行為動機的激發作用。

對於業務員來說，如何激發自己的工作動機，如何調動客戶的購買動機，是十分重要的兩件事。

銷售工作是辛苦的，富於挑戰的，同時也是殘酷的，會經常遭受挫折。因此，如果業務員總是遭受這樣的內心體驗，必然會對銷售工作產生厭倦，會感到痛苦而不願意全力以赴，甚至不願意繼續做下去，這樣，就會失去動機，輕易放棄。而如果能讓業務員從這份富有挑戰的工作當中體驗到刺激、快樂以及莫大的收穫，就會在這種愉悅的內心體驗下，激發出強烈的動機，使其做出更出色的成績。

而面對客戶，想要激起其購買的積極性，就要想方設法引起他內心的滿足感，讓他從購買你的商品中獲得實惠，獲得利益，獲得好處，從而產生強烈的購買動機，主動掏錢購買你的產品。

甲和乙同時到一個客戶家裡推銷商品。業務員家到了客戶家裡，就開始滔滔不絕介紹自己的產品是多麼的暢銷，多麼的好用。但是還是被客戶拒絕了：「不好意思，我知道很暢銷，但是我完全不需要，因為它不適合我。」甲失敗而告終。

乙到這個客戶家的時候，沒有提自己產品的事，而是聊一些無關緊要的事，甚至連客戶的小孩子也喜歡聽乙說話。最好，乙向客戶推銷自己的產品的時候，首先詢問客戶需要什麼款式和等級的，並仔細的為客戶分析產品能夠為客戶帶來多少潛在的利益，為客戶節省多少成本等等。最後，乙沒有推銷自己的產品而是說，自己的公司即將推出一款新的機型，特別適合客戶的要求，希望客戶等一等，自己過段時間再過來。

乙的一番言詞讓客戶很感動，因為業務員乙切實的從客戶的立場出發，

替客戶考慮，讓客戶得到真正的實惠，贏得了客戶的信任。當乙再次來客戶家中的時候，受到了客戶的熱情接待，並且順利的賣出了乙推薦的產品。

甲、乙兩個業務員，之所以一個成功，一個失敗，很重要的原因就是乙善於給客戶創造內在滿足感，激發客戶的購買動機，而甲卻不善於這方面。銷售工作不是業務員的獨角戲，不僅要使自己擁有工作的熱情和強烈的銷售動機，還要善於引導客戶，讓客戶產生強烈的購買動機，要善於讓客戶主動購買。否則不管你的商品有多好，你要是硬塞給客戶，客戶無論如何是不會接受的。業務員要善於發揮一些心理影響力，來帶動和改變自己以及客戶的行為，促使銷售工作的順利進行。

客戶總是願意為喜歡的事情而努力

現實生活中，很多人會挑食，對自己喜歡的食物，就會食欲大振，吃得很多；而對自己不喜歡的食物則沒有胃口，從心裡面抗拒，不願意品嘗。其實做事情也是一樣，對自己喜歡的事情，人們會充滿熱情，積極努力，而對於自己不喜歡的事情，就會委靡不振，敷衍了事。這其實說明的也是一個動機問題，因為喜歡，因為感興趣，從而激發了強烈的動機，積極的去做；而如果不喜歡，不感興趣，就不會產生強烈的動機，也就更不會積極的付諸行動。

工作是一個人施展自己能力的舞臺，是實現自身價值的平臺。人們的知識、才能、決斷力、適應力、社交能力等都將在這個舞臺上得到展示，不僅獲得了自我表現的機會，更會得到完成個人使命的滿足，使自己的生命變得充實。銷售工作與其他工作相比較，更具挑戰性，對業務員的心態、意志、能力等各個方面都是一個很好的考驗和鍛鍊。

因此，對於業務員來說，不管是高層的銷售經理，還是底層的業務代

表，其所從事的銷售工作，都是有著深刻意義的。既然從事了這種職業，就應該全身心的投入進去，用努力換取應有的回報。

對工作的感覺不同，其工作的熱情也就不同。對工作沒有一種喜歡和熱愛之情，也就不會產生極大的工作動力。沒有動力，工作也就難以做好。

業務員要明白自己是在為自己工作，只有付出一分努力才能得到一分收穫。努力工作會贏得尊重，獲得豐厚的報酬，並實現自身的價值。即使自己的工作很平凡，也要學會在平凡的工作中尋找不平凡的地方，不能把眼光總是局限在自己得到了什麼，而是應該看到自己能夠得到這個工作本身的價值。工作中無小事，把每一件簡單的事做好就是不簡單，把每一件平凡的事做好就是不平凡。如果不能對自己從事的工作保持喜愛和憧憬之心，那麼是很難在這個職位上做出成績的。

有三個大學生甲乙丙同時進入了某公司。甲很上進，覺得這份工作很適合自己，並做了長遠的規劃。他將銷售當做自己的事業來做，總是在實踐中不斷的認真的學習和提高自己的能力。並花費大量的時間來解決市場上出現的問題。樂觀的面對自己工作中遇到的各種問題，對自己的前途充滿了信心。

乙工作也很踏實，也希望在工作中能夠做出成績，以獲得老闆的賞識，但也喜歡偷懶，偶爾也會找藉口來逃避責任，但是整體上還是對自己要求比較嚴格。

丙則表現得對自己的工作不是很熱情，他只是把工作當做一種謀生的手段，只是按照公司的規定去辦事，一副混飯吃的樣子。

十年之後，甲成為了公司的銷售總裁；乙跳槽成為一家公司的銷售經理；丙變得很落魄，一事無成。

俗話說「態度決定一切」，沒有端正的態度，沒有正確的認知，當然也就

無法對工作產生持久的熱情和強勁的動力。就像有句話說「不想當將軍的士兵不是好士兵」一樣，它展現的是一種實現自我價值的心理，工作除了可以使人得到應有的報酬，即獲得物質，還能夠得到精神上的滿足，銷售是一種服務性的職業，可以為客戶帶來方便，同時業務員也在銷售中獲得客戶的認可和尊重。儘管在工作中業務員會碰到各式各樣的挫折和打擊，但如果成功征服它們，反而會獲得更大的成就感。

做人要有一定的信念，自己的人生自己策劃。只要是自己認為有意義的工作，就不必介意別人的說法。別人說銷售工作累人，別人說銷售工作受人歧視，別人說銷售工作讓人備受打擊，這都只是別人的說辭，業務員要有自己的判斷和選擇。不要在乎別人的說法，要自信的面對自己的工作，積極投身於自己的工作，從工作中獲取快樂與尊嚴，實現人生的價值。

工作中，每個人都擁有成為優秀員工的潛能，都擁有被委以重任的機會。要為自己的工作感到驕傲和自豪，只要業務員能夠積極進取，就會從平凡的工作中脫穎而出。我們熟知的世界上最偉大的業務員，如原一平、博恩・崔西、湯姆・霍普金斯、喬・吉拉德、克萊門特・斯通等人，他們也都是從最小的業務員做起的。但是他們無不對自己的工作充滿熱情，為自己的工作感到驕傲，最終透過一點一滴的累積，成就了偉大的事業，讓世人敬仰。只有當自己看重自己的時候，才會在工作中獲得不凡的表現。

因此，愛工作，才會有動力做好工作，因為人們總是會為自己喜歡的事情而努力奮鬥，業務員一定要記住這一點，愛自己的工作，並努力做出最好的成績來證明自己。

對待工作的態度決定了業務員所能獲得的成就。只有對工作有了正確的認知，對工作有飽滿的興趣和真誠的喜愛，才會產生持久的熱情和強勁的動力，才能有效的實現自身的價值，得到精神的滿足。

顧客需要的商品，才是最好的商品

現實生活中，每個人都可能會害怕別人拒絕自己，會因為遭到拒絕而感到失望、難堪、傷心和難過，但是我們卻總也避免不了遭受拒絕。而從事銷售工作的人遭受到的拒絕是最多的。業務員的工作是辛苦的，不僅耗費極大的體力，也會損耗很多的心力。而在銷售中，接二連三的遭受客戶的拒絕也是常有的事情。這就需要業務員擁有極好的心態，敢於承擔這些常人所不能忍受的痛苦。但是一味的忍耐也不是治本的辦法，既然有問題，就要努力的尋找解決問題的辦法。了解並思考客戶拒絕你的真正原因，找到客戶拒絕的心理根源，對症下藥，攻破客戶的心理抗拒，就會獲得更多成功的交易。

其實，客戶找託辭和拒絕，並不代表客戶不需要你的產品和服務，而是客戶有顧慮，有難題。只要業務員能夠幫助客戶消除這些顧慮，解決這些難題，客戶自然也就會接受推銷。因此，業務員不要一聽到客戶拒絕，馬上就像洩了氣的氣球，放棄了所有的希望，也放棄了繼續爭取的念頭。其實很多時候，雖然客戶會提出很多拒絕購買的理由，但是，這並不意味著你的產品不能滿足對方的要求。這時，客戶只是想要進行比較，或者期待更好的商品，給自己留有選擇和緩衝的時間。

抗拒推銷是客戶本能的一種心理反應，當你直接把商品拿出來，放在客戶的面前，說這就是你所需要的，客戶往往會覺得是你硬塞給他，因此他會本能的挑出各種毛病加以拒絕。而如果業務員先問清楚客戶到底想要什麼樣的商品，然後再拿出合乎客戶要求的商品，這時客戶就會覺得這是自己所需要的，從而樂意接受。因此，業務員如果想把產品銷售出去，就必須知道客戶究竟想要些什麼，並且讓他親口說出來。這種「提供客戶最想要的商品」的銷售模式，比「把自己覺得最好的商品推銷給客戶」更能夠讓客戶欣喜

的接受。

聰明的業務員都會暫時不去考慮客戶提出的一大堆拒絕理由，而是想方設法讓客戶說出他們期望中的產品應該包含哪些特徵。如果客戶願意開口說出自己期望的產品特徵。業務員應該記住這樣一條：給客戶提供他想要的東西，而不是推銷給客戶你想賣給他的東西。這樣才會把拒絕轉化為接受。

大東是某電腦公司的銷售代表，一次他到一家公司去推銷電子設備。可是，剛表明了身分，就遭到了這家公司經理的拒絕，經理說自己經常與一家電腦公司保持這長期的合作，對其他公司的電腦不敢興趣。

大東接著說，我知道那家公司的電腦肯定得到了您的信賴，是否能夠說說它的哪些優點能夠讓您如此的滿意。

經理便一下子將自己對那家公司滿意的地方統統說了出來。大東趁勢便問，那麼您理想中的產品應該具備那幾點優勢？另外，您還希望和您合作的那家公司在那些方面值得改進？

經理思考了片刻，很快的回答大東的問題。大東終於知道了經理的需求點。於是很自信的說：「先生，很榮幸的告訴你，您提出的願望我們可以幫助你滿足，因為我們公司的技術人才也是世界上獨一無二的，所以，對於產品的技術和品質水準問題大可以放心。而且，我們公司的產品在使用操作的方面做了改進，以滿足市場的需求，所以操作起來特別方便，我們現在正在用低價打開市場，因此，在價格上更低廉，希望能夠與您這樣的大客戶進行合作。」

大東的話引起了經理的興趣，第一張訂單就這樣簽成了。

大東以自己獨特的方式突破了客戶的拒絕，他沒有直接把自己產品介紹給客戶，而巧妙的探究客戶心中真正想要的產品應該是什麼樣子，最後再把能夠符合客戶要求的產品拿出來，客戶自然沒有話說。如果他不去詢問客戶

到底需要什麼樣的產品，而只是一味的渲染自己的產品多麼優良、多麼便宜，客戶照樣不會買他的帳。所以，業務員是為客戶提供服務的，不要以為把自己覺得最好的給客戶，客戶就一定會滿意。而應該從客戶的角度出發，提供客戶最想要的商品，這樣才能真正為客戶排憂解難，讓客戶得到最大的滿足。

業務員不要害怕客戶的拒絕，而應該從拒絕中發現問題，了解客戶的內心，探求其真實的需求。只要客戶說出想要購買的產品條件，業務員就有機會實現銷售。突破客戶的抗拒心理並不是一件很難的事情。業務員要學會以積極的心態面對拒絕，不能心存畏懼，而應充分重視、積極應對，善於引導客戶陳述他們的需求並仔細傾聽，找到了客戶拒絕的關鍵因素，或給予合理的解釋和疏導，或給出一些更積極的方案，有效的化解客戶的防備與疑慮。只要抓住了客戶的心理，加上產品的品質優勢，這樣一定能使客戶接受。

最有效的銷售方式是給客戶提供他最最想要的商品，而不是給客戶推銷自己的覺得最好的商品。以客戶為中心，才能有效的把拒絕轉化為接受。

學會聆聽顧客，才是真正會做生意

有人說世界上最偉大的恭維，就是問對方在想什麼，然後注意聆聽他的回答。業務員不僅要學會說，更要學會聽。能言善道是業務員必備的基本技能之一，但是能說往往都只是在表達自己，以自我為中心，其實更多的時候，業務員應該學會安靜的聆聽，聽顧客說話，讓顧客多表達自己，這樣才會以顧客為中心，讓顧客感到受重視，滿足表達自己的心理需求。同時，業務員還可以從顧客的表達中，獲得有用的資訊，幫助自己了解顧客的心理，從而實現有效的溝通。

其實在很多時候，導致業務員銷售失敗的原因，不是業務員不會說或者

不善於說，而是因為業務員說得太多。很多業務員在進行銷售時，總是從始至終一直滔滔不絕的說，向顧客灌輸自己的思想、自己的意見，強制顧客接受自己認為好的東西，而直到生意失敗，業務員可能也不知道顧客為什麼會拒絕，還覺得自己說得很好。

此時，說得太多太好就是錯。這種自說自話的業務員，太以自我為中心，而忽略了顧客的心境和想法，不給顧客任何表達的機會。正因為業務員的健談，喧賓奪主，壓住了顧客的光芒，必然引起顧客的反感和厭惡。

因此業務員應該學會聆聽顧客說話，認真的聽，很有興致的聽，積極的迎合的聽，聽懂顧客的話，弄明白顧客的心理，這樣才會有的放矢，找到顧客的心理突破口，最終順利的實現交易。

業務員不僅要學會聆聽，還應該引導顧客說，鼓勵顧客多說自己的事情，這才是聆聽的真正祕訣所在。談論他最感興趣的話題是通往其內心的最好的捷徑。因為這樣，業務員才能從聆聽中獲得對銷售最有用的資訊，了解到顧客的真實想法和內心需求，找到業務員的突破口，最終讓顧客獲得最滿意的商品或者服務。

而許多業務員往往太重視說，而忽略了聽，這也是導致失敗的重要原因所在。能言善辯固然不錯，但是如果忽略了聆聽，往往只是在不了解顧客的想法和需要的基礎上，徒勞的宣揚自己的觀點，必然不能讓人接受。據一項權威的調查，在最優秀的業務員中，有高達75%的人在心理測驗中被定義成內向的人，他們行事低調、為人隨和，能夠以顧客為中心。他們十分願意了解顧客的想法和感覺，喜歡坐下來聽顧客的談話，他們對聽話的興趣往往比自我表述更大，而這些正是他們贏得顧客的祕訣。

魏魏是一個十分優秀的保險業務員，即使再難對付的顧客，到他手裡，都能夠輕鬆的應對，他的祕訣是善於聆聽，能夠察言觀色，洞察顧客話語背

後的真實心理。

一次他去拜訪一位姓王的顧客。他按響門鈴以後，等待著顧客的接待。等了一段時間，王先生才打開門，問他是做什麼的。魏魏剛剛表明身分，王先生便罵了一句：「又來騙人，離我遠點吧，我討厭你們這些賣保險的！」說完之後，就「砰」的一聲把門關上了。

這樣的情況雖然讓魏魏猝不及防，沒有預料到。但是他很快就冷靜下來，想必是被假冒的保險業務員欺騙過，因此對業務員失去了好感。於是他又一次按響了門鈴。王先生開門發現還是他，便要發作。而魏魏沒有給他機會，說：「先生，先向你表示深深的歉意，我為我假冒的『同行』對您造成的傷害前來道歉，願意傾聽您的抱怨和責罵。」王先生還沒有見過主動上門找罵的人，看他也不像壞人，就讓魏魏進屋談話。

魏魏坐在王先生的對面說：「我想您一定對我們保險業務員有很多的誤解和抱怨，願意聽取您的教訓和指責。」

一句話勾起了王先生無限的感慨，於是他開始打開話匣子，對魏魏訴說自己被騙的事情。

聆聽的過程中，魏魏不時的表示認同和同情，並且表情嚴肅，對那些假冒的保險業務員顯示出憤恨和不滿，使顧客感覺他是和自己站在同一立場上的。在聆聽的過程中，魏魏還發現王先生並不是不想買保險，只是有了一次被騙的經歷，已經不敢再相信別人。

魏魏抓住這一點，用所有有效的證據來說明自己是正規保險公司的業務員，是絕對有保證的，不會騙人，最後王先生終於相信了他，並在幾天以後放心的簽了保單。

只有善於傾聽才會贏得顧客的信任。魏魏用誠懇的聆聽消除了顧客的懷疑和反感，最終成功實現了交易。因此用心的聆聽顧客說話，對業務員實現

成功銷售是有很多益處的。

因此業務員要善於聆聽顧客的話語。在聆聽的時候，業務員要面向顧客，身體前傾，把目光集中在顧客的臉、嘴和眼睛上，讓顧客感覺你會記住他所說的每一句話、每一個字。對顧客的講話表示出極大的興趣，不僅是對顧客的尊敬，還能夠用你的專注感染顧客，從而對你訴說更多，使彼此的談話由表面的寒暄升級到真心的交流。

業務員在聆聽顧客說話的時候最好不要插嘴。如果魯莽的打斷顧客的思路，可能會使顧客感到掃興，而產生不快的情緒，對你產生抵制心理。在聆聽時，業務員要表現出興趣和機敏，保持積極傾聽的肢體動作。例如不時的點頭，表示同意；與顧客保持目光接觸，態度真誠；要面帶微笑、神情專注，並隨著顧客微笑而微笑，隨顧客皺眉而皺眉，隨顧客點頭而點頭，使顧客知道你已經聽明白了他說的意思，這樣顧客會感到很高興，對你的信任也會逐漸加深。

聆聽時，業務員對顧客的觀點和想法不要急於下結論，要等到顧客說完之後再發表自己的意見。即使你對顧客的觀點表示不贊成，也要盡力控制自己的情緒，不要激動，更不能發怒。而是努力找出你的產品或服務能帶給顧客更多的好處，以此來說服顧客。

業務員在聽完顧客說話以後，要善於核實自己的理解。經常說一句：「你的意思是……？」並用自己的話簡潔的概括出顧客所表達的意思，讓顧客知道你是在認真聽他講話，並且明白他的感受。給顧客一種善解人意的感覺，增加顧客對你的好感。善於聆聽的業務員表面上處於劣勢，實際上卻是處於優勢。心理學研究顯示，聽者的思考速度是說者的 4 倍，因此當顧客為自己說的話構思費神時，業務員有充足的時間對他的意見進行分析和思考，並做好應對的準備。

善於聆聽，不僅要聽，還要思考，學會從顧客的話語中洞察出顧客的心理。因此業務員要善於察覺顧客言語背後的真正含義，不僅要認真的聽顧客想說的話，還要發現顧客想說但沒有說出來的話以及顧客想說沒有說出來但希望你說出來的話。因此不管顧客是在稱讚、抱怨、駁斥，還是責難，業務員都要仔細聆聽，並表示關心與重視，這樣才會贏得顧客的好感，並得到善意的回報。

讓顧客很滿意自己所做出的明智選擇

一位哈佛大學著名心理學家曾經說過：「人類本質中最熱切的需求，是渴望得到他人的尊重和肯定。」這是每個人都有的心理需求，不管是在生活中還是工作中，人們都希望受到重視，希望能夠突現自身的地位和價值。因此使別人感受到他對你來說是很重要的，往往會帶給他們心理的滿足，使他們產生愉悅感，這樣彼此交流起來更加容易。

我們常說相互尊重是彼此之間進行交流合作的基礎，那麼提升別人的重要性，也是對人尊重的一種方式。讓對方覺得在你心裡是很重要的，那麼對方就會獲得強烈的安全感和歸屬感，就會將心傾向於你，對你表示信任。在銷售工作中，讓顧客感到自己很重要，既是對顧客的尊重，也會使業務員得到顧客的青睞，順利購買業務員的商品。因為，銷售畢竟是一種人際交往，是業務員與顧客結識並建立關係的過程，只有建立起好的關係，才會增進彼此之間的感情，使顧客心甘情願的購買你的商品。所以業務員與顧客之間不僅是簡單的買賣關係，更重要的是一種情感的交流。

對於業務員來說，要打動顧客內心的最好方法，就是巧妙的表達你衷心的認為他們很重要。著名哲學家約翰．杜威說過：「人類天性裡有一種最深刻的衝動，就是希望具有重要性。」顧客當然也不例外。

保羅是一家汽車公司的業務員。有一次他上門推銷，問男主人做什麼工作，男主人回答說：「我在一家螺絲機械廠上班。」

「別開玩笑……那您每天都做些什麼？」保羅以為顧客在開玩笑。

男主人很認真的回答說：「造螺絲釘。」

這時保羅表現出極大的熱情和興趣：「真的嗎？我還從來沒見過怎麼造螺絲釘。哪一天方便的話，我真想到你們那裡看看，您歡迎嗎？」

保羅這樣說的目的，是為了讓顧客知道自己很重視他的工作。

或許之前，從來沒有人懷著濃厚的興趣問過他這些問題。男主人聽了保羅的話，從心裡油然升起一股感激之情，想到自己就要被調到市郊去上班，真的需要一輛車，於是當場就和保羅簽下了購車合約。

等到有一天，保羅特意去工地拜訪他的時候，看得出他真的是喜出望外。他把保羅介紹給年輕的同事們，並且自豪的說：「我就是從這位先生那裡買的車。」 保羅則趁機給每人一張名片，正是透過這種策略，保羅獲得了更多的生意。

銷售行業奉行的宗旨是「顧客是上帝」，業務員應該以友好的態度，努力為顧客提供最優質、最貼心的服務，讓顧客體驗到「上帝」的感覺，如果業務員總是想把顧客踩在腳下，使勁的剝削他們的錢財，這樣必然會失去所有的顧客，最終走向失敗。所以，銷售人員應該尊重每一位顧客，不管對方的身分、地位、職業如何，都應該讓他們自我感覺良好。讓顧客自我感覺良好，他們在感到自信的同時，自然會對你產生好感，樂於和你做生意。

只有你對別人表示出關心和重視，才能換回對方積極的回應。只有把顧客放在心上的業務員，顧客才會把他放在心上。「讓顧客覺得自己很重要」是打動顧客內心的一個重要的原則，這就需要業務員在細微處給予顧客最真摯的接納、關心、容忍、理解和欣賞。

有一位業務員約好到一個顧客家裡推銷廚具，但是剛好碰到顧客家裡正在裝修。當業務員到來的時候，顧客的家裡還沒有整理完畢，屋裡很亂，顧客遲疑了一下還是請他進屋了。業務員可以看出顧客有些不高興。於是便小心翼翼的找話題說：「您家的空間好大啊？裝修得真不錯，既大氣又時尚。」顧客聽他說起裝修，便引起自己的話題，於是開始發起牢騷，說裝修工程不順利，很多材料都不中意，而且進度太慢，已經忙了一個多月還沒有完工。業務員表示理解，並說了些安慰的話。

這時業務員發現顧客由於忙裡忙外，只是穿了一雙拖鞋，而此時客廳是比較冷的，剛才工作時不覺得，而停下來的話就很容易著涼。於是業務員便巧妙的提醒顧客說：「裝修房子的確是累人的事情，但是也不要忘記照顧自己的雙腳，我建議您可以先『裝修』一下它們，免得受凍，向主人抗議。」顧客其實也覺得有點冷，但是不好意思說，而此時業務員注意到並溫馨的提示自己，使顧客的心裡一熱，於是他會意的笑笑，說：「那真是不好意思了，我先失陪一下。」業務員點頭說：「沒關係，您請便。」

等到顧客回到客廳，坐在業務員的對面時，業務員及時的說：「您把它們『包裝』好，我就覺得安心了。我可不希望我的顧客生病不舒服。」顧客頓時感到內心一股暖流穿過。在接下來的交談中，氣氛很是愉快，最後顧客決定購買他的全套廚具，臨走時，顧客真誠的對業務員說：「我會很珍惜像你這樣好的業務員。」

每個人都有遇到困難、感到煩惱的時候，而此時也是最需要別人關心的時候，不管是親人、朋友還是陌生人，也許只要一句簡單的安慰或者問候，就可以給他莫大的溫暖和鼓勵。學會關心、幫助別人，這樣當你需要關心和幫助的時候，就會有很多的人向你伸出援助之手。別管這個人是你的親人、朋友還是陌生人，當他們需要的時候，如果業務員可以慷慨的獻出自己的真

心和愛心，說不定哪天他們就會成為你最忠實的顧客。對他人表現出誠懇的關心，不僅可以幫你贏得朋友，也能令你的顧客對你和你的產品報以忠誠。

人類天性裡有一種最深刻的衝動，就是希望具有重要性。而讓對方覺得在你心裡很重要，是最有效的獲得對方的傾心和信賴的方式。

真誠的尊重他人，讓他們感到自己很重要，是打開對方心門的金鑰匙。因為成為重要人物是人性裡最深切的渴望。業務員永遠都要讓顧客感受到自己的重要，給顧客多些關心和理解，讓顧客感受到你的真誠和尊重，這時人與人之間的隔閡就會消除，顧客才更加容易敞開心扉，真誠的對待你。

銷售中學會聆聽，才可以達到投其所好

在銷售行業中，業務員相當容易犯的通病就是：只顧著自己的嘴，而沒有張開自己的耳朵，所以才會失去很多推銷的機會。其實，市場中，大部分客戶來買東西時，他們的內心真正想要的是他們在購買的過程中能得到什麼，比如，尊敬、威望、安全……

因此，銷售不是要「喋喋不休」或「高談闊論」，而是要拿出更多的精力來聽。成功的業務員都善於聽取客戶的要求、需求、渴望和理想，善於聽取和搜集有助於成交的一切相關資訊。他們會去聽客戶可能發出的異議，甚至還會下意識的傾聽其他人發出的聲音，例如，附近一個生硬客戶的聲音，或者一個大嗓門的業務員與客戶沒完沒了的交談。另外，成功的業務員也還特別善於聽客戶沒表達出來的意思。

這個世界上沒有人願意被忽視，也就是說，不管誰，只要是在說話，就希望有人在聽，而沒有人聽或者聽眾沒有認真聽的時候，對於說話的人來說，則是一種極度的不尊敬。所以有效的銷售是建立在雙向交流的基礎上的。對於業務員來說，雄辯的口才雖然重要，它可以很好的介紹自己的產

品，但學會去聆聽，學會了解顧客的想法和感受同樣重要。

聆聽的技巧問題

聆聽他人說話時，要做到耳到、眼到、心到，同時在必要的時候還要輔以其他的行為和態度，需要掌握以下幾種聆聽技巧。

第一，注視說話者，保持目光接觸，不要東張西望。

第二，單獨聆聽對方講話時，身體要稍稍前傾。

第三，在交談的過程中，始終要保持自然的微笑，表情要隨對方談話內容表現出相應的變化，而且在他人談話的過程中，要對談話內容做到恰如其分的點頭。

第四，在他人談話的過程中，不要隨意打斷他人的說話，如果要發表意見，需要等他人把話說完了，你才能接口。

第五，需要轉移話題時，不能直接來個「峰迴路轉」，而是要透過巧妙的應答，然後把對方講話的內容引向所需的方向和層次。

與人溝通，不僅要會說，還要善於聽，每一位成功的業務員不僅會說，同時還是一位善於聆聽的聽眾。聆聽，打開了客戶的心門；聆聽，讓他們了解客戶的需求；聆聽，讓他們成為客戶的朋友。

第九章

說話就要說到顧客的心坎

增強說服力是有絕招的

業務員要讓自己更有說服力，一個很重要的條件，就是必須對自己的產品和服務充滿絕對的信心。換句話說，你要說服顧客，就得把你的信心傳遞給顧客，讓顧客確信你的產品對他們有好處。如果你本身都缺乏信心，又拿什麼說服顧客呢？

除了信心之外，為了增強自己的說服力，業務員還需要一些道具或者說視覺輔助工具。你本人的感染力，再加上道具的刺激，會給顧客留下深刻的印象。

比如說，你是一名房地產業務員，要說服顧客購買你的房子。這時候，你可以使用的輔助工具有：看房子的時候為顧客準備的飲料、果汁等有「附加價值」作用的東西。這是一種比較有趣的方法，顧客在喝完你的飲料之後，會對房子的布局、環境更有認同感。

再比如，你是一名汽車業務員，要將一輛很酷的跑車賣給年輕人。你可以使用的「道具」有：讓他戴上賽車手套，找找感覺；或者安排一位年輕性感的美女站在人行道上大喊：「哇，你開這車好有性格。」

同樣道理，如果你是一名保險業務員，你可以準備一套車禍殘骸的照片，必要的時候拿給顧客看。這樣一來，就相當有說服力了。

說話就要說到顧客的心坎上去

銷售活動是業務員與顧客之間的交流過程。從業務員的角度來看，就是業務員運用各種方式和手段來說服顧客購買的過程。因此業務員首先要說，說好了顧客才能服，才會促使交易的成功。這就需要業務員要懂得說話的藝術，善於把話說到顧客的心裡去，讓顧客聽得明白，聽得舒服，聽得高興，

那麼你的銷售就已經成功一半了。

有人說，一個人成功15%是依靠專業知識，而85%則是依靠有效的說話，可見說話的重要性。只有掌握了說話的技巧，善於抓住顧客的心理，見什麼樣的人說什麼樣的話，讓自己的話語合乎人心，給人以如坐春風的感覺，那麼不僅使彼此的交流輕鬆愉快，也會使銷售水到渠成。正所謂「出門看天色，進門看臉色」，業務員要學會洞察人心，說話時注意對象，注意方式方法，既要說明白自己的意思，又要讓顧客聽得舒服，才是有效的說話。但是有很多業務員往往總是按照自己的想法，或者是自己喜歡的方式來說話。例如，業務員一見到顧客就開始滔滔不絕的介紹，總是說自己的產品與眾不同，能給顧客帶來很多的利益，同時比同類產品更受顧客的歡迎等。但是很可惜，顧客不想聽這些，即使你說得再好，也不會發揮任何打動人心的作用，反而會讓顧客感到厭惡。所以業務員在開口之前，就應該先想想顧客是否願意聽我說這些，這樣說是不是會讓顧客聽了很高興，不然的話，說再多也是白費口舌，業務員要學會把自己的每一句話都說到對方的心坎裡去。

業務員要把自己變成一個善於說話的智者，用最巧妙的語言，把話說到對方心裡去，為自己順利開鑿一條成功銷售的通道。學會說話的技巧，能夠深深的吸引顧客，滿足顧客傾聽的心理，這樣才能引起顧客的興趣和注意，從而促使銷售活動順利進行。

比如，有的業務員面對顧客時，總是硬生生的來一句：「請問您要購買某某商品嗎？」「您對我們的服務感興趣嗎？」這樣的提問往往會得到顧客簡單而果斷的回答「不！」，於是業務員好不容易等到一個準顧客，剛說一句話就再也搭不上腔了。

很多業務員都有這樣的感受，就是總覺得和顧客實在難以溝通，難以讓顧客接受自己的建議。這就是業務員在與顧客交流的過程中，沒有把話說

好，不僅沒有獲得顧客的認可，反而拉大了彼此之間的距離，導致顧客的防範心理越來越重，成交的希望也就越來越小了。

俗話說「酒逢知己千杯少，話不投機半句多」，業務員一定要訓練自己的「嘴上功夫」，做到說話有「術」，能夠把話說到顧客的心裡去，才是真正的能說會道。在銷售中，業務員要注重平時語言的學習和累積，在不同的場合，面對不同的顧客，要選用最得體、最恰當的語言來準確的傳遞資訊、表情達意，力爭獲得最佳的表達效果。

某公司舉辦了一次盛大的化妝品展銷會，為了贏得更多的顧客，使自己的商品深入人心，公司特地從公司精挑細選了 50 名銷售菁英進行現場推銷。50 名銷售菁英個個都是能言善道的，特別善於和顧客進行溝通，讓顧客開開心心的購買自己的產品。

他們有的在臺上以專業的術語向顧客詳細的介紹產品的原料、配方、使用方法等，有的專門回答顧客的各種疑問，反應既快又準，對顧客的問題對答如流，而且語言也是彬彬有禮，風趣幽默，吸引了很多顧客。

有一位顧客問：「你們的產品真的像廣告上說得那麼好嗎？」一位年輕的業務員馬上回答道：「您試過以後的感覺比廣告上說得還要好。」

顧客又問：「如果買回去，用過以後感覺不好怎麼辦？」另一位業務員笑著說：「我們會等待著您的感覺。」

有這些優秀的業務員現場進行推銷並解決顧客的疑問，使這次展銷會空前火爆，不僅產品的銷量大大超出預算，還使產品的知名度得到了最大限度的提高。在公司的慶功大會上，公司總經理特別的感謝和表彰了那 50 名銷售菁英，沒有他們的參與是無法獲得如此極大的成功的。並要求其他業務員要向他們學習說話的技巧，提高自身的嘴上功夫。

語言是人與人之間進行交流的最重要的工具，人們透過語言進行情感和

思想的交流，它作為一種媒介，會使人們的心理產生不同的反應，一句話說對，就能夠贏得顧客的信任，同樣一句話說錯，也可能會使業務員失去一筆生意。因此話不能隨便說，應該經過仔細思考，精心琢磨才會產生很好的效果。

很多銷售新手在銷售時，總是喜歡單刀直人，迫不及待的向顧客灌輸「資訊垃圾」，以此來撬開顧客的嘴，然而顧客卻冷冷的說「不」，業務員便無計可施。而有經驗的業務員則會先尋找和顧客的共同話題，聊到顧客開心，再趁機提及銷售，往往會後發制人。不能夠打開顧客心門的話，說再多也是白說，而對顧客胃口的話，說一句就能夠頂十句。

有一位顧客因為自己買的家具出現了問題，十分生氣的去找業務員理論，業務員很認真的聽顧客發完牢騷，對顧客的意見表示認同，並說：

「如果我買到這樣的產品，也會氣成您這樣的。」這樣的一句話使火冒三丈的顧客一下子火氣消了一半，由原先的堅持退貨變成了更換產品。因此，把話說到顧客的心裡，就能夠化解問題。

銷售應該是溫柔，沒有殺機的，業務員不要總是給顧客一種氣勢洶洶，時刻準備搶顧客錢包的感覺，這樣勢必使顧客的心門鎖得更嚴更緊。業務員要善於用尊敬的、和善的、溫柔的話語來打開顧客的心門，讓顧客主動出來迎接你進去，這樣才是成功的溝通。

怎麼才可以讓你的話更有煽動性

大凡成功的說服，都有一個共同的特點，那就是直入人心，能夠引起顧客的共鳴。而要想做到這一點，業務員的語言必須具有很強的煽動性才行。否則，如果你的話太平淡，聽眾是不會被打動的。比如，我們常見那些失敗的業務員，他們總是在重複別人的觀點，空話、套話連篇，卻很少表達真情

實感。也就是說，他們不願用自己的聲音說自己的話！

很多領導人物的講話，堪稱煽動性的典範。

第二次世界大戰時期，德、義、日瘋狂肆虐，英國面臨國土淪喪的危險。時任英國首相的邱吉爾臨危不懼，向民眾發表了的一次著名的演講，他這樣說道：

「我們絕不投降，絕不屈服，我們一定要戰鬥到底！我們將在法國作戰，我們將在海上和陸地上作戰，我們將不惜任何代價保衛我們的本土。我們將在海灘上作戰，在陸地作戰，在田野作戰，在山區作戰。我們寧願讓倫敦在地球上毀滅，也絕不投降！……」

這段講話大大的鼓舞了英國人民的鬥志，很快傳播到各個反法西斯戰場。據邱吉爾的祕書說，口授演講稿時，這位年近古稀的首相「像小孩一樣，哭得涕淚橫流」。這篇演講沒有高深的理論，更沒有華麗的辭藻，但它熾熱的愛國熱情感人至深。澳大利亞前總理孟席斯評論道：「邱吉爾懂得，作為演講，要想感動別人，首先要感動自己。」

在隱祕說服中，對感情的利用和控制，需要注意以下幾點：

（一）講者不動情，聽者不動心

情緒不到位不開講，要盡快進入演講的內容情境，此所謂「未成曲調先有情」。但是，感情應是自然的流露，切不要「擠情」、「造情」、「煽情」。

（二）感情傳導重在和諧

說服的整個過程不宜大起大落，要在一個統一的基調中有起有伏，形成一個協調的整體。

(三) 掌握分寸，注意感情的「流量」

過度的宣洩會形成「感情的陷入」而難以自拔。所以不可信馬由韁。要把持住感情的「閥門」，含蓄一些，寧可「收」一點，而不宜放縱。

愛面子的顧客，送他頂「高帽子」

說服顧客並不容易，但如果借助於「高帽子」的魔力，就會變得容易多了，因為每個人難以拒絕別人的奉承。

所謂「高帽子」，就是對別人的能力和品格進行美化，這是說服別人必備的細節。想想看，誰不願意聽到美化自己的言語呢？誰又會不認同美化自己的人呢？一般來說，當對方已有很充分的拒絕理由時，想讓他接受你的請求是十分困難的。但若能運用這種技巧，先給對方來頂「高帽子」，便會使他無法拒絕。

感光膠捲的發明者、世界上最有名望的商人之一 —— 伊斯曼曾經在曼徹斯特建過一所伊斯曼音樂學校。同時，為了紀念他的母親，還蓋過一所著名戲院。當時，紐約高級坐椅公司的總裁亞當森想得到這兩座建築裡的坐椅的大筆訂貨生意。

於是，亞當森與負責大樓工程的建築師通了電話，約定拜見伊斯曼先生。

為了使談話效果更好，亞當森先拜訪了這兩座建築的建築師。建築師比較了解伊斯曼，於是，他向亞當森提出忠告：「我知道你想爭取這筆生意，但我不妨先告訴你，如果你占用的時間超過了 5 分鐘，那你就一點希望也沒有了。他是說到做到的，他很忙，所以你得抓緊時間把事情講完就走。同時，你要盡量多的運用世界上最動聽的語言 —— 讚美。」

亞當森被領進伊斯曼的辦公室時，伊斯曼正伏案處理一堆文件。

過了一陣子，伊斯曼抬起頭來，說道：「早上好，先生，有事嗎？」

建築師先為他倆彼此做了引見，然後，亞當森滿臉誠意的說：「伊斯曼先生，在恭候您時，我一直欣賞著您的辦公室，我很羨慕您的辦公室，假如我自己能有這樣一間辦公室，那麼即使工作辛勞一點我也不會在乎的。您知道，我從事的業務是房子內部的木建工作，我一生還沒有見過比這更漂亮的辦公室呢。」

伊斯曼回答說：「多虧您提醒我記起了差點遺忘的東西，這間辦公室很漂亮，是吧？當初剛建好的時候我對它也是極為欣賞，可如今，我每天在這裡，心裡都想著許多別的事情，有時甚至一連幾個星期都顧不上好好看上這房間一眼。」

亞當森走過去，用手來回撫摸著一塊鑲板，那神情就如同撫摸一件心愛之物，「這是用英國的櫟木做的，對嗎？英國櫟木的質地和意大利櫟木的質地就是有點不一樣。」

伊斯曼答道：「不錯，這是從英國進口的櫟木，是一位專門與木工打交道的朋友為我挑選的。」

接下來，伊斯曼帶亞當森參觀了那問房子的每一個角落，他把自己參與設計並建造的部分一一指給亞當森看。他還打開一個帶鎖的箱子，從裡面拿出他的第一卷底片，向亞當森講述他早年創業時的奮鬥歷程。

這時候，他們的談話已進行了兩個小時。

後來，亞當森輕而易舉的獲得了那兩幢樓的坐椅生意。

大多數人都希望自己被認同。那種被抬高的感覺，能使人心情愉快舒爽。所以，我們在說服別人的過程中，最好能抓住對方引以為豪的長處加以讚賞，必然會得到他的好感，要說服他或者請他幫忙也就不再是難事了。

忌用業務員口氣，要像朋友去幫助他

很多顧客走出購物中心的時候，會這樣說：「本來我想買那件東西，但是討厭的業務員像唐僧一樣嗡嗡唧唧，用一堆老掉牙的推銷伎倆向我施壓，簡直是在強迫我購買 —— 感覺很不爽。」

所以說，銷售人員在和客戶交談的時候，不能用業務員的口氣說話，要像對待朋友那樣去幫助客戶。這也就是我們一直在強調的站在客戶的角度想問題。

站在客戶的角度考慮問題，不但能贏得客戶的好感，還可以減少經營過程中許多不必要的麻煩。

一次一位顧客想買洗衣機，本來人家已經考慮好了自己想買的品牌，沒想到一進購物中心，銷售人員上來就是一通熱情的介紹，什麼水流洗滌方式啦，電腦主控板啦，電壓穩定不穩定啦……將一些消費者根本無須了解的細節一股腦的灌了下去。

最後，顧客聽他說了一番話，長了一些學問，很委婉的謝絕了這個業務員的建議，走向了另一個大型購物中心。也許你會問：為什麼？銷售人員做得不對嗎？讓顧客多知道一些專業知識不是更好嗎？這樣的想法是對的，但是沒有找到顧客購物的突破口。簡單的說，沒有說到顧客的心裡去。

顧客會這樣想：我家的電壓一直很穩定，我對什麼「高科技、全功能」也不太感興趣，我只關心洗衣機好用不好用。看到銷售人員在那邊口若懸河，也許顧客早就捂緊了自己的錢包，生怕你掏走自己的錢。

銷售人員，你為什麼不能先試著搞清楚顧客的意圖呢？上來就像例行公事一樣宣傳你自己的產品，可惜這樣的宣傳毫無溝通的價值。站在客戶的角度想問題，不是讓你口若懸河，是讓你的說話的口氣像朋友，讓顧客覺得你

是在幫他們。這是每一個渴望成功的銷售人員起碼應該養成的工作習慣，也是所有銷售部門最基本的工作方式，也是所有行銷人員必須學會的一套新思維！

「先生，您好。我們的皮鞋全部是義大利進口，可以滿足您低、中、高各種需求。您現在看到的這家店是我們公司在全國開設的第一百零八家連鎖店。我們經營的理念是：總有一款適合您。先生，您看您需要哪一雙？」這樣的話似乎有些可笑，就像事先背好的套話，缺乏創意和誠意。

相信這是很多顧客在購物時遇到最多的一種推銷方式，被人們戲稱為「最能打擊顧客購買熱情的推銷方式」。所以，儘管很多業務員總是在抱怨自己說得口乾舌燥了，最後很多顧客還是無動於衷，甚至面無表情的轉身離開。

這是為什麼呢？人們都相信這句話：「老王賣瓜，自賣自誇。」你越是無的放矢的對自己的產品誇誇其談，顧客就越容易反感甚至懷疑你的意圖。

於是，無數顧客就眼睜睜的從我們眼皮子低下溜走了。那我們究竟該怎麼說好呢？不妨試試這樣說：「先生，您好，我是售貨員。不好意思，我能占用您幾分鐘時間，向您介紹一下我們最新款的皮鞋嗎？」你這樣一說，開門見山，直接限定好了做生意的氣氛。如果顧客點頭同意了，你再開始你的演講不是更好？說話的時候多從顧客穿鞋的角度想想，一般他是不會走開的。這樣既保住了自己的面子，也能讓顧客產生濃厚的購買興趣。

接下來，你再這樣說：「先生，您真有眼光，您現在看到這雙鞋是我們店裡剛進的一款新鞋，或許很適合您，您可以試試。」顧客聽了你的話，會感覺自己受到了特殊的關照，心理上對你有了認同感，最後付款成交的機率就會很高。

不要把客戶當上帝，要把客戶當朋友

銷售人員小劉說：「我的銷售業績一直就不好，不是我不勤快，主要原因是我不會講笑話。一次，我和我們經理去談生意，不到幾分鐘，經理就和客戶像朋友一樣開玩笑了，笑哈哈的。可我呢，像個木頭椿子似的戳在那裡，太失敗了！」

經理看到他這個樣子，就對他說：「熟讀唐詩300首，不會作詩也會吟嘛。如果那個客戶說他很忙，你可以說，你不要賺那麼多錢就好了嘛。這樣，一邊說一邊笑，氣氛很快就能緩和下來。」

其實，銷售人員最關鍵的是要有靈活的頭腦，思維敏捷更有利於溝通。在談判的時候不要把客戶當上帝，要把客戶當成你的朋友，保持一種對待朋友的心態，客戶就不會有拘束感！

很多銷售人員覺得與客戶談生意是一件很嚴肅的事情，自己要注意禮節，說話要嚴謹，談話內容最好是圍繞著生意來進行。殊不知，很多經理級別的銷售人員和客戶談判時，都會特別注意一些生意以外的東西，這些看似和生意無關的東西反而能影響到一樁生意的成敗。

要贏得生意，首先要贏得客戶的心。尤其是遠道而來的客戶，在短暫的寶貴的時間裡，銷售人員不可能馬上就和客人談什麼新的採購計畫，一般都是非常隨意的與客人閒聊，比如什麼生活情況、家庭、教育、有趣的事情等，完了再邀請客戶吃晚飯。這種感覺就好像「他鄉遇故知」一樣，把客戶當成了自己的好朋友。

實際上，能否與客戶從普通的合作關係發展到能相互分享各自經歷的朋友難度是相當大的，所花的功夫也比做成一樁生意要多得多。當然，意義也許比做成一樁生意還要深刻！

從行銷學的角度上講，最大程度的獲取客戶的終身價值是成功行銷的重要標準之一。什麼是客戶的終身價值呢？簡單的說，就是指一個客戶為一種產品一生的花費能給公司帶來的價值。這個終身價值反映的是客戶對這件產品的忠誠度，忠誠度又來自於客戶對這個產品的感情！

客戶對產品的感情，包括對產品的品質、價格以及使用滿意度等客觀因素，還會受到主觀因素，也就是和銷售人員之間的關係的影響，甚至還可能會高於客觀因素。和客戶交朋友，不也是「把顧客當上帝」嗎？

像朋友一樣和客戶談生意，不僅能讓客戶感覺到自己受重視，也會對銷售人員產生信賴感。長時間的保持這種信賴關係，會最大程度的發掘客戶的終身價值。即使做不成生意，多個朋友也不是什麼壞事！

當然，你也不可能和每一個客戶談生意的時候都像朋友一樣，從客戶關係管理上看，也不可能有那樣的精力和資源。

銷售人員在和客戶談生意的時候還要注意，必須保持一種認真、務實、誠信的態度，最好能形成一種習慣。想把生意做得長久一些，就一定要坦誠相待，努力去爭取一個雙贏，而不是花心思去算計對方！

把一個客戶談成你的朋友，有時候是一件很有成就感的事情。也許，這個朋友會帶給你更多的生意，畢竟資源共享才能越做越強！

不要一味的順從客戶，需要適當「威脅」

不管什麼商品，也不管你的價格定為多少，客戶都會有一種殺價的習慣。面對這種客戶，你就要學會適時的「威脅」他們，這樣你才能使客戶下決定簽單。

在客戶的心裡，總會這麼認為，業務員對產品所出的價格肯定不是最低的，只要我堅持殺價，肯定還能殺一點下來。

在銷售中，當你碰到了這種遲遲不做購買決定的客戶時，你就要學會採用「威脅」的手段。

傑森是一家生產烹調設備公司的業務員，他推銷的現代設備，每套價格490 美元。

一次，有個城鎮正在舉行大型的集會，傑森知道消息後馬上趕了過去，在集會場所展示這套烹調器，並強調它能節省燃料費用，他還把烹好的食品散發給人們，免費請大家品嘗。

這時，有位看客一邊吃著食品，一邊咂咂嘴說：「味道不錯，不過，我對你說，你這設備再好，我也不會買的。500 美元買一套鍋，真是天大的笑話！」此話一出，周圍頓時響起一片哄笑聲。

傑森抬眼看看說話的人，這人他認識，是當地一位有名的守財奴。他想了想，就從身上掏出一張 1 美元，把它撕碎扔掉，問守財奴：「你心疼不心疼？」

守財奴吃了一驚，但馬上就鎮定自若的說：「我不心疼，你撕的是你的錢，如果你願意，你儘管撕吧！」

傑森笑了笑，說：「我撕的不是我的錢，而是你的錢。」

守財奴一聽，驚訝不已：「這怎麼是我的錢？」

傑森說：「你結婚 20 多年了，對吧？」「是的，不多不少 23 年。」守財奴說。

傑森說：「不說 23 年，就算 20 年吧。一年 365 天，按 360 天計，使用這個現代烹調設備燒煮食物，一天可節省 1 美元，360 天就能節省 360 美元。這就是說，在過去的 20 年內，你沒使用烹調器就浪費了 7,200 美元，不就等於白白撕掉了 7,200 美元嗎？」

接著，傑森盯著守財奴的眼睛，一字一頓的說：「難道今後 20 年，你還

要繼續再撕掉 7,200 美元嗎？」

最後，反倒是這位口口聲聲說這套烹調設備貴的人，第一個掏出錢來買走了一套。

因此，面對那些對價格比較挑剔，又不能做購買決定的客戶時，你就要會「威脅」，即使他們早做決定。

但是，「威脅」也是有技巧的，要注意以下幾個方面。

第一，「威脅」要有針對性。「威脅」客戶只能在客戶有購買意願的情況才能進行，如果對那些沒有購買意願的客戶實行「威脅」的話，客戶肯定會掉頭就跑，所以這是一種不得已而為之的方法，可以說是一種下下之策。但是每一個客戶都是不一樣的，這個客戶可以去「威脅」，並不意味著那個客戶也能去「威脅」，因此，在用這種方法的時候，一定要有針對性，不然肯定收不到預想的結果。

第二，在「威脅」客戶的時候，多給客戶一點時間。客戶做出購買決定需要一定的時間，儘管你採用「威脅」的手段以促使客戶盡快做決定，但若是你一點時間也不留給客戶，那麼你肯定也會失去這位客戶，因為他會認為你是在逼迫他。

第三，要學會讓步。在你的「威脅」獲得一定的成功的時候，你就要學會讓步，不要總想堅持你的觀點，因為客戶還不能作決定，那麼他們就是想你再退一步，那何不滿足客戶的要求呢？讓他覺得他的堅持是值得的，因此他也會有一種成就感。

「這可是最後一件衣服了」、「昨天比爾先生出價都是 500 美元呢」……這種對客戶的「威脅」有助於促使客戶早做決定。在銷售中，當你的客戶攻不下來的時候，你可以適當的採取這種「威脅」的策略。

不要過分直白，在潛移默化中引導顧客

熱情是可以互相感染的，特別是人多的地方，只要一點很小的火苗，就可以迅速點燃熱情的火焰。一個熱情四射的說話者，可以讓周圍的聽眾變得熱血沸騰。

仔細觀察一下，你就會發現，在交談著的族群裡面，如果有個人忽然邊說邊指手畫腳起來，那麼他很快就會頭頭是道的說起來，有時候甚至還會口沫橫飛、精彩之至。而且，這種人一開始就會引來一群熱切的聽眾。

有這樣一位高中老師，姓趙，已經 55 歲了。她剛接了一個新班，這個班的學生學習很用功，可是對環境衛生不夠重視。

一天晚自習前，趙老師洗了臉，擦了點護膚品，還灑了點香水，就來到了教室。她一進門，一股淡淡的幽香就飄進了教室。

前排的女生馬上開始嘰嘰喳喳：「趙老師多大年紀啦，還擦得香噴噴的？」

聲音雖然不大，可趙老師還是聽見了，接過話說：「老師我『芳齡』55 啦！你們別看我一臉的皺紋，我還挺愛美的！這不，剛剛洗過臉，我還擦了點護膚品，灑了點香水呢。」

話一出口，女學生樂了，男學生也笑了。

趙老師於是趁熱打鐵，把話題從愛美之心對心理健康的作用，順勢轉到環境之美對學習、生活及精神面貌的作用上來，說得學生點頭稱是。從那時候開始，教室、宿舍亂丟紙屑垃圾的現象少了，值日生比以前更重視衛生了。

趙老師的講話「潤物細無聲」，很快便進入了隱祕說服，一下子縮短了師生間的距離，讓學生感到老師不但可敬，而且可親、可愛，從而增強了說服效果。

第十章

銷售是與顧客的心理戰

在顧客面前沒有高低貴賤之分

向所有的銷售人員問一個問題：你害怕過那些大人物嗎？答案是肯定的：「我們不僅害怕，甚至是一種恐懼！」

美國著名的金牌業務員曾說過這樣一件事：「很多年前，我剛剛進入保險行業，那時我非常害怕見那些大人物，甚至不想出門。我現在還記得，我拜訪的第一個大人物是休斯先生，一家大型汽車公司的老闆。經過多次預約，我終於走進了休斯先生的辦公室。面對我從沒見過的裝修豪華的辦公室和坐在高級沙發椅上衣裝講究的大人物，我感覺自己說話都發抖。我真的太緊張了，過了好一陣子，才感覺不發抖了。但說話仍是結結巴巴，甚至沒有一句話是完整的。」

休斯先生眼睛瞪得大大的，驚訝的看著這個登門造訪的年輕人。因為這個業務員這樣說：「休斯先生……尊敬的先生……其實我早就想來見您了……現在終於來了……不好意思，我很緊張……我不知道該怎麼跟您說。」

休斯先生友善的跟他說：「不要緊張，放鬆一點，其實我年輕的時候也像你這樣。」休斯先生還鼓勵他繼續提問。經過這一番對話，開始害怕得渾身發抖的業務員終於平靜了，思路也慢慢清晰起來。

「雖然那天，我沒有賣出保險，但是我覺得，我獲得了更有價值的東西。跟休斯先生的談話，讓我領會了一個原則 —— 當你感到恐懼時，你就承認。因為，每個人面對陌生人的時候都會存在一定的恐懼心理，即使是那些經常拋頭露面的成功人士。」

當你感到恐懼，你就承認。在你面對大人物的時候，你必須學會這一點，即使你的開場白極其失敗。承認你的恐懼，並直爽的告訴大人物，也許這才能使你的會談繼續下去。當你說出第一句話的時候，感覺就會慢慢變得

輕鬆起來，所有的恐懼和擔心都會隨著你的言談慢慢消失……

第二次世界大戰期間，一位海軍軍官向臺下數萬的聽眾演講。雖然他是一個戰鬥英雄，經歷了戰場上硝煙瀰漫和鮮血淋漓的場景，以英勇殺敵而聞名全國。但是，他在講那些本來是驚心動魄的故事時，卻緊張得一塌糊塗，簡直是令人沮喪。

他從衣袋裡拿出了演講稿，雙手發抖，嗓音也發抖，剛開始還在結結巴巴的講，後來連一點聲音都沒有了。臺下的聽眾們竊竊私語，議論紛紛。這位軍官沉默了良久，當他抬起頭時，人們似乎又看到了那個戰場的英雄。他看著臺下的聽眾，有些窘迫而又坦誠的說：「對不起，我太緊張了，比打仗還要緊張。」聽眾都笑了，隨後就是雷鳴般的掌聲……然後，這位英雄扔掉了那篇演講稿，開始平靜的講述了自己不平凡的戰鬥經歷，他信心十足、熱情澎湃，感染了所有的人！

當你面對大人物的時候也要如此，感到恐懼時，先承認自己的恐懼。不承認自己恐懼的人，往往會以失敗而告終，只會讓那些大人物瞧不起你！當你承認自己的恐懼時，說明你已經有了克服恐懼的正確心態。

作為一名銷售人員，我們要學會消除對大人物的恐懼。就像一位業務員所說的那樣：「回首往事，我覺得自己非常愚蠢，就是因為害怕見那些大人物，沒有勇氣去推銷，失去了很多寶貴的機會。」

當你消除了對大人物的恐懼時，你的推銷生涯才能真正走上一個新臺階。別不敢承認自己的害怕，承認自己恐懼才能使情緒穩定。怕丟臉，死活不肯承認，才是真正的愚蠢。

所以，不管你面對的是一個人還是千軍萬馬，也不管你面對的是一個小人物還是大人物，一旦你出現了恐懼的情緒，請你唸一唸下面這四句話，相信會對你的銷售有所幫助。

（一）　當你感到恐懼時，你就承認。

（二）　若要成功，必須跟大人物打交道，這樣你的推銷業績才能上一個臺階。

（三）　大人物也是人，跟我們沒有差別。

（四）　當你說「我怕」時，最可怕的時候已經過去。

推銷商品，先從推銷自己開始

行銷理論多如牛毛，行銷專家層出不窮，不管這些差別的存在有多麼明顯，但有一點幾乎所有的行銷專家都認同——推銷產品之前首先要推銷自己！

在你的銷售工作中，你是不是感覺到有時候產品好像不是那麼重要，反而自己的推銷方法更重要？事實確實是這樣的，人們從心理上首先接受的往往是推銷者本身，然後才會考慮你的產品。這也是很多銷售行家的經驗。因此，一個銷售人員必須學會推銷自己。

什麼是推銷自己？推銷自己也叫自我推銷，是指透過自身努力使自己被別人肯定、尊重、信任和接受的過程。

推銷自己的目的是什麼？為了順應社會，掌握一定的知識和技能，成為社會有用的人才。同時，也是不斷的完善自己的人格，樹立人格魅力的過程。要做事，先做人。贏得了客戶的信任，才能更好的推銷自己的產品。只有成功的推銷自己，才能成功的推銷產品。

那怎樣才能更好的推銷自己呢？

推銷自己首先從儀表開始

「人靠衣裝馬靠鞍」，一個人的服飾和衣著對個人形象的塑造是非常關鍵

的。有經驗的業務員一般都很注重自己的儀表，都很講究穿戴和打扮。當然，也不是一定要穿名牌、化濃妝，也許過於華麗的衣裝會讓人感覺浮躁、不穩重，讓客戶不敢接近你。服裝也不要太陳舊，顯得寒酸，讓別人覺得你的銷售業績不怎麼樣。穿著要整潔大方，可根據自己的年齡來搭配。

推銷自己要從進入客戶視線的第一時間開始

銷售工作一般是陌生拜訪，主動上門向客戶推銷自己的產品。當業務員去拜訪客戶時，除了做好業務上的準備，更要做好心理上的準備，以便能更好的應對客戶的問題，特別是初次見面時進入客戶視線的第一時間，第一印象至關重要。

推銷自己更要注重零距離的演講方式和演講技巧

業務員向客戶演講時，要自然大方、穩重親切。這種零距離式的演講更要注重技巧，最好在剛開始的一二分鐘內就抓住客戶的心理，給客戶一個發光的「亮點」！語氣聲調要平和，專業用語要恰當，不能太深奧，要讓客戶「聞過則鳴，聞之不忘」。

推銷自己時禁忌貶低同行業競爭者

據了解，絕大部分客戶反感業務員對同行業競爭者進行「貶低」。這樣做反而會影響你的形象，讓客戶覺得你的素養差，你的產品也好不到哪裡去。人們都有這樣的心理：「同行是冤家」，你越是說「別人」不好，客戶越認為「別人」好，這就是「逆向思維」。所以，業務員在推銷產品時，絕不能對同行業競爭者「評頭論足」、隨意貶低。

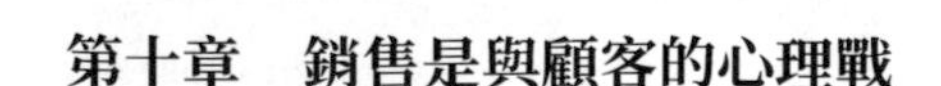

推銷自己要多學一點相關知識

銷售是一門學問，包含的知識面很廣。因為你要與不同職業和職務的人打交道，他們的性格也不一樣，所以銷售人員還要不斷的學習、充實自己，多學一些相關的知識以應用到銷售工作中。比如學習「心理學」，就能更好的體察客戶的微妙心理，更深層次的分析客戶的真實意圖。學習一些與業務結合較緊密的基本知識，不但能給你的談話帶來更廣泛的談話內容，還能顯示你的學識和品味。

努力向高級發展——推銷自己的人格魅力

我們說，一個人最重要的不是擁有多少財富，而是人格上的魅力。作為一名銷售人員，我們必須明白：推銷的不僅僅是商品，更是一種精神。要讓客戶信任你，甚至是「愛上你」、「崇拜你」……

其實，人的一生何嘗不是在推銷自己。一個善於推銷自己的人，一定能在事業上獲得豐碩的成果，更何況是銷售呢！

衝出心理禁錮才能激發極大潛能

相關科學證明，人從零歲到八十歲一直在動腦，最多也就利用了十分之一的腦力！不管這個課題的爭議性有多大，但很多情況下確實如此。人的潛力是極大的。但人們往往在潛力還沒釋放之前就繳械投降，承認了自己的失敗。

有些銷售人員就存在這樣的情況，面對陌生的客戶、不盡理想的業績，心理感覺壓抑，認為自己的前途渺茫，甚至明明再打一次電話就能達成的交易也輕易的放棄了。

作為一個銷售人員，你要知道行銷能力不能像跳蚤那樣凌空一躍，必須

經過穩健踏實的累積，才能將自己的潛能誘發出來。積極自信的心理更有利於你超越障礙，邁向高峰。那麼銷售人員如何發揮銷售潛能呢？

（一）　重新檢視自己是否已具備基本的行銷技術和能力。

（二）　不怕挫折，勇往直前，必然能發現自己擁有出乎意料的能力。

（三）　在行銷過程中，不要因為一點小小的成就，就自以為是，驕傲自滿，要更加努力的尋求突破。

（四）　在銷售上遇到挫折，不能埋怨客戶，而應該去審視自己，痛定思痛，分析研究自己的銷售技巧，看看哪些沒有做到位。

（五）　不能只看到自己的缺點，更不要沮喪，多發掘自己的優點，盡力發揮出來。

（六）　在心中樹立起成功銷售人員的形象，把自己想像成一個銷售菁英，並努力朝著這個目標邁進，潛能很可能就會在這個過程中展露出來。

這是個充滿競爭的時代，沒有競爭就沒有一切，銷售人員要想在競爭中獲得優勢，必須開發自己的全部銷售潛能。

作為一個銷售人員，你必須學會掌握自己的人生，掌握自己的成功，認知到不斷學習、不斷提高自身的重要性，你不能發揮自己的潛能就不能適應這個變化劇烈的市場。想成為一個頂尖的銷售人員，除了知識、技巧，更需要心理上的不斷激發，以戰士的心態挑戰在開發銷售潛能道路上遇到的一些「牛鬼蛇神」，克服不斷出現的種種困難。

銷售需要厚臉皮，需要死纏爛打

因為這個客戶很忙，第一次遇到客戶的時候，很多銷售人員覺得見一次面不容易，所以總是極盡所能去纏著客戶，用自己的「謀略」說服客戶。其

實，這是一種心理錯覺，把第一次見面當成了自己最後的機會。事實並非如此，你越是想給對方留下好印象，越難實現。這樣做的結果不僅不能充分表達你的熱忱和願望，一句話說不對，就會遭到客戶的反感。正所謂，催得越急，跑得越快。

美國戴曼博士長期致力於殘障兒童的教育事業，他發明了一種叫「戴曼法」的文字教育方法。先把寫好的「媽媽」「爸爸」字樣的紅色大卡片在智障孩子們的眼前晃一下，以引發他們的興趣。看過很多次以後，逐漸把文字縮小，把紅色也改成了正常的黑色，堅持這種重複的識字法，很多智障孩子學習到了文化知識。其實，這就是一種心理暗示。重複的印象，能給人留下深刻的記憶！

業務員在銷售過程中也可以利用這種心理策略。

假如你想簽下一張單子，就必須費盡心機的去說服客戶，讓他們點頭，但是這些老闆級的客戶一般都很忙，也許根本抽不出時間和你長談。經過三番五次的相約，客戶終於答應和你見面了。面對這個來之不易的見面機會，如果你像個甲魚一樣咬住客戶不放，很可能這個客戶以後再也不想見你。

如果你是個深諳客戶心理的人，最好是盡快的、完美的結束談話，主動起身對客戶說：「謝謝您抽出時間和我談話，改天我再來拜訪您！」這樣就會讓客戶感覺你是個識趣的人，一個很懂得拿捏分寸的人。經過幾次談話，這個客戶就會逐漸熟悉你的面孔，產生一種「這個銷售人員還不錯，他的產品也錯不了」的想法。

長時間纏著客戶，勢必會讓客戶產生「這個傢伙真煩人」的感覺，只會讓客戶討厭你，不想和你再見面。如果你的談話能讓客戶感到意猶未盡，就能獲得多次造訪的機會。熱情加上適可而止的高效率對話，往往可以促成一次交易的實現。

當然，這個方法只適用於初次見面或者客戶十分忙碌的情況，多次見面以增加親切感、展現你的誠意。如果遇到的是一個時間充沛並願意詳細了解你和你的產品的客戶，最好長時間加以詳細說明。這需要銷售人員對客戶心理的精準的掌握能力。

在實際操作中，銷售人員要和客戶保持一種「若即若離」的關係，就像你追一個女孩一樣，總纏著她，不給她留一定的空間，是很難成功的。雖說「美女怕纏夫」，但也不能一味的死纏爛打。要注意，「即」是真，「離」是假。真真假假，虛虛實實，追女孩和行銷何其相似也！

客戶受不了你的「糾纏」，同意和你簽約了當然好。如果不滿意你的「追求」，記住，你也不要放棄，你永遠有機會！

即使客戶明確表示不會考慮你，在客戶跟別人簽約前，你和對手的機會仍然是一樣的！一個優秀的銷售人員必須具備「死纏爛打」的韌性和頑強拚搏的勇氣！

商品的品牌，就是自己的品牌

品牌是提高銷售成功率的基石。想想看，當你去推銷可口可樂和不知名的飲料時，哪個能更好的吸引顧客呢？當然是知名產品啦！

銷售人員要善於利用自己產品的品牌效應，更要學會維護自己的品牌，把自己品牌當成自己的孩子去看待。品牌是一個企業的無形資產，其中蘊含著種種非物質的力量。

顧客買東西的時候都希望稱心如意，能得到周圍人的認同，你的品牌足夠硬的話，絕對會讓顧客感到信任。這就是所謂的品牌效應。當你的品牌擁有了較高的美譽度，你和你的產品將會在客戶心中樹立起極高的威望，就會像磁石一樣吸引更多的客戶。

顧客在這種吸鐵石般的「磁性誘惑」下，在反覆購買的同時，也會對你的產品不斷宣傳，讓更多的顧客加入到你的「磁場」中，成為這個品牌的忠實消費者，從而形成品牌的良性循環。

品牌的誕生就像一個初生的嬰兒，沒有任何的產品生來就是名牌，銷售人員要對自己的品牌像初生嬰兒那樣去照料。孩子每走一步都需要父母的精心呵護，產品每一次成交都要投入大量的心血，品牌和孩子一樣都需要愛的澆灌，這樣才能茁壯成長。否則，很可能就會夭折。

我們都知道，等孩子長大一點，需要接受良好的教育，不斷提高自己的文化內涵，讓他們懂得追求理想，更好的規劃人生。品牌也是如此，在不斷的發展過程中，慢慢形成自己獨特的氣質和內涵。這種「氣質」的培養靠的是企業文化的指引，但更多的是基層銷售人員傳達給客戶的信念，銷售人員說什麼，客戶就接受什麼。你的一言一行對品牌的「氣質」有著很關鍵的作用。

孩子成熟了，要走向社會，在更廣闊的人生舞臺上一展風采。品牌也在慢慢成長，它的影響力也在逐漸的擴大。這個成長的過程伴隨著銷售人員的汗水，你愛你的品牌，它才能走得更穩更遠。

當你的孩子懂得如何運用自己的知識和專長增強自己的核心競爭力時，他會贏得上司、同事的尊重，他的事業也將走向更美好的明天。

一個品牌也是如此，在這個到處都是名牌的時代，要讓人記住你的產品不是一件很容易的事。我們銷售人員能做的是處處維護自己的品牌，不斷的增強產品的競爭力，讓更多的客戶了解你的產品優勢，成為你的「孩子」成長的「踏板」！

當你的孩子功成名就，他會去做更多有意義的事，他品格正直、誠信友善、樂於助人。讓主管同事提起他都翹大拇指，讓街坊鄰居們讚不絕口。也

許這就是銷售人員所希望的最終結果吧。你的品牌強大了，贏得了社會的尊重和顧客的信賴，你的客戶資源也會滾滾而來，你的銷售之路也會越走越寬廣，你的業績獎金也會越來越高！

男大當婚，女大當嫁。孩子長大了，他和他的伴侶忠誠相愛，組建了美好的家庭。生兒育女，子子孫孫，慢慢形成了一個大家族。品牌也是如此，透過銷售人員愛的澆灌，慢慢也會形成自己的品牌家族，枝繁葉茂，越來越強！

誰熱情周到的服務，顧客就買誰的單

有人說，老闆就是老闆著臉的人。但你不是老闆，所以你不能板著臉。沒有一位顧客願意跟一個總是板著臉、死氣沉沉的售貨員交談，更不要說什麼購物了！

如果缺乏熱情，你的工作就會像縮水的蔬菜一樣，毫無生氣和新鮮可言。這個世界上沒有誰能夠拒絕一個熱情的人。熱情是世界上最具感染力的一種感情。據有關部門研究，產品知識在成功銷售的案例中只占 5%，而熱情的態度卻能占到 95%。自己滿懷熱情，才能更好的完成任務。

一家百貨大樓著名的營業人員張先生被顧客親切的稱為「一團火」，他對顧客十分熱情，就像一團火一樣讓顧客時刻感受到溫暖。

一天中午，一位女顧客氣呼呼的來到糖果櫃檯前，張先生微笑著對她說：「您好，您想買點什麼糖？」「不買難道就不能看看嗎？」說完，這位顧客連看都不看他一眼，繃著臉繼續向櫃檯另一頭走去。張先生心想：「她一定是遇到了什麼不順心的事，她心情本來就不是很好，我熱情一點，也許能讓她消消氣。」

張先生一邊走，一邊和顏悅色的說：「最近到了一些新糖果，反應還不

錯，您想試試嗎？」這位顧客有些不好意思，她沒見過這麼熱情的業務員。她很抱歉的對張先生說：「對不起，您不要見怪，我孩子不聽話，我真想狠狠的揍他一頓！」

「您可不能打孩子，教育孩子可不能這樣，給他買點糖也許他會更樂意接受您的。」這位顧客徹底被張先生感動了，她二話不說就買了二公斤的糖，還說：「您的服務態度真是太好了。」此後，這位女顧客每次到這家百貨，都要跟張先生聊一聊。張先生的「一團火」溫暖了自己，也照亮了別人。

一位業務員曾說過這樣一句話：「沒有熱情就沒有銷售。」你好意思拒絕一個對你滿面堆笑的人嗎？你好意思拒絕一個對你說好話的人嗎？你好意思拒絕一個在你有困難時給予你幫助的人嗎？你不能！熱情的人能讓你感覺到溫暖，熱情的銷售人員更能贏得顧客的好感和認可！

不管你是一個專櫃人員，還是對固定客戶服務的銷售人員，或是四處奔波的業務員，你都要保持熱情，熱情才是你創造交易的關鍵心態！

熱情產生動力，動力決定一件事的結果。在銷售過程中，尤其是跟客戶講話的時候，絕對要熱情，這也是成功的基本要素之一。熱情最能夠感化他人的心靈，會使人感到親切和自然，能夠縮短你和顧客之間的距離。

所以說，銷售人員不管在什麼時候都要充滿熱情，並學會用自己充滿熱情的心態和話語去感染客戶、打動客戶。那怎樣才能增強熱情呢？

銷售時態度要充滿熱情

只有內心真正快樂的人，才能讓別人也跟著快樂起來。自己的內心熱情了才能表現出來，熱情的情緒能讓你把話題的側重點更好的放在客戶最感興趣的地方。做到了這一點，你的話語就會像呼吸一樣生機勃勃。

對於自己鋪售的產品要充滿熱情

熱情就和感冒一樣會傳染，你對自己的產品充滿熱情，必然會「傳染」自己的客戶。換位思考，假如你是客戶，你會購買連銷售人員都沒什麼興趣的商品嗎？當然是不會了，所以說銷售人員一定對自己銷售的產品充滿熱情。

需要掌握尺度，不能過分熱情

古人云:過猶不及。過分熱情往往會使人覺得虛情假意，有了戒備心理，無形中就會築起一道心理防線，要攻破這道防線必定要大費周章。

「只有劃著的火柴才能點燃蠟燭」，把火柴比喻成熱情，把蠟燭看作我們的顧客，只有我們自身充滿熱情的時候，才能感染冷冰冰的客戶，讓蠟燭燃燒起來。記住：客戶只買「熱情」的單，不熱情什麼都「免談」！

越是害怕被客戶拒絕，你就越會被拒絕

業務員，你怕被客戶拒絕嗎？

先別急著說「害怕」，先來看看你為什麼會被拒絕！

你為什麼會被拒絕？因為你認為自己會失敗！

很多情況下，銷售人員會被客戶拒絕，原因在哪裡？原因有很多，最常見的是因為業務員自身的心理障礙。你越是害怕被客戶拒絕，你就越會被客戶拒絕！作為一個銷售人，不僅不能害怕拒絕，更要時刻做好被拒絕的準備！

一些心理障礙往往會打擊銷售人員的銷售熱情，影響銷售人員能力的發揮，導致客戶的不信任甚至是反感，客戶拒絕也就變得理所當然了。

要成為一名優秀的業務員，必須時刻做好被客戶拒絕的準備，克服種種

不利於銷售的心理障礙。具體來說，常見的心理障礙有以下幾種。

（一）害怕交易被拒絕。自己有受挫的感覺

這樣的心理往往是一種對客戶不夠了解的表現，或者感覺現在推銷的時機還不是很成熟。就算你真的是這樣，那也沒必要害怕，被客戶拒絕了很正常。失敗不可怕，可怕的是不能以一份坦然的心態去面對拒絕的現實。有成功就有失敗，相信你是最棒的。

（二）擔心自己是為了自身的利益而欺騙客戶

錯位心理，關心過度。換位思考本沒有錯，但是不能錯誤的把自己放在客戶這一邊，更多的是要關注自己和本公司的利益，自己的眼光和價值觀有時候往往會對你自己造成一定的誤導。有這種心理的銷售人員，不妨要從客戶「需要」的角度去衡量自己銷售的產品，而不是「不要」。

（三）主動提出交易，就像在向客戶乞討似的

這也是一種錯位心理。銷售人員不能正確的看待自己和客戶之間的關係。你賣他買，這本來就是很正常的一件事。你向客戶銷售產品，獲得金錢；客戶從你手中獲得產品和服務，能給客戶帶來實實在在的利益。你和客戶完全是平等的互利互惠的友好合作關係。

有些銷售人員卻不這麼想，他們總是擔心自己主動提出交易，就像向客戶乞討似的，沒面子，還會被客戶利用自己迫切交易的心理來討價還價。如果你總是抱著這種想法，等著客戶跟你提出交易，結果很多機會就在這種等待中白白的流失。

(四) 如果被拒絕。會失去主管的重視，不如拖延

還有的銷售人員害怕遭到客戶的拒絕後，失去主管的重視，想一直拖延下去。但你要明白，拖延著不提出交易，雖然客戶不會拒絕你，但是你永遠也得不到訂單。

(五) 競爭對手的產品更適合於客戶

這種心理也反映了銷售人員對自己和自己的產品缺乏信心。更可怕的是，這種心理還很容易導致銷售人員不負責任！你會想：即使我這次交易沒有達成，那是產品本身的錯，和我這個小小的業務員沒什麼關係。這樣的心理對一個銷售人員來說簡直是致命的！

(六) 我們的產品並不完美，客戶日後發現了怎麼辦

這種心理障礙很複雜，包括對自己的產品缺乏信心，和客戶之間的錯位心理，害怕被拒絕心理。銷售人員要明白：客戶之所以買你的東西，是因為他對你和你的產品已經有了相當的了解，或者相信你，認為你的產品符合自己的需求。客戶也許本來就沒有期望產品能十全十美，你的害怕只是杞人憂天罷了。

(七) 對於達成交易的前景患得患失。擔心會失去即將到手的訂單

有時候，你會看到一些銷售人員特別關注客戶說的每一個字、每一句話。戰戰兢兢，深怕自己不能讓客戶滿意，唯恐引起客戶不快而喪失訂單。達成交易之前，是成交的關鍵時期，你的競爭者肯定也在利用這段時間加緊攻關。你要是害怕被拒絕，不能及時、主動的提出交易，結果真的可能會被客戶拒絕。消極被動只能讓競爭對手搶占先機！在這段時間裡，銷售人員不能消極等待，要和客戶保持密切聯絡，多提一些達成交易帶給雙方的實實在

在的利益。

積極而不心急，變成銷售高手並不難

所謂「萬事開頭難」，想做一個成功銷售人員，首先要接受系統的培訓，這個培訓包括一系列的業務知識和銷售心態的調整。培訓的時間雖然很短，但是在實際工作中，需要你花更多的時間，三五個月甚至是幾年來實踐和運用。這個

過程關鍵要視銷售人員個人的悟性而定，成功的速度也正源自於此。如果你要問，有什麼捷徑嗎？那只好送給你一句話：積極而不心急！

行銷是一個漸進式的東西，開始誰也沒有什麼客戶資源，都是從零開始。初期，因為銷售人員自己的銷售心理不成熟、銷售技巧不熟練，總會出現這樣那樣的問題，常常被客戶排斥，甚至是敵視。任何事都不是一蹴而就的。銷售人員不能被這些暫時的困難嚇倒，覺得自己不是這塊料。只要堅持下去，慢慢你就會發現自己也行了，自己也進步了。

羅馬城雖然不是一朝一夕就能建成的，但不去添磚加瓦，永遠也建不成。銷售不是一下子就能成功的，卻要一心一意去追求。心急不能要，但必須積極！

就算很多同事都轉行了，一些同事裹足不前了，你也要保持積極的心態，比別人樂觀一點，比別人自信一點，勇往直前，永不言棄。

就像比武打擂臺一樣，學藝不精或者準備不足者，匆匆上陣找個人就想練練，很可能被打得滿地找牙！銷售人員沒有熟練的業務知識和成熟的心態，不但不能說服客戶，還會讓客戶的「冷言熱語」打垮你的自信。所以，成功需要積極再積極 —— 但不能太心急！

古書《事林廣記》中有下面這樣一個故事。

秦朝時，某書生喜收集古董，一心的想成為一個大收藏家，所以，不管價錢高低，只要自己看中的東西一律設法買進。

一日，有人攜一竹席對他說:「此為孔聖人洙泗講學所坐之竹席。」於是，書生以良田百畝，買下。

又一日，有人拿來一根拐杖，說：「此為周文王祖太王避難時所拄，比孔子坐席更有收藏價值。」於是，書生俱出家財，買下。

某日，又一人拿來一個木碗，說：「此為夏桀吃飯所用之碗，比太王拐杖更值錢，你不買太可惜了。」於是，書生把房子賣掉了，買下。

最後，書生才發現自己什麼都沒有了，只剩下手裡的三件「寶貝」。居無定所的「大收藏家」只好披著孔聖人的坐席，拄著太王拐杖，手持夏桀的木碗，到處行乞……

這個書生就是一個心急的人，毫不考慮自己的財力，只求盡快達到目標。這樣的人看似積極，效果卻很「消極」。

正所謂，心急吃不了熱豆腐。做一個行銷人員，對專業知識了解不足，最忌向客戶盲目推銷。感受不深刻，往往忽略了產品的優勢，顯得肉麻無趣，再者，客戶隨意問問，就可能讓你感到困窘！如果連你自己都對產品的功能一知半解，自己的心態都不正確，哪個傻瓜客戶願意聽你在那邊「大概、可能、也許」的推薦？

上面我們說的是銷售之前的積極備戰。那麼，在和客戶的交談時是不是也要注意「心急」的問題呢？

在向客戶推薦產品的過程中，當客戶出現「排斥」情緒時，你不要急著去問他「買，還是不買」，也不能頻頻向客戶施加壓力，這樣做的結果通常適得其反。如果你太心急，給客戶的壓力太大，客戶都會以產品太貴或自己沒這方面考慮等原因加以推辭。

銷售人員要學會以積極的心態和不急不躁的情緒控制整個交易過程，成功的機率自然會大很多！

第十一章

顧客的性格決定銷售策略

商場如戰場，行銷就是要真正征服顧客，必須做到知己知彼，才能百戰不殆，除了解顧客目的之外，更要把握顧客的性格。投其所好，這對企業來說至關重要。為了更直接的說明顧客的不同性格，我們提供了一些現實購買現象供讀者參考。

一個行銷員搞行銷時間長了就會發現他所面對的顧客是屬於不同類型的，這種類型的劃分雖說不是一成不變，但也有相對的穩定性。不同類型的顧客對行銷員的態度，對行銷活動的反應是迥然不同的。一個行銷員只有事先掌握這種情況，才能面對各種類型的顧客做到臨陣不亂、沉著應戰，才能使行銷活動得以順利進行。常見的顧客的性格類型有以下 18 種：

自以為是型的顧客分析

這類顧客，總是認為自己比行銷人員懂得多，也總是在自己所知道的範圍內，毫無保留的訴說。當你進行商品說明時，他也喜歡打斷你的話，說：「這些我早知道了。」

他不但喜歡誇大自己，而且表現欲極強，可是他心裡也明白，僅憑自己粗淺的知識，是絕對不及一個受過訓練的行銷員的，他有時會自找臺階下，說：「嗯，你說得沒錯。」

因此，面對這種顧客，你不妨布個小小的陷阱，在商品說明之後，告訴他：「我不想打擾你了，你可以自行考慮，不妨與我聯絡。」

在進行商品說明時，千萬別說得太詳細，稍作保留，讓他產生困惑，然後告訴他：「我想你對這件商品的優點已有了解，你需要多少呢？」

猶豫不決型的顧客分析

這類顧客外表平和，態度從容，比較容易接近。但長期交往，便可發現他言談舉止十分遲鈍，有不善於決定的個性與傾向。購買活動需要經濟付出，則更難以下決心了。這類顧客可能性格就是優柔寡斷。往往注意力不集中，不善於思考問題。因此，行銷人員首先要有自信，並把自信傳達給對方，同時鼓勵對方多思考問題，並盡可能的使談話圍繞行銷核心與重點，而不要設定太多、太複雜的問題。

斤斤計較型的顧客分析

善於討價還價的顧客，貪小也不失大，用種種理由和手段拖延交易達成，以觀察行銷人員的反應。如果行銷人員經驗不足，極易中其圈套，因怕失去得來不易的成交機會而主動降低交易條件，血本無歸。事實上，這類顧客愛還價是本性所致，並非對商品或服務有實質的異議，他在考驗行銷人員對交易條件的堅定性。這時要創造一種緊張氣氛，比如現貨不多、不久漲價、已有人上門訂購等，然後再強調商品或服務的實惠，逼誘雙管齊下，使其無法錙銖計較，爽快成交。

喜歡抱怨型的顧客分析

這類顧客愛數落、抱怨別人的不是：一見行銷人員上門，就不分青紅皂白的無理攻擊。將以往積怨發洩到陌生的行銷人員身上，其中很多都是不實之詞。從表面看。顧客好像是在無理取鬧，但肯定是有原因的，至少從顧客的角度看這種發洩是合理的。行銷人員應查明這種怨恨的緣由，然後緩解這種怨恨。讓顧客得到充分的理解和同情，平息怨氣之後的顧客也許從此會對行銷人員有了認同感。

好奇心強烈型顧客分析

事實上，這類顧客對購買根本不存有抗拒心理，不過，他想了解商品的特性及其他一切有關的情報。

只要時間允許，他很願意聽行銷人員介紹商品。他的態度認真、有禮，同時會在商品說明進行中積極的提出問題。

他會是個好買主，不過必須看商品是否合他的心意。這是一種屬於衝動購買的典型，只要你能引發他的購買動機，便很容易成交。

你必須主動而熱忱的為他解說商品性質，使他樂於接受。而同時，你還可以告訴他，目前正在打折中，所有的商品都以特價出售，這樣一來，他會高高興興的付款購買商品。

思想保守型的顧客分析

思想保守、固執。不易受外界的干擾或他人的勸導而改變消費行為或態度。表現為習慣與熟悉的行銷人員往來，長期惠顧於一種品牌和商品。對於現狀，常持滿意態度，即使有不滿，也能容忍，不輕易顯露人前。行銷人員必須尋求其對現狀不滿的地方和原因，然後仔細分析自己的行銷建議中的實惠和價值，請顧客嘗試接受新的交易對象和產品。

精明理智型的顧客分析

由其理智支配、控制其購買行為。不會輕信廣告宣傳和行銷人員的一面

之詞，而是根據自己的學識和經驗對商品進行分析和比較再做出購買決定。因此行銷人員很難用感情打動來達到目的，必須從熟知商品或服務的特徵入手，多方比較、分析、論證，使商品和服務為顧客帶來的好處得到令人信服的說明。

內向含蓄型的顧客分析

這類顧客很神經質，很怕與行銷人員有所接觸，一旦接觸，則喜歡東張西望，不專注於同一方向。

這類顧客在交談時，便顯得困惑不已，坐立不安，心中老嘀咕著：他會不會問一些尷尬的事呢？

另一方面，他深知自己極易被說服，因此總是很怕在行銷人員面前出現。

對於這種顧客，你必須謹慎而穩重，細心的觀察他，坦率的稱讚他的優點，與他建立值得信賴的友誼。

滔滔不絕型的顧客分析

這類顧客在行銷過程中願意發表意見，往往一開口便滔滔不絕，口若懸河，離題甚遠。如行銷人員附和顧客，就容易使對話淪為家常閒聊，雖耗盡心思也難得結果。對待這類顧客，行銷人員首先要有耐心，給顧客一定時間，由其發洩，否則會引起不快。然後，巧妙引導話題，轉入行銷。而且，要善於傾聽顧客的談話內容，或許能發現行銷良機。

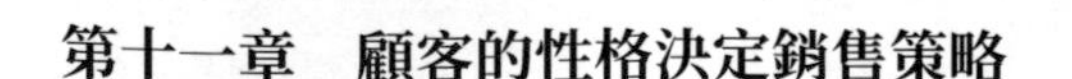

大吹大擂型的顧客分析

這類顧客喜歡在他人面前誇耀自己的財富，但並不代表他真的有錢，實際上他可能很拮据。雖然他也知道有錢並不是什麼了不起的事，他惟有誇耀來增強自己的信心。

對這種顧客，在他炫耀自己的財富時，你必須恭維他，表示想跟他交朋友。在接近或成交階段，你可以這麼問他：「你可以先付訂金，餘款改天再付！」這種說法，一方面可以顧全他的面子，另一方面也可讓他有週轉的時間。

第十二章

化解顧客拒絕的心理戰術

客戶拒絕你該怎麼辦

做業務，面對客戶拒絕可謂是家常便飯，但是客戶拒絕了我們該怎麼辦？是一個值得令人思考的問題。有很多銷售人員遭到客戶拒絕之後心灰意冷，或者生搬硬套客戶拒絕的處理技巧，最終的結果也總是不盡人意的。其實遭到客戶拒絕最重要的還是心態調整，只有擺正心態，才能積極處理。

心態調整第一法：將每一次客戶拒絕看成是還「債」的機會

我們每個人在這個世界上都有雙重角色，買家和賣家。當你在做業務工作的時候，你是賣家，那你當然容易遭受一些拒絕。同樣，當你是買家的時候，那你也會拒絕別人。

當你拒絕別人向您兜售保險的時候，你其實是給了別人一個受難的機會。從佛家的因果報應的角度上說，你是欠了別人的一次「人情債」，那麼當你被別人拒絕的時候，其實也是別人給了你一個受難的機會，相當於你還了一次「人情債」。如果你這樣想的話，就不會對每次的拒絕那麼耿耿於懷。

同樣，這個道理也告訴我們，對所有向你推銷產品或服務的人，不要一棒子打死，不給別人留一點情面。有句老話說的好，給別人面子，也是給自己一個面子。

心態調整第二法：對於「客戶拒絕」不要信以為真

通常有些客戶對並不了解的東西，最習慣的反應就是拒絕，拒絕對他來說就是一種習慣；還有些客戶的拒絕，往往是需要進一步了解你的產品的正常反應，雖然這對你來說好象是苦難，但對一部分客戶來說，的確是被人攻破心理防線的「偽裝抵抗」。所以，你不要太相信這類客戶的話，只需要懷抱著堅定的信心繼續走下去就可以了。

通常我碰到這樣的回答，先停頓一下，不急於爭辯，心裡默唸：「不要在意，繼續前進」。然後微笑的對客戶說：「哦，真是這樣嗎？」「看來您真的是這方面的行家，不知道有沒有機會向您學習呢？」

心態調整第三法：現在客戶拒絕你，並不代表永遠拒絕你

在每次銷售之前，你的心態不能著急，不能想著一口氣吃成個大胖子，需要一步步走，每一步做好了，成交的結果就自然而來了。從準備、開場、挖掘需求、推薦說明一直到成交，這每一步中都存在著拒絕。但這些拒絕不代表一直都會存在，只要你保持樂觀的心態，準確掌握客戶的需求，適當的解釋清楚，那這些障礙就是暫時的。

往往很多銷售在推進流程時犯的毛病是，每一步都向客戶發出非常強烈的成交訊號，也就是火候未到，就開始起鍋上菜，那口味能好吃嗎？請記住：銷售的每一步的結果不是成交，而是順利的推進到下一步。如果你這樣想，你的拒絕就不會那麼多了。

心態調整第四法：機率決定論

做業務，尤其是做電話銷售，真是個數字的機率遊戲。也就是說，不論你多麼的努力，肯定會有至少30%的客戶不會和你成交，也肯定會有10%的客戶會很快和你成交。剩下的客戶就是你要應用正確的方法來爭取的客戶。

所以，銷售業績做得好的人首先要保證的是工作量。保證工作量的目的是為了抓住肯定能成交的10%的客戶；其次，就是盡快的篩選掉不合格或根本不可能與你成交的客戶（沒預算，暫時沒需求，沒決策權）；最後就是你要應用靈活的策略與技巧來應對不斷給你拒絕的60%的客戶了。

心態調整第五法：正向能量的調整

現在有本書很熱門，叫做《祕密》。不知道大家都看過沒有，其實講得就是吸引力的法則。他認為主宰這個世界的不是其他，而是能量。我們每天與人的交流，其本質都是能量的交流。當你的心態積極，非常渴望擁有的時候，吸引力會幫助你吸引到對你有利，或你想要的東西。當你心態消極，害怕失去的時候，吸引力同樣會幫助你吸引對你不利，或導致你失去你擁有的東西。

所以富人越富，他們總是渴望擁有更多的，而不是只想著保護自己已有的；窮人越窮，他們總是考慮的是如何保全自己已有的，而不是渴望擁有更多的；不知道你有沒有這樣的類似經驗。如果有一天你想打電話給客戶，但你在打電話之前，總是想著這個客戶可能不會買你的產品，會拒絕你。結果你打電話過去，客戶真的沒有買你的。

我已經遇到這樣的事情無數次了。當我意識到自己出現消極狀態的時候，先讓自己停下來。做腹式呼吸調節自己疲憊的狀態。和周圍的人開開玩笑，重新調整一下自己的話術與思路。在打下一個電話之前，一定要想著積極的情境。最怕就是你又想積極的成交情形，又害怕客戶的拒絕。如果你是這樣的心態，那說明你還沒有調整好，要繼續調整。直到你變成完全正向的能量為止。

提前識別哪些顧客愛說「不」

有人說，做業務是最好的鍛鍊意志方法，因為做業務的人經常會被客戶拒絕甚至會掃地出門。被拒絕時，業務員一定要擦亮眼睛，善於察言觀色，洞察客戶的心理活動。透過觀察了解客戶為什麼說「不」，客戶拒絕情況有很

多種，一定要細心揣摩。

(一) 不需要說「不」

需求是創造出來的。客戶因不需要而拒絕時，有可能是因為他沒有意識到自身需求。作為銷售的首要任務就是讓客戶認知到這種需求，並把這種需求強化，而不是拿沒有需求的觀點來說服自己。當然，客戶不購買的一個重要原因可能是他們真正不需要產品。所以業務員一定要憑藉敏銳的觀察力或透過提出問題讓客戶回答，了解客戶的需求之所在，以便真正滿足他的需求。

(二) 沒有錢（或錢不夠）說「不」

一般來講金錢的多少將直接影響客戶的購買能力，所以碰到自稱沒錢的客戶。理論上講還是有希望的。解決的辦法主要是摸清他真實的想法：是真的沒錢，目前沒錢，還是對產品品質有顧慮？多站在客戶的角度想想。才能多促成一筆生意的成功。

(三) 沒時間說「不」

這是最常見的也是最無可奈何的一種拒絕方法，令銷售人員產生無比的挫折感。三天兩頭聯絡，一句沒有時間就把銷售人員打入冷宮。有些銷售人員會在這時候選擇放棄，認為客戶無誠意。但反過來想想，已經付出這麼多，為何就不多堅持一下。顯然，敢這樣說話的客戶是有一定決定權的人，若一開始就被他的氣勢壓倒，未來將始終會有難以擺脫的心理障礙。應對這樣的客戶時，就應該單刀直入，直奔主題而去。如果能在開始幾分鐘引起他的興趣，就還有希望。當然如果客戶正在忙，接聽電話也不大方便的話，就沒有必要浪費時間，明智的選擇是留下資料和聯絡方式，另約時間再談。

(四) 反覆考慮說「不」

已經把資料和樣品給客戶看過，展示了。眼看馬上就成交了，但到最後客戶依然會說再考慮考慮時。銷售人員一定要跟緊客戶，以免快到手的機會又拱手讓人了。在這時，業務員尤其要注意的是不要出於禮貌說：「那你再考慮考慮吧。」一定要約好和客戶下次見面的具體時間。否則最後「考慮」結果一般是幾天後得到的答覆是「不好意思。我們已經選擇別家產品了」。

(五) 嫌貴說「不」

相關資料統計過，國外只有5%的客戶在選擇產品時僅僅考慮價格，而有95%的客戶是把產品品質擺在首位的。通常，消費習慣隨著生活水準的提高，人們對產品品質也越來越看重了。所以從這個角度來看。嫌產品貴肯定只是表面現象。自古就有「一分錢一分貨」之說，客戶之所以這麼講，肯定是認為產品不值這個價錢，這個評估僅僅是他心理的評估。如果客戶不能充分認知到產品帶來的價值。他當然有理由認為產品根本不值這個價錢，永遠嫌貴那是很自然的事情了，所以銷售人員一定要在產品的價值上下工夫，讓客戶對產品的價值有全面了解。

(六) 防衛型說「不」

有這樣一個調查問題：「在進行銷售訪問時，你是怎樣被拒絕的？」根據調查結果，可以得出以下結論。

客戶沒有明確的拒絕理由占70.9%。這說明有七成的客戶只是想隨便找個藉口搪塞業務員。這種拒絕的本質是拒絕「銷售」這一行為，我們把它稱為防衛型拒絕，如果能夠很好利用這70.9%的客戶資源，必將會帶來可觀的收入。

（七）不信任型說「不」

不信任型拒絕不是拒絕銷售行為的本身，而是拒絕銷售行為的人——業務員。人們通常認為，銷售的關鍵取決於產品的優劣。這雖然有一定道理，但不能一概而論。有時即使是好的產品，在不同的銷售人員身上產生的業績卻大不相同，原因是什麼呢？大量證據顯示，在其他因素相同的情況下，客戶更願意從他們所信任的銷售人員那裡購買。因此，要想成為一個成功的銷售人員必須在如何獲得客戶的尊重和信任上多動腦筋。

（八）無幫助型說「不」

在客戶尚未認知到商品的方便和好處之前，銷售人員如果試圖去達成交易，那幾乎是不可能的。在很多情況下，客戶是由於沒有足夠理由說「是」才說「不」的。在這種情況下，客戶缺少的是誠心實意的幫助。銷售人員應該幫助客戶認知到產品的價值，發現自身最大利益，好讓他有充分理由放心購買。

（九）不急需型說「不」

這是客戶利用拖延購買而進行的一種拒絕。一般情況下，當客戶提出推遲購買時間時，顯示他是有購買意願的，但這種意願還不是很強烈，尚未達到促使他立即採取購買行動的程度。對付這種拒絕的最好辦法是讓客戶意識到立即購買帶來的利益和延誤購買將會造成的損失。

上面我們看到的這些似乎僅是正當的理由，而實際上只是一些藉口而已。一定不能把藉口當作真正的拒絕理由，也不要非常直接的告訴客戶。說他是在尋找藉口或者不願意做出明確的回答。在這種情況下，想獲得這家客戶的訂貨，就要硬著頭皮擠進去。

談不下去時，我們不妨運用迂迴戰術，閒聊一番，聊到雙方都眉開眼笑

時。機會也就來了。

業務員如何將拒絕封殺在搖籃中

業務員要時刻記住拒絕是購買的前兆，一般來說業務員所遇到的拒絕，可分為三類：

（一）理性的拒絕

「因為……所以不買（不能買）。」

以某種程度的理由婉轉拒絕，顧客自己出於理性的判斷，而將其理由告訴我們。

（二）情緒化的拒絕

社會上有不少人一看到業務員就火冒三丈。這種顧客的拒絕大都是情緒化的表現，現由更是荒唐。有些太太早晨剛跟先生吵架，一肚子悶氣正好全往倒楣的業務員身上發洩了。

（三）純粹是藉口的拒絕

對業務員最婉轉的拒絕方式，也是最客套的藉口：

「目前沒有錢。」

「已經有了。」

「先跟先生商量再說。」

這是最常見的拒絕藉口，可以稱之為公式化的客套藉口。

其實，拒絕本身只不過是純粹的口實而已，業務員與客人接洽，要力求比顧客搶先一步，自己絕不能暴露點滴的弱點，面對顧客的拒絕，不能有慌張、失望或頹喪的表情出現。如果不能以強勢壓過對方的態度，便永遠無法

突破對方拒絕的防線。

事實上，所有的顧客本身都是想購買商品的，雖然他們心中希望，但由於某種無法突破的壁壘，所以使用「拒絕」的方式來求助業務員的一臂之力。這壁壘或許只有一個、或許有幾個，而業務員的任務就是給予對方勇氣，鼓勵顧客提起勇氣去購買。

當然，這不是說「無視」顧客的拒絕，拒絕是求助的訊號，也是購買的前兆，只要業務員及時的伸出援助之手搭救就對了，我們的援助就是適宜的說話技巧，有人稱之為「擊退拒絕的談話術」，或「處置拒絕的說話術」，其實這是大錯特錯的，對顧客的拒絕，我們只須給予「增加勇氣的對話」，如此，所謂的拒絕，藉口便可煙消雲散，就能順利的談妥生意了。

接近顧客和善於說服的具體作法有：

(一) 推銷人員是「不速之客」，應該主動接近顧客，使自己從不請自來，而變為受歡迎的人。特別初次接近顧客是決定成敗的關鍵。因此應注意選擇適當時機，按受歡迎的程度開始話題，對顧客要有適度的稱呼等。

(二) 爭取顧客的好感，一般可採用兩種方式：

1. 服務式：提供資料、介紹產品、供顧客購買決策參考。
2. 交流式：結合顧客需求和產品特徵，提出技術方面或經濟方面的問題進行討論。
3. 打破僵局、應付拒絕。業務員要有思想準備，認知到推銷就是從拒絕開始的。同時，說服對方態度要從容，切忌扭捏害羞，應權威性的推銷產品，說明特性，使對方打消疑問，激起興趣，促使其形成購買決心。

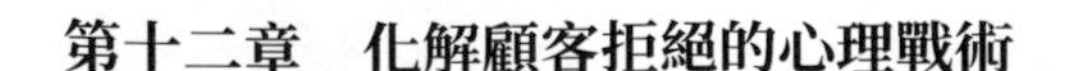

清除銷售前被拒絕的懷疑和猜測

沒有人喜歡被拒絕，因為拒絕會讓人痛苦、難過，但現實中又無法避免拒絕，尤其是銷售人員，對銷售人員來說，被拒絕是家常便飯。遭到拒絕後，經常會產生一些心理障礙，影響日常的工作。因此，我們有必要破解被拒絕的心理。以便更好的做好銷售工作。要想成為一流的銷售人員，必須克服達成交易時的各種心理障礙。常見的心理障礙有以下幾種：

(一) 客戶拒絕該怎麼辦？

這樣的銷售人員往往對客戶了解還不夠，或者選擇交易的時機還不成熟。其實，即使真的提出交易的要求而被拒絕，銷售人員也要以一份坦然的心態來勇敢面對眼前被拒絕的現實。做業務成敗是很正常的，有成功就有失敗。銷售人員要學會坦然面對。

(二) 我會不會欺騙客戶？

這是一種常見的錯位心理，錯誤的把銷售人員放在客戶一邊。應把著眼點放在公司的利益上。不要僅以銷售的眼光與價值觀來評判產品，而且要從客戶的角度衡量銷售的產品。

(三) 主動的提出交易是不是在乞討？

這也是一種錯位的心理。銷售人員要正確的看待自己與客戶之間的關係。銷售人員向客戶銷售產品，獲取金錢；但客戶從銷售人員那裡獲得了產品與售後服務，能為客戶帶來許多實實在在的利益，雙方完全是互利互惠的友好合作關係。主動提出交易，只是給客戶提供一個機會，而不是乞討。

(四) 如果被拒絕，主管會小看我嗎？

有的銷售人員因害怕提出交易會遭受客戶的拒絕。從而失去主管的重視。但是應該明白，拖延不提出交易雖然不會遭到拒絕，但也永遠得不到訂單。那就永遠做不成合格的銷售人員。

(五) 客戶會喜歡同行的其他產品嗎？

這種心理同樣也反映了銷售人員對產品缺乏自信。也往往容易為銷售失敗找到很好的藉口：即使交易最終沒有達成，那也是產品本身的錯，而不是自己銷售工作的失誤。這樣的心理實際上恰好反映出銷售人員不負責任的工作態度。

(六) 我們的產品有問題嗎？

這是一種複雜的心理障礙，混合了幾個方面的因素。其中包括對自己產品缺乏信心，面對交易時的錯位與害怕被拒絕的心理。銷售人員應該明白，客戶之所以決定達成交易。是因為客戶已經對產品有相當了解，認為產品符合需求，客戶也許本來就沒有期望產品會十全十美。達成交易是與客戶進行銷售的最後一步，也是非常重要的一步。銷售人員如果缺乏達成交易的技巧，交易很容易以失敗告終。在恰當時候主動的提出交易是一個很重要的技巧。

如果銷售人員能真誠、主動的提出交易，成交率將大大增加。銷售人員之所以不能真誠、主動提出交易，往往是因為存在著比較嚴重的心理障礙。有的害怕被拒絕，自己會產生受挫的感覺；有的擔心自己主動提出交易，會給人以乞討的印象；還有的甚至覺得同行其他產品更適合客戶等。

成功的關鍵在於一種積極的心態。每個人都有鞭策自己的神祕力量。在大多數人裹足不前時，積極心態的人總選擇勇往直前，不退縮。這種人最適

合做業務，因為這種人具有高度的樂觀，堅定的信念，自發向前的上進心。他們會很容易克服可能遭受的多次白眼或無情拒絕，因此他們的業績總是領先，令人欽羡。

鑽研積極心態，幫助成千上萬的銷售人員獲得更高成就的天才榮威，在一本著作中討論到應付拒絕的篇章時指出：「人們是拒絕銷售人員提供的產品或服務，不是拒絕銷售人員。」

這意味著我們越是肯定自己，具有頑強的信念，將自己看成是一位有價值的創造者，讓客戶覺得物超所值，幫助他們在情感上獲得更大的滿足感，越能成為專業成功的銷售人員，同時銷售人員越對產品信心十足，越會在內心產生一股龐大力量，快速增強積極心態，更加重視自己，重視對方。要坦然、勇敢的面對拒絕，這是銷售成功的金鑰匙。

不論客戶拒絕率有多少，總有人生意興隆，有人慘淡經營，生意是靠爭取的，畢竟天上掉餡餅的事發生機率實在太小。擁有積極心態的銷售商常能建立無限自信與堅韌意志，唯有以自信、意志去面對客戶拒絕，以專業化的策略、恰當的口才，才能得到大額訂單、優厚獎金以及幸福生活。

銷售人員應該自始至終保持高度的自信，不論客戶用什麼言詞拒絕或反駁，都要對自己說：我一定能讓他心服口服，一定可以滿載而歸。如果能把處理反對意見稱為是一種樂事、一種自我挑戰，以平心靜氣的心態去接納它們，定會產生意想不到的神奇效果。追求成功心態，可以使銷售人員的處理方法與講話技巧威力加倍。一定要注意培養！

做業務的朋友請牢記：「銷售是從被拒絕開始的」，只有被拒絕過才會激發人的更大鬥志與熱情。才會更加深刻體會到銷售的意義與快樂。才會更加深刻體會成功的喜悅、幸福的滋味。

感動客戶，不買使他感到內心難安

給別人一些好處，然後等著別人回報自己，這樣的方式未免顯得太過直接，運用到銷售之中，也有些太過勢利，如果能夠在不顯山不露水的情況下，使對方受到這種心理效應的影響，才是最巧妙的形式，並能夠讓人輕易的接受，而不表示反感。

一般來說，我們認為互惠互利就是人家給了我們一些好處，我們也要回報對方一些好處，這是「以進促進」；互惠互利還有一種形式，也就是「以退為進」，當別人對你做出了一些讓步時，你也應該對他做出一些讓步。在實踐中，這種退讓形式，比那種直截了當的方法更能達到預期的效果。

一個賣花的小女孩，攔住了一位年輕人，說：「大哥哥，買一束玫瑰送給你的女朋友吧！一束十枝，只賣 100 元。」年輕人說自己還沒有女朋友，不需要玫瑰。說完打算走，小女孩趕緊攔住說：「大哥哥這麼帥，肯定有女孩子喜歡的，要不就買一枝吧！才 10 塊錢！」年輕人覺得不好意思，笑著說：「買一枝我也不知道送給誰，妳還是賣給別人吧！」這時，小女孩還是不肯罷休，說：「大哥哥，既然你不想買玫瑰，那就買塊巧克力吧！一塊 5 塊錢！很實惠的啊！」年輕人沒有辦法，只好掏錢了。

在這個例子中，年輕人在小女孩的退讓下，由原來的拒絕漸漸的變成了接受和順從，為什麼會發生這樣的變化呢？這是因為小女孩的一再退讓對年輕人造成了一定的壓力，對方已經做出了讓步，作為回報，自己也應該有所讓步，而不能拒絕到底。因此，年輕人也做出了讓步，最終購買了兩塊自己並不喜歡吃的巧克力。

這種在交易以及談判中的妥協，靠的就是人們互惠的心理效應。因此，我們可以將它作為一種有效實現順從的技巧使用。如果你想要別人答應你的

某種請求，則可以先提一個比較大的、難以做到、對方有可能拒絕的請求，然後在對方拒絕之後，再把你真正的請求提出來，這樣就相當於你向對方做出了讓步，而對方則有義務也對你做出相應的讓步，因此，在互惠原則的影響下，你的請求是很容易被對方接受和應允的。如果沒有之前的退讓，而直接提出來，則遭受拒絕的可能性是非常大的。

這也是互惠原則的一種表現，我們可以稱其為「拒絕—退讓」策略，相對來說，這種方法更加隱蔽，更加讓人無法拒絕。

向人妥協，不一定會使你處於劣勢，有時候，這反而是一種「以退為進」的有效方式，你的主動退讓和犧牲，往往會讓對方也同樣做出退讓，以回報你所做出的犧牲。

這種方法在銷售談判中是最常使用的，當你沒有東西饋贈給對方或者你的過分要求沒有得到應允時，主動讓步更容易實現銷售的目的。因為，當你做出讓步之後，就會對對方造成一定的壓力，似乎告訴對方：我已經不再堅持我的要求，已經對你做出了讓步，難道你就不能也做些讓步嗎？結果當然是對方也做出一定的犧牲，促成了交易。這樣，在相互妥協之中，先主動做出退讓的一方則會占據一定的優勢，迫使對方退而求其次，答應你的要求。

某家電公司派兩名業務員去上門推銷一種價格昂貴的洗衣機，結果甲業務員失敗而歸，一臺也沒有賣出去，而乙業務員一下子推銷賣出 10 臺洗衣機。為什麼會出現這麼大的差距呢？

原來，甲業務員只是賣力推銷自己的洗衣機，絕大多數客戶因為價格昂貴而拒絕。但是乙業務員先是向客戶介紹另外幾種價格更加昂貴的洗衣機，客戶拒絕之後，他才說出自己真正要推銷的洗衣機，說：「既然你覺得那一款太過昂貴，我們還有一款洗衣機在功能上很先進，但是價格上卻便宜了很多，您是否考慮一下？」客戶覺得對方已經做出了讓步，自己再也不好拒

絕，只好同意購買其產品了。

這種先大後小、先難後易的推銷方式，確實能夠發揮意想不到的效果。在現實生活中，這樣的策略也經常被使用，特別是在談判的時候，一方常常會先提出近乎極端的要求，然後在這個要求的基礎上，逐步進行退讓，最終迫使對方也做出讓步，從而實現自身的目的。一般來說，起點越高，這個過程越有效，因為可以讓步的空間比較大。但是在實際操作中，卻不是這樣的，如果起點要求太極端、太過分，反而會產生相反的效果。因為這樣的話，提出極端要求的一方往往會讓對方覺得沒有誠意，即使做出讓步也是沒有誠意的讓步，這樣就無法給對方造成壓力，也不會達到迫使對方妥協的效果。因此，如果要使用這些策略，一定要根據具體情況把握好分寸，使其對客戶的影響力達到最佳。

當你沒有東西饋贈給對方或者你的過分要求沒有得到應允時，主動讓步也能夠對對方造成壓力，既然你已經退而求其次，那麼對方也就不好意思再堅持自己的觀點，因而也會做出相應的退讓。

封鎖退路，讓客戶無法拒絕你的要求

其實在互惠原理的作用下，很多時候回報與付出之間是不對等的，甚至是不公平的。當人家給了我們某種好處，我們就應該給予一定的回報，而不能不聞不問，無動於衷。而到底應該給予什麼樣的回報，其操作的靈活性是很大的。很多時候，因為別人的恩惠對我們造成的負債感，使得我們情願用更大的好處來償還。「滴水之恩，當湧泉相報」。在這樣心理的作用下，在交往或者交易中，就會導致不對等、不公平狀況的出現。

有一個人一次開車出去，但是車子卻在半路上拋錨了，正當他一籌莫展的時候，一個年輕人路過這裡，幫忙把車發動了起來，那人對年輕人表示感

謝，年輕人說不客氣，說著就要離開，這時，那人對著年輕人說：「謝謝你的幫助，如果以後你需要我幫什麼忙，儘管開口就是了，我一定盡力而為。」並把電話和地址留給了這個年輕人

時間過去很久，那個已經忘記了自己的許諾，但是有一天，年輕人突然打電話來，說要借自己的車用一下，那人其實從心裡面並不願意借給他，畢竟大家都是陌生人，並沒有什麼深交，如果他不小心把自己的新車子弄壞怎麼辦？但是，年輕人畢竟曾經幫過自己，心裡總覺得欠了一個人情，於是面對年輕人的請求，那人無法拒絕應允下來，算是償還上次的那個人情，然而，當年輕人把車子送回來給他的時候，車子已經是千瘡百孔了，那人最終後悔不已。

故事中的人為什麼不能拒絕一個陌生人的要求呢？其實就是心中的負債感在作祟。總覺得欠人家的，需要給予一定的回報。而當對方終於提出什麼要求之後，即使內心不情願，但是在互惠原則的影響下，還是會「就範」。

如果業務員能夠巧妙的應用這一心理效應，則可以幫助自己在銷售中征服客戶，順利簽單。因為，沒有人願意總是被一種負債感所壓迫而渾身不快，人們往往寧願遭受一些物質上的損失，也不願意背負心理上的的重擔。

在銷售中，如果能夠巧妙的運用互惠原則，使客戶產生負債感，便能夠在回報意圖的作用下，有效的促使客戶接受你所推銷的產品，並從交易中獲得更大的利益。

既然小恩小惠往往能夠換來大的回報，那麼人們就會擔心自己一旦接受饋贈或者別人的恩惠以後，會替自己帶來其他的損失。鑑於這樣的考慮，很多時候，人們會選擇拒絕別人的禮物和幫助。

在銷售中，客戶有時也會拒絕銷售人員主動提供的一些服務和幫助。面對這樣的情況，銷售人員可以選擇繼續堅持下去，就像追求女孩子送鮮花

一樣，送一次、兩次不難，但是能夠堅持半年，甚至一年卻很難，只要你堅持，終有一天女孩會為你傾倒。同樣，只要你堅持竭誠的為客戶服務，讓其感受到你的真誠，終有一次客戶會對你拜服的。還有一種方法，就是在饋贈或者實施恩惠的時候，先將對方的疑慮說出來，聲明自己不是這個目的，並安慰其不要有這個負擔，這樣做其實也是給對方的一種恩惠，反而會對其心理帶來更大的負擔，從而極力的想回報你，這樣就可以幫助你順利實現銷售，甚至以很小的付出換來極大的收益。

當然，在施恩於客戶時，要真誠友善，以服務客戶為目的，而不是以此來騙取客戶的信任，從中謀取不正當的利益。

客戶真的不需要，還是醉翁之意不在酒

皮爾龐特·摩根勳爵被譽為「歷史上最精明的商人之一」。他曾經說過：「人們辦事，一般可以解釋為兩個目的，一個是為了聽起來好聽，另一個才是表達真實想法。」所以銷售人員一定要認真分析客戶的心理活動，記得一句簡單得不能再簡單的日常用語：「除……之外」。千萬不要小看了這句話，它的價值遠遠比想像中要大得多。

好幾年前，曉華一直把一家地毯廠當成商業保險的目標。地毯廠由 3 個人合股創辦，其中一個人較其他兩個年輕人要保守和固執得多，還有耳聾毛病。曉華每次向他推銷保險時，他總說聽力不好，對曉華的話表示聽不懂。後來曉華得知這個老人去世了，他馬上想到銷售保險的機會來了。

過了幾天，曉華打電話和廠長預約，這件事曉華曾和他談過。曉華在約定的時間來到廠長辦公室，但曉華見到廠長時，他臉上只是一片冷漠。

曉華坐下來之後，他說：「我想你是為了那筆商業保險生意而來的。」

曉華輕輕點點頭。

他馬上斬釘截鐵的說：「對不起，我不買保險。」

「能告訴我原因嗎？」

他說：「工廠不景氣，負債累累，光每年的保險支出達十幾萬元。」

「是的。」

「為了擺脫逆境，我們決定慎用每一分錢，直到獲利為止。」

曉華迅速的思索幾秒鐘，問：「一定還有其他原因，我不相信您不買保險僅僅是因為支付不起那些錢。」

「的確還有其它原因。」他露出微笑。

「您能告訴我嗎？」

「我有兩個兒子，剛剛大學畢業，現在都在廠裡工作，和普通工人一樣每天從早晨 9 點忙到下午 5 點，他們很喜歡這份工作。我不想把過多的利潤讓給保險公司，否則一旦我去世，兩個兒子就有面臨危機的可能。」

表面上，廠長的第一個原因似乎合情合理，實際上第二個才是真正的原因，了解這個情況後，就為進一步銷售保險提供了機會。曉華決定為他制定一份保險方案，給予他兩個兒子極大利益。結果對方對這份方案表現出濃厚興趣。

據相關統計，大概 60%客戶拒絕的理由並不是拒絕銷售的真正理由，只有 38%的客戶說出不買的真正理由。也許有人會詢問曉華是如何知道真正原因的？廠長的第一個理由符合邏輯和情理，完全可以相信他。但考慮到以往銷售記錄所反映出的現象，曉華猜想一定還會有其他原因。

銷售中，有些客戶為了掩蓋拒絕的真實原因，經常會用一些虛假訊息做託詞。常常有一些客戶做如下說辭：

「讓我考慮考慮再說吧！」「我要稍微考慮一下，兩三天之後你再打電話吧」等等。

在這種情況下，新的業務員往往暗自竊喜，認為生意已基本上大功告成，至少有70%～80%的把握。幾天後再去聯絡時，銷售人員卻聽到客戶說「不買了」或「對不起，經過一番考慮，我不想要了」，使銷售人員驚訝不已。

出現這種情況大多數是因為銷售人員經驗不足，把客戶的客套話當成購買意向，這就大錯特錯了。俗話說：「打鐵趁熱」。做業務也是同樣道理。如果客戶說「讓我考慮一下」，則表示有拒絕購買的意思，也許是在交談中無意間說出來的，在此反對意見剛萌生時，銷售人員就應該對症下藥，把客戶的顧慮徹底打消，否則時間一長，談判就會處於被動了。

有時客戶不是真的不需要，而是銷售人員的做法不到位。所以了解客戶不購買的真正意圖是決定下一步銷售計畫的關鍵，它將直接決定銷售人員該採取哪種應對措施。

就是要將產品賣給那些說「不」的客戶

在戰場上兩種人是必敗無疑的。一種是天真的樂觀主義者，他們滿懷殺敵熱情，奔赴戰場，全然不知敵人的底細，結果不是深陷敵人的圈套，便是慘遭敵人的明槍暗箭;還有一種膽小如鼠的懦夫，一聽到槍炮聲便落荒而逃，一看見敵人便閉上眼睛，畏縮不前甚至後退，一旦被敵人發現便是死路一條，這是戰場上的規律。在戰場上要想獲勝，就必須勇敢、堅強，不能前怕狼後怕虎，否則只有死路一條。商場如戰場，想成功，就應該從如何接受拒絕開始，從處理說「不」的客戶做起。

(一) 反問法

當客戶反對意見不明確時，銷售人員可以運用反問法加以澄清，確認問

題的內容，再進行訴求。這個方法可以讓銷售人員對客戶的見解看法了解得更具體、更詳盡、更真實。運用反問法在客戶答覆銷售人員的問題後，主控權已由銷售人員掌握了，此時抓緊時間，趕快把問題引導到銷售訴求上來。

（二）不抵抗法

銷售人員應該學會運用不抵抗法，不抵抗法就是不要像吵架一樣的和客戶爭論，除非是必須據理力爭來證明客戶是錯誤的。即使是爭論也不要讓客戶感到「很卑賤」或有羞辱感，更不要激怒對方，尤其不要在銷售人員業務範圍以外的問題上激怒對方。銷售人員在語言運用上也要注意。多順從客戶意思。可以這樣說：「您說的確實是一個不錯的主意。」讓客戶覺得你的想法能夠得到別人的認同，產生一種自豪和優越感。

（三）傾聽法

與客戶談判獲得成功很重要的一點是學會傾聽，多讓別人說話。這在異議處理時相當管用，敞開心靈，專注傾聽，甚至鼓勵客戶把真實的想法都表達出來。利用傾聽技巧，銷售人員可以不留痕跡的引導對方積極的採納自己的意見。接納自己的觀點，臉部應表現出尊敬、驚喜、欣賞等真誠表情，讓客戶感到很受尊重。這種傾聽法很快會變成銷售魅力的一部分。只要能夠熟練掌握傾聽技巧，銷售人員將在處理反對意見中更加得心應手。

（四）冷處理法

銷售人員不需要深究客戶的每一個拒絕，因為很多拒絕可能只是藉口。未必是真正的反對意見。藉口有時會隨著洽談的進行而逐漸消失。如果反駁這些藉口，反而能激發客戶辯護的熱情，這樣一來，藉口可能會越來越大，變成真正的反對意見，最後到難以收拾的地步，也使談話的中心偏離正確軌

道。如果輕描淡寫，藉口反而會變得軟弱無力。

銷售人員應善於辨別客戶的異議和託詞。異議是客戶在參與銷售活動過程中有針對性的提出反對意見，而託詞只是搪塞銷售人員的一種辦法、藉口。對於託詞，要麼不去理睬，要麼試圖找出真正的動機，方便對症下藥。

(五) 轉化法

看待客戶的拒絕應該一分為二，不能僅把拒絕看成是交易的障礙。其實拒絕也會為達成交易帶來機會。一般情況下，銷售人員把客戶不購買的理由轉化為應該購買理由的可能性是存在的。例如，客戶的反對意見是：「我們人口少，那麼大的冰箱對我們來說是一種浪費。」而銷售人員答道：「您提出的問題確實有一定道理。但正是因為人口少，才更應該買大一點的冰箱，人口少的家庭逢年過節會有許多吃不了的食物，容易造成食物的白白浪費，還不如買臺大點的冰箱，雖然一次性花錢多些，但和減少浪費相比，還是很划算的。」銷售人員巧妙的應用轉化法的說服方式。把不買的理由轉化成不得不買的理由，既沒有迴避客戶的拒絕，又沒有直接正面去反駁客戶，因而有利於形成洽談氣氛，較容易說服客戶，做成生意。

(六) 補償法

任何一種產品不可能在價格、品質、功能等諸多方面都比其競爭對手的產品有絕對的優勢。客戶對產品提出的反對意見，有時有正確的一面。如果銷售人員一味強調產品的優越性，可能容易造成客戶的反感；如果用能引起客戶滿足的因素予以強調，以此削弱引起不滿因素的影響，往往能排除客戶的異議。

（七）比較法。

當客戶對產品功能、效果提出反對意見時，銷售人員可以運用簡單的優缺點比較表來進行比較給他看。盡量寫上全部的優點，並列下客戶提出的缺點。只要優點勝過缺點，經常就能很快說服客戶買下它。

（八）證據法。

人們對事情的看法。首先是相信自己的判斷，而最不輕易相信銷售人員。客戶總是傾向認為業務員是「老王賣瓜，自賣自誇」。因此，對付客戶的反對意見，運用強有力的證據比運用空洞的說服更有效。權威機關對產品提供的證明文件，其他客戶使用後寄來的感謝信，不同品牌之間的比較材料如優質獎狀、名牌產品等，都是說服客戶的有力證據。充分運用這些證據會讓客戶感到銷售人員是可依賴的，同時也才能掌握洽談的主動權，使洽談按自己的意圖進行下去。

（九）承認法

本法又稱先是後非法。對客戶的問題輕描淡寫的同意，以維護其自尊，再根據事實狀況進行有利的訴求，這種方法被運用得相當多。

只要與客戶說上幾句話，就能很準確的對他做出評價。銷售人員要很好的研究對方。直至引起對方的興趣，改變對方的想法，消除他對任何銷售者、特別是對銷售人員的天生的偏見。在這種情況下，相遇的兩種人之間有一種天生的屏障，要打破這種屏障，在相當程度上取決於銷售人員、銷售人員的談話、業務員展示的人性。要展示自己最好的、有吸引力的、受歡迎的、崇高的一面，無論銷售人員能不能逐步的引導客戶，都要把他的抵制變成漠不關心，把漠不關心變成興趣，再把興趣變成期望擁有銷售的商品。成交已經是水到渠成，關鍵看銷售人員怎麼出招了。

第十三章

銷售中必須掌握的攻心術

銷售不可不知的攻心開場話術

如何才能透過短短幾句話成功吸引顧客的注意力，可以參照以下幾種常用的表達方式：

(一) 提及顧客可能最關心的問題

例如：

「聽您的朋友提起，您現在最頭痛的是產品的廢品率很高，透過調整了生產流水線，這個問題還是沒有從根本上得到改善……」

(二) 談談雙方都熟悉的第三方

例如：

「是您的朋友王先生介紹我與您聯絡的，說您近期想添置幾臺電腦……」

(三) 讚美對方

例如：

「他們都說您是這方面的專家，所以也想和您交流一下……」當然讚美的話語要合乎實際情況，過分的誇獎會讓顧客產生反感。

(四) 提提顧客的競爭對手

例如：

「我們剛剛和某某公司有過合作，他們認為……」

當顧客聽到競爭對手時，往往會變得很敏感，因而也就會把注意力集中到你要講的內容上。

（五）引起對方對某件事情的共鳴（原則上是顧客也認同這一觀點）

例如：

「很多人都認為當面拜訪顧客是一種最有效的銷售方式，不知道您是怎麼看的……」這樣能夠引起對方的共鳴，會有助於推銷工作的順利進行。

（六）用數據來引起顧客的興趣和注意力

例如：

「透過增加這個設備，可以使貴公司的生產效率得到50%的提升……」

（七）有時效的話語

例如：

「我覺得這個優惠活動能為您節省很多通話費，截止日期為12月31日，所以我覺得應該讓您知道這種情況……」

這種時間的限制往往會讓顧客產生緊迫而稀有的心理。

上面這幾種開場時常用的表達方式，可以交叉使用，而且要根據當時的實際情況做出合適的選擇。當然，我們在與顧客交談的時候，一定要以積極開朗的語氣去對顧客進行表達與問候。

銷售一定要學會一套流利開場白

要想有效的吸引顧客的注意力，在面對面的推銷訪問中，說好第一句話是十分重要的。開場白的好壞，幾乎可以決定一次推銷工作的成敗。換言之，好的開場白就是推銷成功的一半。

下面是一個業務員的顧客拜訪開場白：

業務員小林如約來到顧客的辦公室，開口道：「陳總，您好！看您這麼忙還抽出寶貴的時間來接待我，真是非常感謝啊！」（感謝顧客。）

「陳總，你的辦公室裝修得這麼簡潔卻很有品味，可以想像到您應該是個做事很幹練的人！」（讚美顧客。）

「這是我的名片，請您多多指教！」（第一次見面，以交換名片自我介紹。）

「陳總以前接觸過我們公司嗎？」（停頓片刻，讓顧客回想或回答，為顧客留時間。）

「我們公司是國內最大的為顧客提供辦公空間方案服務的公司。我們了解到現在的企業不僅關注提升市場占有率和利潤空間，同時也關注如何節省管理成本。考慮到您作為企業的負責人，肯定很關心如何最合理的配置您的辦公設備，並節省成本。所以，今天我來與您簡單交流一下，看有沒有我們能夠幫上忙的地方。」（介紹此次來的目的，突出顧客的利益。）

「貴公司目前正在使用哪個品牌的辦公設備啊？」（問題結束，讓顧客開口。）

陳總也面帶微笑非常詳細的和該業務員談起來。

從這個例子可以看出，開場白要達到的最主要目的就是要吸引對方的注意力，引起顧客的興趣，使顧客樂於與我們繼續交談下去。同時，如何找出顧客最關注的的價值點，也是開場白的關鍵部分。上述案例中的業務員小林，就透過得體的開場白吸引了顧客，有了這個漂亮的開始，也就等於邁出了成功銷售的第一步。

具體說來，業務員應當針對不同顧客的具體情況、身分、人格特徵及條件，有針對性、有技巧、有禮貌的進行頗富創意的開場白。

在開場白的掌握上，應當注意以下幾個要素：

1. 提前準備好相關的題材和一些幽默有趣的話題。
2. 注意避免一些敏感性、容易引起爭辯的話題，例如宗教信仰的不同、政治立場的差別、觀念的差異等。另外，還要避免說那些缺乏風度的話，不要去窺探顧客的隱私，不說有損自己品德的話及誇大吹牛的話，在面對女性顧客時，就更要注意話語的得體與禮貌。
3. 得理要饒人，有理也要心平氣和的去說服別人。
4. 一定要多稱讚顧客及與其有關的一切事物。比如，你可以以詢問的方式開始，「您知道目前最熱門、最時尚的暢銷商品是什麼嗎？」盡量從肯定顧客的地位及社會貢獻開始雙方之間的交談。
5. 以格言、諺語或眾所周知的廣告詞作為開場白。
6. 以謙稱和請教的方式開始。
7. 以開源節流為話題，可以告訴顧客若購買本項產品將節省的成本，可賺取的高利潤，並告訴他「我是專程來告訴您如何賺錢及節省成本的方法的」。
8. 可以用與某一單位共同舉辦市場調查的方式開始。
9. 可以用他人介紹而前來拜訪的方式開始。
10. 可以舉名人、有影響力的人的實際購買例子，以及使用後效果很好的例子為開始。
11. 運用贈品、小禮物、紀念品、招待券等方式開始。
12. 以動之以情、誘之以利的生動展示的方式開始。
13. 以提供新構想、新商品知識的方式開始。
14. 以具震撼力的話語，吸引顧客有興趣繼續聽下去，比如「這部機器一年內可讓您多賺 1,000 萬元」這樣的話語開始。

總之一句話，萬事開頭難，做業務員更是如此。但是，作為一個專業業

務員是絕不能因此而放棄努力的，而應該做好充分的準備，提前設計好一個有創意的開場白。

巧妙的對客戶進行反覆的心理暗示

相信很多人都聽說過心理暗示方面的話題，那麼怎樣將它具體應用到銷售中呢？利用心理暗示進行說服究竟又有什麼樣的魔力呢？在解釋這一切之前。我們不妨先做一個小實驗。

下面是一組排比句，無論其內容是否真實，請把內容朗誦完畢。

（一）　XXX 是最棒的送禮產品。

（二）　XXX 真的很棒。

（三）　大家都說 XXX 很棒。

（四）　巷子口的攤販都說 XXX 很棒。

（五）　昨天有位小姐跟我說 XXX 很棒。

（六）　聽說報紙今天有報導說 XXX 很棒。

（七）　昨天電視新聞好像講到 XXX 很棒。

（八）　你聽說過 XXX 是一種很棒的產品嗎？

怎麼樣，現在你相信 XXX 是很棒的產品了嗎？如果還不相信也沒關係，生產廠商可以繼續用 800 種方法來告訴你「XXX 最棒了」。

如果你還不相信，他們可以重複800次，直到你相信為止。「今年過節，送禮就送 XXX。」電視上、報紙上鋪天蓋地的廣告就是一個明證。

這種方式，實際上就是說服在銷售中的一種應用。

透過不斷的說明、宣傳，用盡各種表達方式與不同角度。透過不同的媒體與消息來源，只為讓消費者真正相信這件事情。

謊言重複千遍就是真理，不斷重複是最直接的一種說服技巧。

曾參是古代一位君子，學問好，人品也好，以孝順名聞天下。

有一天，曾參出門辦事，他的母親正在家織布，忽然有個人跑來對她說：「曾參殺人了！」曾參的母親很相信兒子，於是搖頭笑道：「不可能的，曾參不會殺人的。」

過了一下子，又有一個人跑來對曾母說：「不好了。曾參殺人了！」

曾母心裡一驚，不過嘴上還是說：「不可能的，曾參是不會殺人的。」

話雖如此，可連續兩個人這樣說，讓她已經開始有些懷疑。雖然她還是寧願相信曾參，但是她已經沒有心思織布，開始焦急等待曾參回家。

沒多久又有人進來了，這次是曾參家的鄰居。她很著急的對曾母說：「曾參真的殺人了！已經被官府抓起來，據說現在正在審理，妳快點想辦法看該怎麼辦吧。」

曾母這才真的相信曾參殺人了，由於怕受連累，正準備爬牆逃走。這時候曾參突然回來，把曾母嚇了一跳，她非常驚訝的問：「孩子，你不是因為殺人被抓起來了嗎？怎麼現在又回來了呢？難道你殺的是壞人所以不用償命嗎？」

曾參聽了，哈哈大笑說：「我怎麼會殺人呢？只是那個凶手剛好和我同名同姓罷了。」

你看，錯誤的訊息被說三次就會成為事實，更何況把「送禮就送 XXX」重複 800 次，是不是可以成為真理，這也就是所謂的「眾口鑠金，積毀銷骨」。

而在具體的銷售過程中，業務員可以利用心理暗示，提高消費者從眾心理的表達度，從而說服他們做出最終購買決定。

用讚美來挽回那些即將離去的顧客

林肯總統曾在一封信的開頭說：「每個人都喜歡別人恭維自己。」心理學專家也曾說：「在人類天性中，最深層的本性就是渴望得到別人的重視。」需要注意的是，在這裡並沒有說「願望」、「欲望」或「希望」，而是用了帶有強烈感情色彩的「渴望」。

這種「渴望」是一種令人痛苦而且迫切需要解決的人類的情感，但是在現實中，能真正滿足這種人們內心需求的業務員可謂鳳毛麟角，而退一步說，如果業務員能夠滿足顧客的這種心理需求，就能夠準確的掌握住顧客，也會使自己的推銷工作進行得得心應手。

這種讚美在推銷中究竟能夠發揮多大的作用，從以下的實例中可見一斑：

漢斯先生所在的公司曾經和紐約的一個建築承包商簽訂了一項合約，負責為對方提供一種裝飾用的銅器，並被要求在指定的日期內交貨。剛開始，雙方合作得非常順利，但在合約履行期將要結束的時候，顧客那邊卻突然說不再接受這家公司的貨物了，並且也沒有給出一個合理的解釋。

在電話溝通無效的情況下，漢斯先生被派往了紐約，去拜訪顧客。

「你知道你的姓名在布魯克林區是獨一無二的嗎？」當漢斯先生走進顧客經理的辦公室時，他這樣問道。

這位經理感到很驚異：「不，我不知道。」

「哦，」漢斯先生說，「今天早晨下了火車後，我在查看電話簿找你的住址時，發現在整個布魯克林區，只有你一個人叫這個名字。」

「我一直都不知道。」這位經理說，並開始很有興趣的查看電話簿。

「啊，那可不是普通的姓名，」他邊查邊自豪的說，「我的家庭原來在荷蘭，大約在 200 年前遷到紐約來的。」

這位經理接著又談開了他的家庭情況，說了很長時間。

當他說完了，漢斯先生也大致摸清了他的脾氣，於是開始恭維他有那麼大的一個公司，並且比他曾參觀過的幾家同樣的公司更好，而且規模更大。

「這是我所見過的最清潔的一家公司。」漢斯先生說。

「這是值得我用一生的心血來經營的一項事業。」這位經理說，「對此我也感到很自豪。你願意參觀一下我的公司嗎？」

在參觀的時候，漢斯先生又藉機讚揚了他的組織與管理系統，並給出了自己的合理解釋，告訴他為什麼他的公司看來比他的幾家競爭者要好，以及好在哪裡。

最後，那位經理堅持要請漢斯先生吃午餐。

需要注意的是，截止到目前，漢斯先生對自己的訪問目的還隻字未提呢。

午餐完畢以後，這位經理說道，「現在，我們談正事吧。自然，我也早就知道你是為什麼而來的。但是，我沒有想到我們的聚會是如此愉快。你可以向你們公司轉達我的許諾，也許其他的訂單我不得不延遲，但是你們的貨物我將保證按期接收。」

就這樣，漢斯先生甚至沒有說出自己的來意，就出色的完成了他的任務。試想一下，如果漢斯先生採用平常人在這種情形下所用的爭執吵鬧的方法，能獲得這樣的結果嗎？而且，在這種情況下和顧客進行爭吵也是合乎常理的，因為畢竟是顧客那邊首先違了約。但是漢斯先生不僅沒有和顧客爭吵，反而去讚美顧客，最終也為公司挽回了損失。我們不得不佩服他在和顧客溝通中的高明之處。

所以說，讚美是增進情感交流的催化劑，如果業務員能找到顧客值得讚美的地方，並真誠的表達出來的話，就會立即拉近和顧客之間的距離，讓顧客接受你，有時甚至能夠挽回那些行將失去的顧客。

向顧客介紹產品一定得有方法技巧

業務員在做業務的過程中，最關鍵的就是把產品推銷出去。如何去介紹自己的產品，才能讓顧客對產品感興趣呢？這是需要一定的方法和技巧的：

（一）了解你的顧客

在見到顧客之前，一定要先把顧客的相關情況了解清楚。比如顧客所在的行業、顧客的愛好、顧客的功績、顧客的家庭情況、顧客的習慣等。這樣在與顧客進行談判時才能做到遊刃有餘，才能根據顧客的情況有的放矢的去介紹產品，並且能夠製造出很多可供交談的話題，不至於造成尷尬的場面。

（二）吸引對方的注意

向顧客介紹產品時，首先要吸引對方的注意，使他對你的產品產生強烈的興趣，這樣你才有機會來展示你的產品，整個銷售拜訪過程才能順利進行。

比如可以向顧客提出這樣的問題：

「你希不希望你的營業額在未來的一個季度中提升 30%至 50%？」

「你知道一年內只花幾塊錢就可以防止失竊、火災和水災的方法嗎？」

在向顧客介紹產品時，你必須要考慮這些問題：

我怎麼才能引起顧客的注意？

我怎麼才能說明產品的賣點？

我怎麼才能讓顧客產生購買的欲望？

只有顧客對你的產品真正產生了強烈的興趣，他才會了解下去，而不僅

僅是關注價格，如果顧客不斷對你提價格上的問題，只能表示你還沒有讓他明白產品的核心價值所在。

(三) 強調產品的賣點與 CP 值

當顧客了解了你的產品，價格必然是下一步所要關注的問題。此時，業務員不應該大力強調價格，說自己的產品是如何的便宜，而不注重強調產品的賣點與 CP 值。

產品可能是有很多賣點的，有的顧客喜歡名牌，有的顧客喜歡實惠，有的喜歡方便，有的喜歡好玩，在對自己產品的定位上，要注意強調產品的 CP 值，只有這樣，才能突出產品的特點。

(四) 進行產品示範

俗話說，「百聞不如一見」，在銷售過程中，多做示範是必要的。業務員向顧客介紹產品，一定要讓顧客能夠聽到，而且還能看到，甚至還能去親身體驗產品，這樣才能加深顧客對產品的印象，增加顧客對產品的興趣和信心。

在向顧客示範產品的過程中，業務員要邊做示範邊問顧客的感覺，根據顧客的要求，展示出產品的特點，讓顧客感覺到產品實實在在的品質。從而會使他們更容易的接受產品。

在拜訪顧客時，小的商品可以隨身攜帶，而大型的商品或抽象的商品是無法攜帶的，這就需要業務員攜帶產品說明書、模型、道具等，將產品的利益具體化、形象化、戲劇化，從而可以展現產品的魅力。

說服不了顧客，就相當顧客說服了你

湯姆·霍普金斯被譽為「世界上最偉大的推銷大師」，接受過他訓練的學生在全球超過一千萬人。

湯姆·霍普金斯在初踏入銷售界的前 6 個月屢遭敗績，於是潛心學習鑽研心理學、公關學、市場學等理論，結合現代觀念推銷技巧，終於大獲成功。他在美國房地產界三年內賺到了三千多萬美元，平均每天賣一幢房子，並成功參與了可口可樂、迪士尼、寶潔公司等傑出企業的推銷策畫。

湯姆·霍普金斯在接受一家報紙記者的採訪時，記者向他提出一個挑戰性的問題，要他當場展示一下如何把冰賣給因紐特人。

於是就有了下面這個膾炙人口的銷售故事：

湯姆：「您好！我叫湯姆·霍普金斯，在北極冰公司工作。我想向您介紹一下北極冰為您和您的家人帶來的許多益處。」

因紐特人：「這可真有趣。我聽到過很多關於你們公司的好產品，但冰在我們這裡可不稀罕，它用不著花錢，到處都是，我們甚至就住在冰上面。」

湯姆：「是的，先生。注重生活品質是很多人對我們公司感興趣的原因之一，看得出來您就是一個很注重生活品質的人。你我都明白價格與品質總是相連的，你能解釋一下為什麼目前使用的冰不花錢嗎？」

因紐特人：「很簡單，因為這裡遍地都是。」

湯姆：「您說得非常正確。你使用的冰就在周圍。日日夜夜，無人看管。是這樣嗎？」

因紐特人：「噢，是的。這種冰太多太多了。」

湯姆：「那麼，先生，現在冰上有我們，你和我，你看那邊還有正在冰上清除魚內臟的鄰居們，北極熊正在冰面上重重的踩踏。還有，你看見企鵝沿

水面留下的髒物嗎？請您想一想，設想一下好嗎？」

因紐特人：「我寧願不去想它。」

湯姆：「也許這就是為什麼這裡的冰不用花錢……能否說是經濟划算呢？」

因紐特人：「對不起，我突然感覺不大舒服。」

湯姆：「我明白。給您家人飲料中放入這種無人保護管理的冰塊，如果您想感覺舒服必須得先進行消毒，那您如何去消毒呢？」

因紐特人：「煮沸吧。我想。」

湯姆：「是的。先生。煮過以後您又能剩下什麼呢？」

因紐特人：「水。」

湯姆：「這樣您是在浪費自己的時間。說到時間。假如您願意在我這份協議上簽上您的名字，今天晚上您的家人就能享受到最愛喝的，既乾淨又衛生的北極冰塊飲料。噢。對了，我很想知道您的那些清除魚內臟的鄰居，您認為他們是否也樂意享受北極冰帶來的好處？」

推銷並不僅限於要把產品推銷給需要它的人，推銷的最高境界是向任何人推銷任何一樣產品。即說服你的每一個顧客購買任何一樣產品。

巧妙的語言誘導，讓顧客「改邪歸正」

在說服中運用一定的語言誘導是很重要的，但是，運用語言誘導時，必須強調話語的適當性，確保使用的語言能夠達到一定的說服效果。如果語言運用不恰當，有可能會帶來反效果。

在說服的過程中，應該正確的使用誘導語言，使說服獲得理想的效果。同時，語言誘導不可濫用，一定要恰到好處。

(一) 要有目的性的進行語言誘導

在進行語言暗示的時候，必須要有一個明確的目的，要有一個所要實現的目標作為指引，不能任意的去說服，而必須讓說服過程中所有的語言指向要完成的心願。

要想實現暗示的特有效果，必須讓設計的說服語言指向一個專有目的，不可沒有目的或是目的不夠單一的去進行說服活動。

(二) 你的語氣一定要帶有誘惑性

同樣的語言，在一流的業務員口中會帶給人強大的暗示和指引，而對普通人說來會顯得毫無價值，這就是在說話的過程中，使用了一定技巧的重要性。業務員的目的在於引導客戶進入說服中。並且可以毫無防備的接受業務員所施加給他的各種語言暗示，因此如何讓這些有價值的引導語言完全進入人的意識中，就需要一定專業經驗的累積。

如果在說服中依然使用和平常一樣的腔調，甚至依然採用命令式的語氣，可能會喪失客戶的信任和好感，語氣要輕柔，讓人感覺到像是一種來自遙遠的引導指令，讓人們可以在毫無防備的情形下自然接受這些指令。

(三) 誘導用詞要具有適當性

在誘導進入說服的過程中，要注意運用合適的時間詞，要讓這些代表時間的詞或短語可以引起人們的注意力，發揮較強的效果。如：「在決定擁有這件產品之前，你真想感受一下它的功效嗎？」這句話讓人將注意力引導在是否要感受產品功效，而且還假設他會試用這件產品。「在你完成這項計畫前，我想和你討論點東西。」這句話假設你將會完成這項計畫。這些合適的時間副詞會讓人產生不一樣的理解力，恰當運用帶有假設含義的語言。如：「你打算多快做這個決定？」暗示你一定會做出決定；「你準備什麼時候開始更進一

步合作？」暗示你已經處在合作狀態，同時還要繼續合作下去。

對那些帶有否定色彩的詞語，運用的時候也要根據實際情況酌情使用。如「在你沒有做好充分準備前，不要輕易購買」，其實暗示了你一定會購買，同時暗示一個人做好了充分的準備。這種恰如其分的暗示，會讓客戶對你更信任。

說服語言的運用不是簡單的把話說出來就算完事，需要有一定的技巧，使簡單的語言收到更加有效的影響。也許，我們在試圖說服客戶的時候，說了一大堆的好話都沒產生作用，而一句一針見血、抓住要害的簡單話語可能會收穫難以預想的效果，因為合適的話語可以帶來人們不一般的體驗，引起人們心靈上的共鳴。

總之，利用語言誘導對客戶進行暗示和說服，必須在實踐中融會貫通，靈活運用。只有掌握住分寸和尺度，才能實現你想要的效果。

提問，摸清楚顧客購買心態進展情況

在銷售中，只有懂得去巧妙的提出問題，才能夠在與顧客的溝通中很好的控制住局面。因為說服的藝術並不在於你來我往的各抒己見，而更多的是隱藏於一問一答的過程之中。提出相應的問題，可以誘使你的談話對象去仔細的思考，然後再說出他的意見與看法。

業務員不必太在意自己是否得理，所應該秉持的原則是與顧客共同尋求解決問題的答案。而透過提問，我們可以得到很多意想不到的收穫。

（一） 銷售高手刻意設計的問題可以使談話有轉換方向的機會，從而能夠找出顧客的興趣所在（包括他的希望或煩惱等等）。

（二） 用提問題的方式，業務員可以將顧客的注意力吸引到對自己有利的重要事項上來。

（三）　透過詢問，可以了解到顧客的反對意見，並可設法進行消除。

（四）　透過提問題，可以拉回已失去的談話動機或主題，比如，你可以透過以下方式對顧客進行詢問：「是，我懂了……（對顧客表示理解）……就是說，是否……」（話鋒一轉，向顧客提出一個關鍵性的問題，以便引導他進一步發表意見或疑問）「……你的問題是不是就在這裡？」（迫使顧客下結論，或者使他重新考慮）。

（五）　透過詢問使自己的想法變成顧客的想法，再進一步提出問題，從而使顧客轉變原來的立場，並同意自己的觀點。

（六）　業務員可以利用詢問（必要時）找回顧客失去的談話興致，激發他重歸對話的心情。

（七）　業務員巧妙發問，可以逐步引導顧客做購買的決定，甚至建立起真正的友誼。巧妙提問不僅可以得到好處，而且也是非常必要的，它是推銷的一種必不可少的手段。

總之，提問是推銷溝通中經常運用的語言表達方式，透過巧妙而適當的提問，可以摸清楚對方的需求，掌握對方的心理狀態，透視對方的動機和意向，啟發對方思考，鼓勵和引導對方講話，可以準確的表達自己的思想，傳遞訊息，說明感受、疑惑、顧慮、希望等，還可以在出現冷場或僵局時，運用提問打破溝通中的沉默，如「我們換個話題好嗎？」可見，提問是推進和促成交易的有效工具，它決定著談話、辯論或論證的方向。

顧客的異議有可能是多方面的，他並不能立即明白的說出他的疑問。這時業務員應正確的採用提問的方法，找到癥結所在，然後再「對症下藥」。

銷售人員提問顧客必須掌握的基本方式

(一) 主動式提問

主動式提問是指業務員透過自己的判斷將自己想要表達的主要意思說出來，一般情況下，對這些問題，顧客都會給予一個明確的答覆。

有一家洗髮精公司的業務員問：「現在的洗髮精不但要洗得乾淨，而且還要有一定的護髮功能才行，是吧？」

顧客回答：「是的。」

業務員：「為了能夠護髮養髮，就要合理的利用各種天然藥物的作用，從而在洗髮的同時做到護髮養髮，這種具有多種功能的洗髮精您願意用嗎？」

顧客：「願意。」

當然，業務員接著就可以問他想要知道的問題：「這種含有藥物的洗髮精帶有一種淡淡的藥物香味，你喜歡嗎？」

如果顧客說他不太喜歡，那麼「癥結」我們也就找到了。

(二) 反射性提問

也稱重複性提問，也就是以問話的形式重複顧客的語言或觀點。

例如：

「你是說你對我們所提供的服務不太滿意嗎？」

「你的意思是，由於機器出了問題，給你們造成了很大的損失，是嗎？」

「也就是說，先付 50%，另外 50%貨款要等驗貨後再付，對嗎？」

(三) 指向性提問

這種提問方式通常是以誰、什麼、何處、為什麼等為疑問詞，主要用來

向顧客了解一些基本事實和情況，為後面的說服工作尋找突破口。如：

「你們目前在哪裡購買零件？」

「誰在使用影印機？」

「你們的利潤制度是怎樣的？」

（四）細節性提問

這類提問的作用是為了促使顧客進一步表達觀點、說明情況。但與其他提問方式不同的是，細節性問題是直接向顧客提出請求，並請對方說明一些細節性問題。

例如：

「請你舉例說明你的想法可以嗎？」

「請告訴我更詳細的情況，好嗎？」

（五）損害性提問

這種類型的提問，其目的是要求顧客說出目前所使用的產品存在哪些問題，最後再根據對方的回答情況來說服顧客。

例如：

一位影印機業務員問潛在顧客：「聽說你們當前使用的這種影印機影印效果不太好，字跡常常模糊，是嗎？」

顯然，這類問題極具攻擊性，如果使用不當，很可能會引起顧客的反感。所以，在提出這類問題的時候，一定要注意用詞和語氣的委婉，並要充分考慮顧客的承受能力。

（六）結論性提問

這種提問是根據顧客的觀點或存在的問題，推導出相應的結論或指出問

題的後果，誘發出顧客對產品的需求。這類提問通常使用在評價性問題和損害性問題之後。

例如：

當顧客對問題進行肯定回答之後，影印機業務員便可以接著使用這種結論性的問題：「用這樣的影印機印製廣告宣傳資料，會不會影響宣傳效果？」

第十四章

對待顧客應採取因人而異

了解顧客心理，對症下藥

銷售活動是銷售人員與顧客雙方參與的活動，而顧客又是整個銷售活動的主體，因此對於銷售人員來說，顧客是自己的真正的「上帝」，是銷售人員的衣食父母。正是顧客的購買，才使你能夠從自己所從事的工作中獲取生活所需。所以，對於銷售人員，顧客永遠是你最貴重的資產。那麼如何才能發掘出這份資產，就需要銷售人員對顧客有具體的了解，特別是對顧客心理特徵的了解和掌握。這樣才會幫助你做好銷售的準備和應對，從而使你認準對象、選對策略，促進銷售的成功。

銷售是一個很複雜的過程，與此相對的，顧客的購買也是一個複雜的心理過程。顧客從對你的產品和服務有了初步的了解和認知，然後分析判斷，到準備購買，再到實行購買行動，整個過程中，顧客的心理活動是十分複雜的。作為銷售人員，必須要對顧客具體的心理表現和心理變化做到很好的認知和掌握，這樣才能有心理準備，能夠分清對象，有的放矢，果斷的採取對策，使銷售活動得以順利展開。

一般來說，顧客作為消費者，其在準備購買和實行購買的過程中，具有如下心理特徵。

(一) 多樣性

業務員所面對的顧客是形形色色的，而不同的顧客所表現出來的心理也是各不相同的，即使是購買同一款式的商品，或是享受同一類型的服務，由於顧客的年齡、性格、習慣、文化程度和競技水準等方面的差異，其表現出來的消費心理也是不同的，甚至兩個顧客的態度也會大相徑庭，或者截然相反。顧客的消費心理具有多樣性，主要由於顧客的心理需求層次高低有所差異造成的。例如，同樣是購買生活用品，有的顧客追求實用，既要物美又要

價廉；有的顧客注重品牌和等級，並不在乎價格的高低；有的顧客喜歡流行時尚，注重新穎的款式；有的顧客青睞古典，喜歡傳統的樣式和格調……總之，顧客的需求是各不相同的，所表現出來的購買心理也是多種多樣的。銷售人員應該注意到顧客心理的這些特徵，利用不同顧客的不同特點，迎合其具體需求，使自己的產品和服務能夠贏得顧客的注意和青睞。

(二) 複雜性

顧客購買商品，是其心理需求、審美判斷、思想觀念、生活習慣等各方面的因素綜合之後才得出的結果，因此在購買過程中，顧客可能擁有多種主導心理。而在多種主導心理之中，又以一種心理為主，具體以哪一種心理為主也是在不斷變化的，它會根據外界的情況而變換其主次關係，所以在銷售過程中，我們往往會遇到這樣的狀況，一位顧客本來已經決定購買你的商品，而且錢已經從口袋掏出，卻又突然決定不買了，因為他覺得剛剛自己看上去完美的商品突然間瑕疵百出，心情由喜歡變成討厭。可能是某種外界條件影響了顧客的主導心理，才導致這種情況的發生。

作為銷售人員，要善於判斷顧客在心理認知、評判觀念上的差異，抓住顧客的主要心理特徵，促使顧客的消費意願向好的方面轉化，促進顧客實施購買行動。

(三) 可變性

人的心理本來就是複雜多變的，而顧客的購買心理也是隨著各種外界因素的影響，隨時會發生變化的。當顧客要購買一件商品時，他可能會因為各種原因而不斷改變自己的選擇。影響其選擇的原因是多方面的，例如廣告的吸引、產品的獨特、自身的需求、愛好習慣、審美情趣等，這些因素都會引起顧客購買心理的變化。這些變化，有的是有規律可循的，而有的卻是難以捉摸的。

顧客心理的可變性，對於業務員來說，既是一個難題，也是一個很好的突破口，銷售人員可以利用這種心理特徵，為顧客創造積極的心理影響，使顧客順利的接受你的產品和服務。

了解了顧客主要的心理特點，可以使銷售人員有一定的心理準備，在面對突發狀況時，能夠有一個大體的思路，不至於慌亂而不知所措。

兒童的消費：因比較心理湊熱鬧

兒童雖沒有收入，但他或她的「錢袋」卻很大。如何為今天的兒童提供他們所喜愛的商品和服務，已成為商家最重要的行銷任務之一。拋開家長的決定因素不談，兒童的消費心理大致有以下幾點。

（一）　對商品外表比較感興趣。由於兒童缺乏對商品性能等方面的知識，所以他們看待某一個商品時，都是從商品的包裝來確定自己是否喜歡，所以大多數的兒童商品在包裝上是很下工夫的。

（二）　互相比較心理。在兒童中間，「比」的心理是最嚴重的，而且他們會把比較表現出來。

（三）　從眾心理。消費心理研究顯示：同伴的影響滲透到兒童消費行為的各個方面，如同伴的影響在 5 歲兒童挑選飲料和糖果的種類時是很明顯的，對 7 歲兒童選擇衣服和玩具也是顯而易見的，甚至在 9 歲兒童對汽車的欲望中這種影響也是很強烈的。

（四）　開始追求流行。這裡主要指的是 7 至 14 歲的青少年，在青少年期，由於對社會的接觸，參加集體活動等逐漸增多，他們的消費觀念的形成、消費決策的確定、消費愛好的選擇等不斷由受家庭影響逐漸轉向受團體、族群及同齡人的影響。

（五） 對品牌有一定認知。稍大一些的兒童在對商品的認知上，不再滿足於對具體的、個別的商品的了解，而開始認識商品的類型、產地、品質、商標。有的青少年受社會各種因素的影響，開始形成「認牌購買」的心理與行為。如有的中學生對運動鞋、運動衣或某一類文具等都有認牌購貨的行為。

年輕人的消費：時尚時髦為主題

年輕人的消費，受其內在的心理因素支配，與其他消費族群相比，具有鮮明的心理特徵。為更好的掌握年輕人消費的心理特徵，我們先後兩次進行了問卷調查。被調查者中，有大學教師、中學教師、銀行職員、工人、在校大學生等。調查問卷共 510 份，有效問卷 502 份，有效問卷率達 98.4%。

（一）追求新穎與時尚。

年輕人思維活躍，熱情奔放，富於幻想，容易接受新事物，喜歡獵奇，反映在消費心理和消費行為方面，表現為追求新穎與時尚，追求美的享受，喜歡代表潮流和富於時代精神的商品。當今社會已步入高科技時代，如何在嶄新的時代空間中發展自己，成為人們關注的焦點。年輕人率先做出反應。多數年輕人認為在高科技時代，「掌握電腦技術是當今時代必不可少的技術」。實際上，目前電腦消費市場的主體是年輕人。

同時，在消費市場上，年輕人常常是新產品的首批購買者和消費帶頭人。調查顯示，一種與自己的消費有關的新產品上市，有 44.82%的年輕人選擇「立即購買」，這一比例大大高於其他年齡層的消費族群。因此，一種新的消費趨勢，總與年輕人分不開，在他們的帶領下，逐漸影響到更多的消費者，從而使時尚消費進入高潮。

(二) 崇尚品牌與名牌。

年輕人的智力發達，有文化，有知識，接觸資訊廣，社交活動多，並且總希望在群體活動中展現自身的地位與價值。隨著自我意識的發展和機能的成熟，年輕人追求儀表美、個性美，表現自我、展示自我的欲望日益強烈。反映在消費心理與消費行為方面，年輕人特別注重商品的品牌與等級。在他們看來，名牌是信心的基石、高貴的象徵、地位的介紹信、成功的通行證，追求名牌要的就是這種感覺。因而，年輕人在購物時，雖然也要求產品性能好、價格要適中等，但對商品的品牌要求已越來越高。有 49.2%的年輕人認為「要買就買最好的，要買就買名牌」。

(三) 突出個性與自我。

年輕人處於少年不成熟階段向中年成熟階段的過渡時期，自我意識明顯增強。他們追求獨立自主，力圖在一舉一動中都能突出自我，表現出自己獨特的個性。這一心理特徵表現在消費心理和消費行為方面，則是年輕人消費傾向由不穩定性向穩定性過渡，對商品的品質要求提高，尤其要求商品有特色，品質好，有個性，而對那些一般化的、「老面孔」的商品不感興趣。如購買時裝，主要是因為時裝能展現自己的風格，因而時裝的款式成為年輕人是否購買的主要依據。最能展現年輕人精神風貌的休閒裝，也因其不拘一格，頗受年輕人的青睞。

(四) 注重情感與直覺。

年輕人的情感豐富、強烈，同時又是不穩定的。他們雖然已有較強的思維能力、決策能力，但由於想法感情、志趣愛好等還不太穩定，波動性大，易受客觀環境、社會資訊的影響，容易衝動。反映在消費心理和消費行為方面，年輕人的消費行為受情感和直覺的因素影響較大，他們較少綜合選擇商

品，而特別注重商品的外形、款式、顏色、牌子、商標，只要直覺告訴他們商品是好的，可以滿足其個人需求，就會產生積極的情感，迅速做出購買決策，實施購買行為。至於商品的內在品質到底好不好，價格是否偏高，是否會很快被陶汰，是否超出原有的購買計畫等問題，卻很少考慮。尤其是當理智因素與感情因素發生矛盾時，總是更注重感情因素。同樣，當直覺告訴他某一商品不好，也會產生一種否定的情感而拒絕購買。總之，年輕人購買活動中的情感色彩比較明顯，而且其作用強度也比較大。

贏得年輕人，就贏得未來，這在商戰中同樣適用。在市場競爭中，誰能抓住年輕消費族群，誰就占有更多的市場占比，就能在市場競爭中贏得優勢。年輕人消費行為中所表現出的鮮明的消費心理特徵，為工商企業有效的組織生產與推銷產品提供了重要依據。

1. 力主創新

隨著科學技術的迅速發展，人們生活水準的不斷提高，商品使用壽命相對縮短。在這種情況下，企業必須樹立創新意識，把創新作為市場上克敵致勝、吸引需求和挖掘潛在需求的有力武器，不斷滿足年輕消費者追求新穎與時尚的心理需求。

實踐顯示，符合時代潮流，代表現代最新技術，新穎適用的產品，最能激發年輕人的消費欲望。新產品的特性是「新」，「新」的本質是性能、品質等優越於舊產品。新產品的優越性越多越明顯，能滿足消費者的需求程度越高，也就越能激發年輕消費者的求新熱情，越能吸引年輕人購買，從而使他們成為新產品的追求者、嘗試者和推廣者。因此，企業要不斷運用新的科學技術、新工藝，開發設計新產品，並在產品的造型、結構、性能等方面有所創新。

2. 爭創名牌

通常而言，名牌產品能要求一個比較有優勢的價位，在相同價位上會比它的競爭對手賣得出、賣得多、賣得快。有些商店能以高出同類商品好多倍的價格出售，就是靠著名牌，而年輕人所追求的也正是這種效果。因此，一個企業能否在同行業中脫穎而出，吸引更多的消費者，必須培養名牌意識，創名牌產品。

隨著市場經濟的發展，傳統的賣方市場逐步向買方市場過渡，人們特別是年輕人的消費已由數量型逐步轉向品質型、品牌化，因而實施名牌策略，對企業的發展來說愈來愈重要。當然，在市場競爭中企業走名牌之路、創名牌之業、出名牌之效，並不是輕而易舉的事。隨著名牌消費意識的日趨成熟和市場名牌競爭意識的日趨加劇，名牌產品也要名副其實，才能在海內外市場站穩腳跟。有位企業家比喻「名牌不是不鏽鋼」，意思是說，市場上沒有永久的名牌。只有不斷創新，做好產品的升級換代，才能永保名牌的生命力，才能「以變應變」，滿足年輕人越來越高的消費需求。事實證明，對企業來說，不能為當初推出的產品暢銷一時而沾沾自喜，也不能因產品曾經名揚天下而孤芳自賞。沒有名牌創名牌，固然重要可貴，有了名牌更要緊緊跟上國際上最新的高、精、尖科學技術，不斷創新，才能在市場經濟的浪潮中更顯風流。

3. 突出個性

越來越多的事實顯示，在現代社會，年輕人的需求觀念已不再停留在僅僅獲得更多的物質產品方面。他們購買商品越來越多是出於對商品象徵意義的考慮，也就是說購買一種商品不僅是因為它有用，而且是為了顯示自我。在追求合理與實用的同時，他們更加注重個性的滿足、精神的愉悅、舒適及優越感，其消費需求日趨差異化、多樣化、個性化。年輕消費族群突出個

性、表現自我的消費心理特徵，對工商企業傳統的行銷觀念與策略提出了挑戰：必須把個性差異作為企業行銷策略的核心。具體的說，必須認真研究年輕消費族群的特有心理，了解他們的特殊需求，從中找到某種替代性的象徵物，然後透過別具特色的感性設計給產品附以某種氣氛、情趣、想像等，憑藉感性的力量去打動、誘發消費者，從而掌握市場的主動權。

目前，在商品市場頗為流行的客製消費，是年輕人消費個性化的突出表現，也是企業依據年輕人消費特點做出的反應。如果說最初的客製消費是年輕人擔心品質問題而自發形成的話，那麼現在客製消費在商品市場的流行，主要原因則是年輕人不願與眾人為伍，而重在滿足個性需求。如客製皮鞋，越來越多的人在選購皮鞋時不是去商店，而是到客製皮鞋的小店進行「自我設計」。這種皮鞋客製現象之所以魅力十足而成時尚，除品質方面更令人放心、價格低於市場價外，更重要的是，年輕人可以根據個人審美情趣對鞋的款式進行隨心所欲的「創作」。

4. 攻心為上

企業所面對的廣大消費者，是具有豐富情感的消費者，而對於年輕消費者來說，情感因素的作用表現得尤為突出。因此，企業為了要達到引導年輕人消費需求、把握市場主動權這一終極目的，必須把滿足年輕消費者的情感需求放在至關重要的位置。

古語云：「攻心為上。」這句話同樣適用於商戰。企業與消費者之間，實際上蘊含著一種人際感情的交流。感情是一種強大的力量，如果能透過感情傳遞、感情交流、感情培養，令年輕消費者產生心靈上的共鳴，那麼企業的產品、品牌就容易為年輕人所理解、喜愛和接受。因此，企業要善於發掘自身產品內在所包含的感情，並透過產品設計、包裝、廣告淋漓盡致的展示這些情感，在以質取勝的同時，更以情動人。所有行銷活動的對象都是消費者，消費者是人，而人是有感情的。產品雖然沒有感情，但可以設法給它附上有感情的色彩，讓它引起消費者的遐想和共鳴。他自己所在的塞浦勒斯公司便致力於創造各種富有人情味的鞋子，如「野性情感型」、「優雅情感型」等，這種別出心裁的銷售方式獲得了意想不到的銷售效果。

總之，年輕人是個既有購買能力又有極大潛力的消費族群，企業在充分了解年輕人的消費心理特徵的基礎上，採取與之相配的行銷策略，就能引導和滿足年輕人的健康情趣和合理需求，使企業的產品在競爭中立於不敗之地。

老年人的消費：健康實用最關鍵

隨著老年人口數量和比重的大幅度的提高，老年市場將成為眾多市場中一個極具魅力、潛力龐大的市場。掌握好老年人這一消費主力，是每個商家的必修課。一般來說，老年人的消費心理可以從他們的特殊需求看出。

健康需求：人到老年，常有恐老、怕病、懼死的心理，希望全社會對老年人的健康能有所保證。

工作需求：離退休、病休的老年人多數尚有工作能力和學習要求，驟然間離開工作職位難免會產生許多想法。對這樣的老年人如不給予工作和學習的機會，自己又不能創造這方面的條件，將會影響他們的身心健康。

依存需求：人到老年，會感到孤獨，希望得到社會的關心、單位的照顧、子女的孝順、朋友的往來、老伴的體貼，使他們感到老有所依、老有所養。

和睦需求：老年人都希望有和睦的家庭和融洽的環境，不管家庭經濟條件如何，只要年輕人尊敬、孝順老人，家庭和睦，鄰里關係融洽，互敬互愛，互幫互助，老年人就會感到溫暖和幸福。

安靜需求：老年人一般都喜歡安靜，怕吵怕亂。有時老年人就怕過星期

天，這一天兒孫都來了，亂嚷嚷的過一天，很多老年人受不了，他們把這天叫作「苦惱的星期天」。

支配需求：由於進入老年，社會經濟地位的變化，老年人的家庭地位、支配權都可能受到影響，這也可能造成老年人的苦惱。

尊敬需求：原有地位的老年人離開工作職位後會產生一種由官到民、由有權到無權的失落，或情緒低落，或有自卑感，就會產生「人走茶涼」、「官去命轉」的悲觀情緒。遇朋友嘆息，甚至不願出門，不願參加社會活動。長此下去，老年人會引起精神憂鬱和消沉，為疾病播下種子。

坦誠需求：老年人容易多疑、多憂、多慮、求穩怕亂、愛嘮叨。他們喜歡別人徵求他的意見，願出謀獻計。我們對老年人的這些心理特點要以誠相待，說話切忌轉彎抹角。

女性顧客消費：實用品牌品質最重要

曾有媒體在「女性消費」研討會上公布的一項網路調查顯示，女性在家庭消費中完全掌握支配權的占 51.6%，與家人協商的占 44.5%，女性不作主的僅為 3.9%。調查還顯示，女性個人消費在家庭支出中占一半的比例高達 53.8%，而且父母、子女、丈夫等家人的生活需求也大多由她們來安排。可見，女性顧客是消費者的主流，如果把握好這一大部分顧客，你的成交數額可想而知。

女性顧客的消費特徵如下：

（一）商品需求面較大

長期以來，性別分工合作的模式是「男主外、女主內」。女性們負責家庭的每月生計、日常生活問題。因此女性對生活方式的反應要比男性快。在時

間方面，也同樣可以看出女性較早的、有意識的使用時間。由於各種原因，使得女性擁有許多自由時間。所以，整個家庭所必需的商品（如柴、米、油、鹽等）、家庭成員所必需的商品（如食品、衣物、鞋帽、書籍、學習用品等），甚至訪親送友的禮品，都是她們所關心和要購買的。

另外，由於女性長期處於消費終端，所以女性的審美觀影響著社會消費潮流。自古以來，女性的審美觀就比男性更加敏銳。年輕女性的心境和感性支配著流行；女性不僅自己愛美，還注意戀人、丈夫、兒女和居家的形象。商品的流行大多是隨女性的審美觀的變化而變化的。

（二）購買前期要反覆考慮

女性在購物之前一般要比男性想得多、想得全。她們想的問題方方面面，包括商品的實用性、價格、品質、品牌、售後服務等。一般來說，女性顧客在購買某一商品前都要經歷以下過程：

1. 確定購物目標。女性顧客在購物前肯定會仔細考慮買什麼，買多少，買什麼樣的，都要經過一番構思定位，最後再確定目標。但有時女性顧客購物時比較感性，也許有些商品不是她們的購物目標，但由於業務員的推銷技巧或促銷活動的吸引，有時她們也會突然消費。
2. 徵求他人意見。女性顧客在做決定時大多會比較猶豫，如果她們想買什麼，要先向朋友、親戚徵求一下意見。
3. 制定大致預算。也許是由於女性天生的細心，她們在購物前都會考慮一下自己的財力，以決定買什麼價位的商品。所以在女性顧客購物時，一般不會發生錢沒帶夠等現象。
4. 考慮消費後的情況。女性顧客在購物前一般考慮得比較周到，她們

會想到把商品買回來後應該用作什麼，甚至會考慮如何攜帶如何擺放等問題。所以她們購物時會很強調實用性。

5. 大量諮詢資訊。購物時要「貨比三家」，這個購物原則在女性顧客身上會表現得淋漓盡致。她們在購買前會大量諮詢同類型產品的資訊，包括品質、功能、價格等。所以業務員在與女性顧客打交道時，會發現她們有時對專業知識也特別了解。

（三）購物時橫挑豎選

女性在購物時比男性敢逛、敢看、敢觸、敢試、敢聊、敢買、敢退，「橫挑鼻子豎挑眼，不達目的不罷休」是多數人的心態。女性顧客在購買過程中一般會歷經以下幾個過程：

1. 確定對象。在經歷過大量的資訊諮詢後，女性顧客一般會選擇一個購物對象進行購買。但不要認為她們就會認定你這一家，如果在接觸中她們發現另外一家更好，那肯定會馬上離去。
2. 產生衝動。經過業務員的介紹和自己的比較，女性顧客如果還沒離去的話，那就證明她們已經有意購買了。產生衝動的原因不外乎三種。
   A. 符合目標。經過考察和初步接觸，產品的品質、功能、價格等符合顧客的預定期望。
   B. 受人引導。在購買過程中業務員或同行人的勸說也有可能使顧客產生衝動。
   C. 促銷活動的吸引。也許商品不是顧客的目標，但優惠價格等活動使她們產生衝動。
3. 反覆挑選。衝動過後或同時，便進入了挑選商品階段。不符合使用

者需求的，即使購買者喜愛也不會成交。挑選商品，女性一般會比較仔細，她們對產品的方方面面都會關注到，「快點試」、「快點決定」，倒會引起女性的反感；說「沒關係，您慢慢看，慢慢試」，反而促使女性加快挑選的速度。

4. 確定商品。如果上述幾個過程進行得相當順利的話，這時顧客就會確定購買與否了，但有時女性顧客的決定會帶有諸多猶豫性，她們會顯得不太有自信，不知自己的決定是否正確。
5. 關注售後服務。一般的女性顧客都會十分關注售後服務，她們希望自己的消費能夠得到保障。

男性顧客消費：該買的買不該買的不買

在大部分組織裡，有決定權的大多是男性。相對女性顧客來說，男性顧客的消費心理要簡單一些。

男性顧客的消費心理：

（一）　消費金額相對較大。相對於女性顧客，男性顧客的購買能力要強一些。從社會角度講，在大多數組織裡，男性主管的數量明顯多於女性，所以在一些數額較大的消費上，一般是男性在做決定。從家庭角度講，一般家庭在大的開支上，決定權大多在男方。

（二）　消費理性化。對男性顧客影響最大的購物因素是自身的需求和產品的性能。所以，男性顧客消費時考慮得比較實際，購物心理趨向於理性化。所以男性顧客如果看到一件商品確實自己喜歡，而且確定需要購買的話，他們一般都會購買。

（三）　消費過程比較獨立。由於男性的自尊心比較強，所以他們一般不會受他人的影響。在他們消費中也是如此，男性顧客購物時，銷

售人員的意見對他們的影響不會很大，他們會依照自己的意願決定購買與否。

（四）　購買過程相對較快。男性顧客在購物過程中不太喜歡挑選，只需要稍加瀏覽，他們就會付款成交。

（五）　購買後一般不會後悔。男性顧客在消費後一般不會否定自己的選擇，所以要求退換貨的男性顧客相對較少。

不同職業顧客的消費心理各不相同分析

顧客的職業，影響顧客的消費結構以及購買產品的習慣。行銷人員在行銷過程中應該想到，隨著現代社會日趨複雜，人們的分工越來越細，職業對社會生活的影響日益加深，表現在商品選擇意向上，職業特徵直接影響人們對商品的偏愛與嗜好。按職業可對顧客進行如下分類：

（一）專家型顧客

心胸寬大，想法富於積極性，可以並且有意當場突然決定購買，也很清楚交易的實際情況。如果稱讚其事業很順利，就能引起他的購買欲。除了積極且熱情的介紹商品之外，也應該經常滿足他們自負的心理。

（二）企業家型顧客

心胸開闊、想法積極，因此，通常當場就能決定購買與否，而且他對交易的實際情形也瞭如指掌。你不妨稱讚他在事業上的成就，激起他的自負心理，然後，再熱誠的為他介紹商品，就比較容易達成交易了。

（三）經理人型顧客

這類顧客頭腦精明，面對行銷人員，態度有時會顯得傲慢而拒人於千里

之外，完全以當時的心情來決定對商品的分析及選擇，不喜歡承受外來壓力，只希望能按計畫做自己分內的事。雖然他表現出一種自信而專業的態度，但只要你能謙虛的進行商品說明，多半還是能成交的。

（四）公務員型顧客

這類顧客常常無法自己決斷，當行銷人員說明了商品的優點，也不隨便相信。因為提防的心理強，所以若是不積極進攻，他就不會購買。最初以稍微保守的介紹施加壓力，然後慢慢的逼近，若不多花時間及熱情，就不會成功，應該乘勝追擊，一氣呵成。

（五）工程師型顧客

一般是比較理性的，很少用感情來支配自己，對任何事都想追根究底，頭腦清晰，絕不可能衝動購買。因此，行銷人員實在很難去引起他的購買動機。此時，你唯有衷心赤誠的介紹商品的優點，同時尊重他的權力，才是有效的做法。

（六）醫師型顧客

他們是具有保守氣質的知識分子，他們只有在明白了商品的價值之後才會買。行銷人員應該對他們表現自己的專業知識。而且，行銷時必須注意保持他的面子。

（七）警官型顧客

疑心重，喜歡挑剔商品的說明。但是，若與行銷人員有了些共同的地方，即變得親密。以自己的職業為榮，有意誇耀。若彼此關係親密了，就變成行銷人員的好顧客。應該設法激起其自尊心，必須傾聽他們自誇的話，大

大的表示敬意。

（八）大學教授型顧客

保守，是典型的思考家，會慢慢的考慮事物。不會興奮，極端謹慎。關於商品，會提出其他人都不會想到的問題。若能激起其自尊心，即能圍困之。也不妨說些奉承他們才學博識之類的話，不妨採取有意向他學習似的態度。

（九）銀行職員型顧客

保守且疑心重，會思考而不會憑一時的衝動做事。他們會以權力者的態度，多方分析、選擇商品。喜歡有系統的事物，討厭壓力。對於他們，如果一面展示充滿自信的專家般的態度，一面展開保守一點的介紹，即能圍困他們。

（十）普通職員型顧客

這一類型的人，他們希望自己及家人都能平平安安的過日子，而且不輕易的相信他人及浪費無謂的金錢。他們希望能存著每一塊用他的汗水換來的金錢，只有了解了商品的真正好處，才會產生購買動機。

（十一）護士型顧客

對於自己的職業有自尊心，認為多賺錢的目的是為了追求更美好的生活。態度積極，對於任何商品都抱樂觀的看法。行銷人員只要抱著熱情的態度介紹商品，對方就會買。而且他們必須對護士這個職業表示敬意，與其依賴邏輯，不如訴求情感進行行銷。

（十二）商業設計師型顧客

有與普通人不同的觀點來注視商品的傾向。對於將來的看法，既樂觀又悲觀。在思考的過程中易動搖，以有點不透明的態度凝視社會。對於此種人，若強調商品所具有的優點即能圍困之。在說明商品的效用時，應該施加踏實而強烈的壓力。

（十三）教師型顧客

由於工作的關係，善於說話，想法保守，對於任何事情若不理解即不會投入。行銷人員應該對教師這種職業表示敬意，傾聽關於其得意門生的話。最好激起其自尊心，展開雖然積極但稍微謹慎的商品介紹。

（十四）退休工人型顧客

這種人對將來非常擔心，他只能以有限的收入來維持生活。因此對於購買，採取保守態度，決定及行動都相當緩慢。進行商品說明時，你必須恭敬而穩重。在剛開始時，如果你以刺激的情感追求交易，他一定不會購買，你應先引導他的購買動機。

（十五）農民型顧客

想法保守，自強，獨立心旺盛，心胸寬大，受人喜歡，明白事理，即使有可疑的事，也能善意接受。可以用積極而情緒化的介紹打動對方，對他訴諸於感情或是「常識」較有效。只要博得信用，即會持續購買。面對這種顧客，即使彼此的關係非常親密，也要注意禮節。

（十六）行銷人員型顧客

對他們可以行銷任何東西。作風前進，頗有個性，觀念清楚，購買時會

憑一時的衝動下決斷。對事物抱著樂觀的看法，隨時尋找理想的交易。如果讓他們覺得對商品內行，即能打動他。應該表現你佩服他們身為行銷人員具有的知識或工作態度。

物以類聚，人以群分：不同族群消費心理大不同

「物以類聚，人以群分。」因為人們所處的社會地位不同，扮演的角色不同，所以各自的消費需求和消費方式也不盡相同。一定時期內，任何一個消費者都會從屬於某一族群，有著相同或相似的消費心理。

不同消費族群的消費心理對銷售工作來說，是必須要掌握的。每一個銷售人員面對的銷售族群是不同的，無論老人還是孩子，男人還是女人，上班族還是農民，不能掌握他們的心理，很難進行銷售活動！下面我們就看看如何透視不同消費族群的消費心理。

(一) 根據經濟收入劃分

小康型族群

這個族群經濟收入和生活水準較高，處於社會金字塔頂端。他們吃講營養、講科學，追求感官感受；穿著美觀、舒適、新潮，展現個性特徵；用名牌、高級、高品質，展現自我價值；住舒適型房屋，裝潢較有品味。

中等型族群

這個族群是整個社會的中流砥柱，介於小康型和貧困型之間。經濟收入一般，「比上不足，比下有餘」。受收入限制，生活上注重消費的實用性，消費心理比較穩定。這個族群大多數屬薪水階層，具有求實從眾、求廉要好的普通心理，同時存在求美求新、求奇求名的消費欲望。

貧困型族群

經濟收入低微，只能維持甚至無法滿足基本的生存需求。消費僅限於生活必需品，心理上存在嚴重的不平衡。自卑心較強。受個人經濟收入所限，在消費上呈現「缺乏費用」現象。

（二）根據教育水準和知識技能劃分

知識族群

一般由大學專科以上學歷，具備系統化、專業化知識技能的族群組成。因為職業和工作需求，身分、地位的特殊性，消費心理更多表現為求信、求誠、求質、求優、求雅。在滿足生存需求的前提下，消費行為更偏重於發展性需求，對享受性需求較少。也就是說，他們的消費心理大多和「充電」有關，或追求事業成功，或提高個人聲譽。

半知族群

大體上包含中等學歷，如專科、技職學校等，掌握某些專門知識技能的人，如技工等。雖然和知識族群一樣，也希望獲得更好的發展，但由於經濟收入較低，也限制了他們的內在需求。在消費心理上，只能求實從眾，側重於生存性需求。

粗知族群

指高中以下教育水準或更低，但直接在工作、勞動中掌握了一些初級技能的族群。絕大多數是體力勞動者，消費幾乎全部用來維持生存性需求。消費心理最不穩定，較為衝突、劇烈。

現代社會中，不管消費者從屬於哪一類族群，族群都會對個人消費產生一定的影響。這種影響，往往導致了個體消費者消費心理和消費行為的趨同性。簡單來說，看見別人買什麼，我也想買什麼。

銷售人員可以針對這些相同或相似的心理特點，妥善的運用族群這一影

響消費者心理的社會因素，引導消費者的心理，誘導消費者購買產品。只要能讓族群中的一部分人喜歡你的產品，使之成為一種「時尚」，想想看，無數的顧客就會朝你湧來，無數的金錢也會掉入你的口袋！

第十四章　對待顧客應採取因人而異

第十五章

開啟顧客的八條心理定律

長尾理論：顛覆行銷的二八定律

根據統計表示，在亞馬遜書店的營業額中，幾乎一半是那些非暢銷書貢獻所得。一個前亞馬遜公司員工這樣說：「現在我們所賣的那些過去根本賣不動的書，比我們現在所賣的那些過去可以賣得動的書多得多。」這句話很拗口，實際上他想說的就是現在比較流行的「長尾理論」！

Google 作為世界上搜尋引擎的龍頭，廣告發表平臺的價值是非常之龐大的。在廣告業務上，Google 信奉這樣一個原則：「自助的，價廉的，誰都可以做的。」如果按照傳統的二八定律，收入中的 80%應該是由 20%的大客戶所貢獻的，但實際上，至少一半的生意來自於成千上萬使用 AdSense 業務的小網站！

做業務的時候，我們常常聽到這樣的說法：「企業 80%的利潤來自 20%的顧客。所以，我們做業務要重點關注那些 20%的顧客。」不知道這句話什麼時候進入了行銷圈子，無疑這樣的理論是被行銷人員用得最濫的！

在行銷實踐中，也許我們會發現這樣一個尷尬的情況：新顧客越來越少，所謂的重點顧客越來越不「重點」，最後銷售額竟然越來越低。為什麼？莫非我們的服務不對嗎？顯然不是，我們給了 20%的顧客額外的照顧，提供了特別的服務，但這些顧客的價值越來越小；而那些被我們忽略的 80%，得不到同樣的服務，自然會離我們而去！你不給我平等的待遇，那我就不和你玩了。

其實，一直被行銷人員奉為圭臬的二八定律是行銷圈裡最大的錯誤理論！不要以為 20%所產生的利潤是顧客價值的全部，那只不過是一種行銷慣性的延續，不過是一個我們自我欺騙的幌子而已！

每一個行銷人員都知道，顧客是存在價值生命期限的。不管他屬於你所

謂的 80%也好，還是一般的顧客，他們都一樣，都有價值生命週期。銷售人員能做的是盡最大的力量，用最好的手段，盡量延長每個顧客的價值生命週期！

就算上帝也不能保證每個信徒一輩子都始終信奉自己，何況是「見錢眼開」的顧客呢？所以，任何一個所謂的重點顧客，他的價值都會有枯竭的一天。當他的價值漸漸消失的時候，所謂的 80%的利潤就成了一個自欺欺人的幌子！

事實上，任何一家企業都不可能僅僅依靠這 20%的顧客生存，任何一個銷售都不能靠著這 20%的客戶養活自己。銷售人員需要更龐大的顧客群——重點也好，非重點也好。只有當你的客戶群形成一條長尾的時候，你的行銷工作才能有所安排！

長尾綿延不絕，成為帶來源源不斷的客戶群，長尾積少成多！我們每一個行銷人員都要為公司，為自己不斷的填充新的顧客進入自己的行銷陣營。那麼怎麼不斷填充顧客呢？

作為一個有經驗的銷售人員，我們應該知道價值不大可能產生於第一次購買的顧客，只能從所謂的 80%顧客中產生。也就是說，那些不被我們重視的 80%正是我們最大的價值泉源！如果長期忽略所謂的非重點客戶，不去開發，只是用一個所謂的二八定律催眠自己，為自己的行銷失誤找藉口，你的行銷生命很危險，很可能面臨著死亡！

如此看來，80%的顧客比已產生 80%利潤的顧客更重要，因為新鮮的血液會為我們帶來更長的生命價值週期，「長長的尾巴」才是銷售人員真正的價值利潤泉源！

我們每一個銷售人員需要做的是：讓 80%的「非重點」顧客成為我們的忠實顧客，有時候，比所謂的 80%的利潤更有意義！

斯通定律：把拒絕當做是一種享受

所謂享受拒絕，是指當我們在遭遇到客戶拒絕之後，放下包袱，享受拒絕為我們帶來的好處，從而把不利變為有利的方法。享受拒絕是對良好心態的一種運用，同時也是一種把困難和挫折透過正面的思考轉換為對我們有利的方法。

每一次的失敗都是自己向成功前進的一步，而在銷售中被客戶的每一次拒絕也是自己向成功前進的一步。因為銷售是從拒絕開始的。所以，對於業務員來說，要學會享受拒絕。

遭受拒絕的作用

對於業務員來說，遭受拒絕是很常見的事。既然是很常見的事，是每個業務員所必須面對的事，那麼就把這種拒絕當作是一種財富吧。因為拒絕不了，所以就學會去享受。因為無法避免被拒絕，那麼就看到它積極的作用吧。

在業務員的心裡，一定要有這樣的意識：遭受客戶拒絕不是失敗，而是成功的一部分，同時也正是拒絕趕跑了自己的對手。你和其他的十個業務員去向一個客戶推銷相同的產品，第一次被客戶拒絕了，還有五個人留下來，第二次被客戶拒絕了，還有三個人留下來，那些業務員都在客戶拒絕之後走了，也就意味著你的對手都知難而退了，這時候要是你還能夠堅持，那麼你離成功就越來越近了。

同時，每一次的拒絕都是自己一次鍛鍊的機會。當我們被客戶拒絕時，我們不要只把它就當作一次挫折，我們要從失敗中尋找原因，這次被拒絕是因為什麼。我們要去回顧自己從約訪，到最後被拒絕的整個過程中，是否在哪一個環節出了問題。如果你不知道，你可以去問客戶。當你去問客戶的時

候，不但你會了解到你被拒絕的真正原因，說不定還會為你創造奇蹟。

怎樣去享受拒絕

第一，把每一次拒絕看成是還「債」的機會。我們每個人在這個世界上都有雙重角色——買家和賣家。當你在做業務工作的時候，你是賣家，那你當然要遭受一些拒絕。同樣，當你是買家的時候，你也會拒絕別人。當你拒絕別人向您兜售保險的時候，你其實是給了別人一個受難的機會。從佛家的因果報應的角度上說，你是欠了別人的一次「人情債」，那麼當你被別人拒絕的時候，其實也是別人給了你一個受難的機會，相當於你還了一次「人情債」。如果你這樣想的話，就不會對每次的拒絕那麼耿耿於懷。因為這樣的還債是理所當然的。

第二，客戶現在拒絕你，並不意味著他會永遠拒絕你。在每次銷售之前，不能過於心急，不能想著一口吃個大胖子，需要一步步走，每一步走好了，成交的結果就自然來了。從準備、開場、挖掘需求、推薦說明一直到成交，這每一步中都存在著拒絕。但這些拒絕不代表一直都會存在，只要你保持樂觀的心態，準確掌握客戶的需求，適當的解釋清楚，那這些障礙就是暫時的。往往很多銷售在推進流程時犯的毛病是每一步都向客戶發出非常強烈的成交訊號，這就好比炒菜，火候未到，就開始起鍋上菜，那口味能好吃嗎？

第三，對拒絕不要信以為真。通常有些客戶對並不了解的東西，最習慣的反應就是拒絕，拒絕對他來說就是一種習慣。還有些客戶的拒絕，往往是需要進一步了解你的產品的正常反應，雖然這對你來說好像是挫折，但對一部分客戶來說，的確是被人攻破心理防線的「偽裝抵抗」。所以，你不要太相信這類客戶的話，只需要抱著堅定的信心繼續走下去就可以了。

第四，相信拒絕一次就離成功更近了一步。一個人要想成功，除了努力的付出之外，還需要時時進行自我激勵。這種自我激勵是困難時的助推器，它能推動你義無反顧的向前。因此，在推銷的過程中，不要消極接受別人的拒絕，而要積極面對。你的推銷希望在千言萬語過後落空時，把這種拒絕當作一個重要的問題 —— 自己能不能再堅持呢？不要聽見「不」字就打退堂鼓。應該讓這種拒絕激發你更多的潛力。

當拒絕不可避免的時候，那就得學會享受。銷售就是這樣，你不能因為客戶的拒絕就放棄這一種職業，你應該把拒絕當作是一種享受。

哈默定律：天下的生意都是做出來的

相信很多業務員都說過賣梳子的故事，很多銷售培訓老師們也經常跟我們舉這個例子。說一個經理想考驗考驗自己手下的這些業務員，給他們一天的時間去向和尚推銷梳子。

第一個業務員極盡所能，跟一個頭上長癩的小和尚說什麼梳子可以抓癢，按摩頭皮，費了九牛二虎之力，終於賣了 1 把。

第二個就顯得聰明一些，他糊弄和尚說：「來拜佛的香客們頭髮很容易被風吹亂，這是對佛的大不敬啊，為香客準備一些梳子也是一種善舉啊！」於是，和尚跟他買了 10 把梳子，每座佛像前放 1 把。

第三個簡直是個極品業務員，他竟然賣出了 3,000 把！經理的眼睛都瞪大了，他覺得自己的位置都很可能被這個業務員給頂下去！小心翼翼的問：「哦，你是怎麼做到的呢？」

這個極品業務員說：「我找到了本市最大的寺廟，找到了方丈，我直接跟他說，你想不想增加香火錢？方丈說，想啊，我做夢都想，我是朝思暮想啊（現在的和尚和以前的和尚就是不一樣）。然後，我就告訴他，你可以在寺內

最熱鬧的地方貼上一則告示，就說捐錢有禮物可拿。什麼禮物呢？一把功德梳。而且一定要在人多的地方梳頭，這樣就能梳來佛家仙氣。於是，很多人捐錢梳頭。3,000 把梳子一下就被香客搶光了……」

看來，天下只有不會做生意的人，沒有人做不成的生意。不會做生意的就像第一個業務員，會做生意的才是讓主管都感到壓力倍增的「第三人」。我們做業務，就要做讓你上司都感到害怕的「第三人」，只滿足一把梳子的業務員不是一個合格的業務員！

猶太人阿莫德．哈默，西元 1898 年生於紐約，在大學期間就掌管了父親給他的一家製藥廠。由於自己的商業頭腦不錯，經營有方，這個製藥廠讓他成為了當時全美國唯一的大學生百萬富翁。

1920 年代，當時前蘇聯正處於飢寒交迫時期，缺乏大量物資。哈默看到了這個商機，和前蘇聯領導人建立了良好的關係，還受到了列寧的接待，在前蘇聯他大發橫財，進行了大量的易貨貿易，不管是生意上還是社交關係上都獲得了很大的收益。儘管列寧的逝世給他帶來了一定的經濟損失，但哈默又找到了新的商機，他建造了當時前蘇聯最大的鉛筆廠，成為影響一方的鉛筆大王。後來又涉足了藝術品拍賣、釀酒、養牛、石油等行業，幾乎在每一個領域裡都獲得了非凡的成就！

不知道是猶太人天生的商業頭腦還是個人的優秀基因，無論從哪個方面說，哈默都是一個極富傳奇色彩的人。據他的朋友回憶說，他在九十歲的高齡仍然擔任著西方石油公司董事長，並且一天工作十多個小時，每年都在空中飛行幾十萬公里。

1987 年，哈默完成了他的《哈默自傳》，可以說這本書是他一生成功經驗的濃縮，在這本書裡，從始至終貫穿著這樣一個思維：哈默定律。哈默定律這樣說：天下沒什麼壞買賣，只有蹩腳的買賣人！

我們說：天下沒有什麼完成不了的銷售任務，只有不能完成任務的銷售人！

二選一定律：把主動權操縱在自己手上

在銷售中，有個二選一定律，相信這個法則對很多產品和行業的銷售都很適合。二選一，顧名思義就是兩個裡邊挑一個！所謂二選一定律就是你向客戶提兩個問題，而且是客戶必須回答的，讓客戶在其中做出選擇。

在說這個定律之前，讓我們先來看看什麼是變形的二選一選擇題。

假如你想賣給顧客一件衣服，不要急著說價錢，你可以問問顧客：「您覺得這衣服它值多少錢？」如果顧客回答的價格在你的接受範圍內，你就可以直接的說：「那就這價格賣給你。」其實這也是很多零售行業的小伎倆。

如果你仔細觀察，你會發現銷售人員們的表情十分不樂意，其實心裡早樂開了花了，他們巴不得按這個價賣給你呢……很明顯，這種貌似餘地很大的選擇，是把顧客推向了無法選擇的「死地」，就這樣銷售人員把主動權放在了自己手上！

下面我們就來看看如何利用二選一定律來應對客戶的推諉。

如果客戶說：「我現在沒時間！」銷售人員應該說：「先生，洛克菲勒說，每個月花一天時間在錢上好好盤算，要比整整 30 天都工作來得重要！我們不會耽誤您多長時間的，25 分鐘就行！您看，星期一上午還是星期二下午，哪個時間段合適呢？」

如果客戶說：「我沒錢！」銷售人員就應該說：「先生，我知道只有您才是最了解自己財務狀況的人。要是您現在財務很吃緊，不妨現在就做個全盤規劃吧，這樣對將來會更有利！」或者說：「是啊，現在經濟危機，錢要省著點花，但正因如此，我們才要用最少的資金創造最大的利潤。我願意貢獻一

己之力，您看我能在下星期五，或者週末來拜見您嗎？」

如果客戶說：「不好意思，我現在還無法確定業務發展的方向。」銷售人員就應該說：「先生，我們行銷的最關心的就是這項業務日後的發展了，您有時間可以看看我們的供貨方案，看看還有哪些缺點？您看，我星期一過來還是星期二過來比較好？」

如果客戶接下來說：「是啊，要做決定，我必須先跟我的合夥人談談！」銷售人員就應該說：「我完全理解您的想法，先生，您看，什麼時候我們跟您的合夥人一起談談？」

如果客戶說：「先這樣吧，以後我會再跟你聯絡的！」你千萬不要傻呼呼的轉身就走，你應該說：「先生，也許您現在對我們的產品還沒有什麼太大的意願，不過，我還是很樂意讓您了解我們的業務，相信對您以後的選購有極大的幫助！」

如果客戶說：「說來說去，你的主要目的還不是推銷東西？」這時，你可以這樣說：「當然，您說得沒錯，我是很想銷售東西給您，不過我推銷給您的產品絕對是讓您覺得值得期望的，才會賣給您。如果您有興趣，我們可以一起討論研究看看！是星期五您來我們公司比較好呢，還是明天我來看您好？」大多數情況下，客戶會選擇後者。

大家也許會發現這樣一個規律：不管客戶說什麼，你都要贊同他的觀點，你贊同他，才有機會說下面的話，不然趁早遠離客戶吧。最後，不管客戶選擇了哪個，都是你滿意的結果，選什麼都已「入你甕中」！

歐納西斯法則：把生意做在別人的前面

1906 年，土耳其西部的伊士麥有一個嬰兒出生了。孩子的父母替他取名為亞里斯多德．蘇格拉底．歐納西斯，其中包含了兩個偉大的古希臘哲學

家。很多年後，這個名字裡充滿哲學意味的孩子出人頭地了，不是哲學，而是商業，他就是舉世聞名的希臘船王歐納西斯！

有人說，歐納西斯的成功是偶然的，但真正了解他的人卻不這樣認為。一些經濟學家這樣評價他：「這個希臘人找到了成功的鑰匙，勇於決斷是通向成功的正確道路。」「他很會到其他人認為一無所獲的地方去賺錢。」歐納西斯成功的祕密相當程度上是因為——把生意做到了別人的前面！這也是我們要說的歐納西斯法則。

在阿根廷的時候，一次偶然的機會，歐納西斯發現這裡的菸草很走俏，但是人們只能抽味道強烈的南美洲菸草，儘管不是很喜歡也沒有更好的菸草來代替。於是，歐納西斯看到了商機，他決定先行一步，把溫和的希臘菸草引進過來。

歐納西斯開辦了一個小作坊，生產希臘菸草讓他小賺了一筆。他覺得依靠這個小作坊是無法成事的，於是他鋌而走險做起了走私菸草的買賣，很幸運，沒有被抓住，慢慢的，生意越做越大，他轉向了正當貿易。到1930年，歐納西斯成為希臘產品最大的進口商，這時，他租用了一些貨輪。

可怕的全球性經濟危機爆發了，無情的摧毀了所有人的夢想，但是歐納西斯卻看出了危機中的生機。當時，加拿大國營鐵路公司迫於經濟危機，準備拍賣6艘貨船，當時這些船價值200萬美元，但他們12萬美元就賣，歐納西斯像獵鷹發現獵物一樣，迅速的收購了這6艘船。這樣的「反常」舉止讓他的同行們瞠目結舌，他們不敢相信在這樣惡劣的投資環境下，他還敢再買船？當時的海運業空前蕭條，商人們躲都來不及，在這樣的情況下投資海上運輸，簡直是將鈔票白白拋入大海。但歐納西斯卻不這樣認為，他沒有放棄自己的計畫。

因為，歐納西斯是一個異常清醒的人，他認為，經濟的復甦和高漲終會

來到，眼前的蕭條終會過去。危機一過，物價必然從暴跌變為暴漲，現在乘機買便宜物，將來一轉手就能得暴利。

他買下的這些船，在經濟復甦後，由於海運業的回升居於各業之首，歐納西斯一夜之間身價陡增，就在這一年，他一躍成為海上霸主，資產幾百倍的激增。越來越成熟的投資讓他成為了當時最負盛名的商業鉅子。

1943 年，歐納西斯正式進入紐約，船隊越來越大，財路日益廣開，1945 年，他成功跨入希臘海運巨擘行列。1951 年到 1955 年，歐納西斯擁有的油船總噸位從 1 萬噸飆升至 5 萬噸。不久之後，歐納西斯又收購了摩洛哥公國的海水浴場，獲得了超乎想像的高額利潤，並且成功打入上流社會。在此期間，他一直說自己是個「把生意做在別人前面的人」。

1966 年，歐納西斯開始悉心經營自己最擅長的石油運輸業，把投資集中在油輪上。到 1975 年，歐納西斯擁有了 45 艘油輪，其中 15 艘是 20 萬噸以上的超級油輪，自此，歐納西斯的船隊成為世界上最大的私人商船隊。1973 年，歐納西斯的商船隊總噸位超過 300 萬噸，成為名副其實的希臘船王！

縱觀船王的一生，他處處敢為人先，把自己的生意做在了別人的前面。這就是他成功的祕訣。

銷售人員雖然不能像歐納西斯那樣叱吒風雲，但是我們在銷售的時候不妨也學學船王這種「走在前面」的精神，看得遠一點，走得穩一點，相信你的銷售之路也會長遠一點！

跨欄定律：不停的打破自己的銷售紀錄

所謂跨欄定律，是指一個人所獲得的成就大小，往往取決於他所遇到的困難的程度。豎在你面前的欄越高，你跳得也越高。當你遇到困難或挫折時，不要被眼前的困境所嚇倒，只要你勇敢面對，坦然接受生活的挑戰，就

能克服困難和挫折，獲得更大的成就。

這是一位外科醫生在解剖屍體時，發現的一個奇怪現象，根據這一現象，可以解釋生活中的許多現象，譬如盲人的聽覺、觸覺、嗅覺都要比一般人靈敏；失去雙臂的人的平衡感更強，雙腳更靈巧，所有這一切，彷彿都是上帝安排好的，如果你不缺少這些，你就無法得到它們。

那麼銷售也不例外，銷售中也有跨欄定律的存在。

戴森是紐約州一個小鄉村裡一家購物中心的業務員，但是這家購物中心因為有戴森，所以生意越來越好，一年之後，購物中心的規模擴大了一倍。但是戴森卻並不滿足於這個銷售成績，他想成為一名偉大的業務員，於是他毅然向老闆辭職，隻身來到了紐約。

來到紐約之後，他進了一家百貨公司，但老闆為了檢測他的銷售能力，給了他一天的時間。這天結束的時候，老闆來問他。

「今天服務了多少客戶？」

「只有一個。」戴森回答道。

「只有一個？」老闆生氣了，「那你的營業額是多少？」

「300,000 美元。」

「什麼？」老闆大吃一驚，「你怎麼讓一個客戶就買了這麼多東西？」

「首先我賣給他一個魚鉤，然後賣給他釣魚竿和魚線。」戴森說，「我問他在哪裡釣魚，他說在海濱，於是我建議他應該有一艘小艇，於是他買了一艘 20 英尺長的快艇。他說他的轎車無法帶走時，我又賣給他一輛福特小卡車。」

「你賣了這麼多東西給一位只想買一個魚鉤的顧客？」老闆驚訝的說。

「不！他來只是為了治他妻子的頭痛而買一瓶阿斯匹靈的。我告訴他，治療夫人的頭痛，除了吃藥，也可以透過適當的放鬆來緩解病症。週末到了，

你可以帶她一起去釣魚。」

最後，戴森終於實現了他的夢想，他成了一名成功的業務員。而他成功的原因是什麼？就是他每一次推銷成功之後就為自己訂下了下一次的銷售目標，並且他每次的目標都只會比前一次目標更高。別人問他這是什麼原因時，他說：「每一次的目標都會為我提供一個方向，為了這個方向我必須每天都非常努力，要不然，月底我就實現不了我的銷售目標。」

是的，這就是跨欄定律，每一次成功之後，你就得為自己訂立下一次的目標了，在這過程中你遇到的困難越大，你的成功也就會越大。

有不少的銷售人員都認為自己的能力比不上那些銷售菁英。其實，世界上並不存在什麼天才業務員，所有成功的銷售人員都是努力得來的，只有堅持自己的目標，不懈努力，才能實現自己的理想。之所以有些銷售人員不能有很好的業績，因為他們根本就沒有自己的銷售目標。

作為銷售人員，要想使跨欄定律在你的身上出現，那麼你就得遵循跨欄定律的原則。

第一，樹立長遠的目標。有了目標才有奮鬥的方向，有了目標才不會迷失道路。銷售目標就是你的前進方向，為了實現目標，你就得努力工作，這樣長期下來，一個一個的目標去實現，那麼你也就能成為像吉拉德、原一平這樣偉大的銷售人員。

第二，以目標為方向，堅持不懈的走下去。有了目標並不一定能成功，因為還缺少堅持下去的努力。所以你為自己定好了目標之後，你就要為實現你的目標而不懈的努力，總有一天，你會到達成功的頂點。

從理論上來說，人的潛能是無限的。在這種無限的潛能下，你的行銷目標也要越定越高，只有這樣，你才能實現一個一個的目標，並且，每次實現你的銷售目標之後，你再樹立自己的更高目標，你的工作才有了方向，你就

會沿著這個方向前進，那麼你也會不斷打破自己的銷售紀錄。

250 定律：每個客戶身後都有 250 個潛在客戶

在《愛情呼叫轉移 2》裡，林嘉欣遇到一位型男 —— 古巨基扮演的保險業務員，這個「海歸」是個非常浪漫的人，他告訴林妹妹，365 天，天天有驚喜，而且每次花不了 100 元！這些小招數值得男孩子學習，但是有一段對話，更值得銷售人員謹記於心。大體上是這樣的：古帥哥說，交際再少的人背後也會有 5 個人，每個人的背後又有 5 個……認識了一個人就意味著認識了背後的無數人，而這些人都是他的潛在客戶！

和這番話相似的是著名的 250 定律。美國業務員喬．吉拉德在漫長的推銷生涯中總結出了一套「250 定律」，意思是每一位顧客身後都站著 250 名親朋好友，這些親朋好友都將是你的潛在客戶。如果你能贏得一位顧客的好感，也就意味著贏得了 250 個人的好感！如果你得罪了一名顧客，也就意味著你得罪了 250 名顧客！

如果老闆下達了這樣一個命令給你：站在超市裡，用一天的時間去推銷一瓶紅酒，對於老練的銷售老手們，這樣的任務簡直就是小菜一碟。好，再給你一個任務，還是一天的時間，讓你去推銷一輛汽車，高手們，你做得到嗎？再厲害的銷售菁英也不敢誇口，畢竟這是汽車啊，不是賣紅酒那麼容易的！

如果有人連續多年每天都能賣出一輛汽車，你相信嗎？不可能吧，真有這麼牛的銷售嗎？確實有，這個業務員在 15 年的汽車推銷生涯中總共賣出了 13,001 輛汽車，而且全部是銷售給個人的，算下來，一天賣掉了 6 輛。因此，這個業務員也創造了金氏世界汽車銷售紀錄，同時被譽為「世界上最偉大的業務員」！這個人就是喬．吉拉德。

他創造了一個奇蹟，也提出了一個定律：每一個客戶背後都站著 250 個準客戶。銷售人員必須認真對待你身邊的每一個人，因為每個人的身後都有一個相對穩定的「250 團體」！拋棄了一個客戶就相當於損失了 250 個準客戶！

伯內特定律：讓產品在客戶心中留下深刻的印象

伯內特定律是指只有占領了客戶的頭腦，才能占有市場。

伯內特定律是美國廣告專家里奧．伯內特提出來的，他認為，產品只要占領了人們的頭腦，就掌握了市場的指揮棒。

不能否認，這條定律是很有科學性的。因為頭腦產生意識，而意識就決定行動。客戶購買某種產品，肯定是有了想購買這種產品的意識時，才做出購買行動的，要是對某種產品連購買意識都沒有，怎麼會去購買它呢？

以前有一家毅輝服裝店，雖然是老牌名店，但是生意一直走下坡路。老闆眼看著這種情況只有發愁的份，因為他也找不到提高銷量的有效方法。

當時儘管廣告還不是主要的宣傳手段，但是那時當地的報紙也時不時的出現一些廣告語：李家豆腐，白嫩可口；張家錢莊，安全可靠……這些廣告語吸引了老闆，於是他也想借助這種廣告來宣傳一下自己的服裝店。

但是廣告要怎麼做才能吸引客戶呢？店老闆來回走動尋思著。這時，帳房先生過來獻計說：「商業競爭與打仗一樣，得注重策略，只要你捨得花錢在市裡最大的報社登三天的廣告，問題就會解決。第一天只登個大問號，下面寫一行小字：欲知詳情，請見明日本報欄。第二天照舊，等到第三天揭開謎底，廣告上寫『三人行必有我師，三人行必有我衣 —— 毅輝服裝』。」

老闆眼睛一下子就亮了起來，於是依計行事。廣告一登出來果然吸引了廣大讀者，毅輝服裝店頓時家喻戶曉，生意大好。老闆很有感觸的意識到：

做廣告不但要加深讀者對廣告的印象，還要掌握讀者求知的心理。

毅輝服裝之所以能有這麼大的成功，帳房先生可謂獨具匠心。他利用了人們對懸念特別關心的心理，大吊胃口，最後突然讓你恍然大悟。廣告雖然做得簡單，但勇於標新立異，衝破傳統觀念，因而獲得了極大的成功。

所以，只有先占領消費者的頭腦，你的產品才會激起消費者的購買欲望，那麼怎樣去占領客戶的頭腦呢？

第一，廣告可以幫你做到這一點。廣告是一個引起消費者注意的過程。一個好的廣告能很好的抓住消費者的心理特點和規律，透過自己的創意與這些特點和規律產生一種共鳴。這樣的廣告才能產生強烈的衝擊力，打動消費者，從而挑起購買欲望。

第二，要占領消費者的頭腦，除了廣告之外，提供差異化的產品也是一條重要途徑。廣告是宣傳已有產品，而提供差異化產品則是創造沒有的產品。二者要成功，都要首先占領消費者的頭腦。管理大師杜拉克說，企業的宗旨只有一個，就是創造顧客。有差異才能有市場，因此，從某種意義上說，創造了差異，你就占領了市場。

豆製品有悠久的歷史，素有「尋常豆腐皇家菜」之譽。豆漿是傳統小吃，但由於豆漿千百年來總是一個老面孔，形、色、味、吃法無多大變化，市場潛力有限。而到了美國商人的手裡，他們把豆漿加工成香草味、巧克力味、草莓味等，深受消費者喜愛，產品投放到 200 多家連鎖店銷售，年銷售總值達 3 億美元之多。臺灣有一商人透過創意，在豆腐原料中加入奶油、大蒜汁、咖啡和各種果味，並用甜紅椒調成紅色，用食用鮮花調成黃色，用綠茶調成綠色，疊成紅、黃、綠「三色」豆腐。由於產品令人觀色生津，這位商人也從中大獲其利。

客戶只有在頭腦中對你的產品有印象，他們才會想著去購買你的產品，

因此，你要想使你的產品或者服務占領客戶的頭腦，那麼就得講求銷售的獨特性。

第十六章

銷售中過程八個心理效應

開場白效應：抓住客戶的心

所謂開場白效應是指業務員和客戶見面時的開頭幾句話非常重要，只要開場白開好了，那麼客戶對你的印象肯定也會加深，客戶就會在心底裡認可你。

不管是在公開場合發言還是和別人交流，都會有開場白。開場白怎麼樣，就會決定你這一次演講或交流的效果怎麼樣。所以開場白是給別人第一印象的最好時候。

在銷售中，銷售人員的開場白可以說決定著銷售的成功與否，因為客戶了解業務員就是從業務員的開場白開始的，這也就是第一印象。第一印象好了，在接下來的產品推銷過程中就會無往而不利，若是第一印象不好，那麼客戶就很難接受你的產品。

儘管我們常說不能用第一印象去評判一個人，但事實是我們不自覺的會這麼做。所以，客戶很多時候都是根據開場白來判斷你的，從開場白中他們會決定要不要再給你說下去的機會。

因此，開場白在整個銷售過程中有著非常重要的作用。

吉爾是美國一位很成功的業務員。當別人問他成功的經驗時，他只說了一句話：「讓你面對客戶時的開場白特別一些。」吉爾就是一個在非常注意開場白的人，他的綽號就叫做「花招先生」。他拜訪客戶時，會把一個三分鐘的沙漏放在桌上，然後說：「請您給我三分鐘，三分鐘一過，當最後一粒沙穿過玻璃瓶之後，如果您不要我再繼續講下去，我就離開。」除了沙漏外，他還會用鬧鐘、20 元面額的鈔票及各式各樣的花招，使他有足夠的時間讓客戶靜靜的坐著聽他講話，並對他所賣的產品產生興趣。

除了用這些器物使他的開場白獨特之外，他還會在語言上也下工夫。有

一次他去拜訪一位叫吉姆的客戶，「先生，請問您知道世界上最懶的東西是什麼？」吉姆搖搖頭，表示猜不到。「就是您收藏起來不花的錢，它們本來可以用來購買空調，讓您度過一個涼爽的夏天，但是你卻讓它們躺在銀行的保險櫃裡，它們一直都在偷懶。」

這樣的開場白不僅能夠吸引客戶的注意力，而且還能夠帶來輕鬆活潑的談話氣氛，這樣一舉多得的事，業務員何樂而不為呢？

要想使你的開場白出色，是有技巧可循的。可以從以下幾個方面入手。

第一，喚起客戶的好奇心。好的開場白是銷售成功的一半。在銷售工作中，業務員可以首先喚起客戶的好奇心，引起客戶的注意和興趣，然後從中道出銷售商品的利益，迅速轉入洽談階段。好奇心是所有人類行為動機中最有力的一種，喚起好奇心的具體辦法則可以靈活多樣，盡量做到得心應手，運用自如，不留痕跡。

第二，找出產品的價值所在。開場白要達到的目標就是吸引對方的注意力，引起客戶的興趣，使客戶樂於與你繼續交談下去。所以在開場白中陳述能為客戶帶來什麼價值就非常重要。可要陳述價值並不是一件容易的事，這不僅僅要求業務員對自己銷售的產品或者服務的價值有研究，並且要突出客戶關心的部分。因為，每個人對一件物品的價值是不同的，同樣購買一件衣服，有的人考慮的是衣服的款式，有的人考慮的是衣服的品質，有的人考慮的是衣服的品牌等等。因此，如何找出客戶最關注的價值並結合陳述，是開場白的關鍵部分。

第三，吸引客戶的注意力。一般的客戶都是相當忙的，那麼你走進他們的辦公室，你怎樣才能把他們的注意力從他們的工作中轉移過來呢？有位業務員去推銷產品，他一進門就自我介紹：「我叫某某，是某某公司的業務員，我可以肯定我的到來不是為你們添麻煩的，而是來與你們一起處理問題的，幫你們賺錢的。」然後他問公司經理：「您對我們公司非常了解嗎？」他用這個簡單的問題，主導了雙方的談話，並獲得了客戶的全部注意力。

第四，真誠的關心顧客。一個精明幹練的銷售高手，在進行自我介紹時，往往不是單純的傳達自己的意見，而是全力的關心對方。傾聽對方的話語，並適時表示贊同，才能獲得對方的信賴，而使對方想聽你述說。銷售就是販賣信賴感，為了使對方聽你的自我介紹，向對方表達你的關心，是不可或缺的條件。

第五，從第三方處獲得支持。客戶都有從眾心理，你如果告訴他已經有什麼人買過你的產品，那麼客戶的注意力一下子就會被你吸引過去。

第六，尋找共同的話題。你去拜訪一位陌生客戶，一定要根據他們不同的身分、角色來找到和他們之間的共同話題，這樣你才能走近他們。

第七，對客戶表示感謝。當業務員敲開客戶的門，見到經過預約即將拜訪的對象時，馬上稱呼對方，進行自我介紹並立即表示感謝。目前業務員普遍忽視了向客戶立即表示感謝這個重要的細節。因為是第一次拜訪，給客戶留下一個客氣、禮貌的形象，有利於客戶對你迅速產生好感，況且向客戶表示感謝也並不要花去你的任何成本，但是帶來的效果卻是顯著的。

銷售的開場白就像演講，開場白好，就能吸引聽眾，要是開場白不好的話，聽眾對你的話是沒有多大的興趣的。客戶一開始就對你的話失去了興趣，你怎麼能讓他在接下來的一段時間內的談話中聽你講呢？

微笑效應：拉近顧客心理的距離

微笑是打開人與人之間關係堅冰的最佳手段，又是給人留下好印象的開始，銷售中只要堅持這種微笑效應，那麼客戶肯定會接受你，試想，有誰能拒絕一位向他微笑的人呢，哪怕他知道你就是業務員。

微笑是讓客戶接受你的重要條件。

日本銷售大師原一平在 30 歲時創下了全日本第一的推銷業績，此後屢創令人驚異的紀錄。原一平的微笑被譽為「值百萬美金的笑容」。

有一次，原一平上門去推銷產品，當他叩響一家客戶的門時，門內的一位家庭主婦正在生徹夜不歸的丈夫的氣，當她開門的時候，心裡在想：如果是來上門推銷的，我立刻把他罵走，正好撒撒心中的惡氣。結果才把門打開，一張帶著超級迷人微笑的臉就映入了眼簾，主婦心中的一腔怨氣立刻一掃而光，之前想要把業務員罵出門的想法早就拋在腦後，寒暄之後趕緊就把原一平請進了屋裡。

聞名全球的希爾頓酒店董事長康拉德．希爾頓說：「如果缺少服務人員的美好微笑，正好比花園裡失去了春日的太陽與春光。假若我是顧客，我寧願住進那雖然只有殘舊地毯，卻處處見到微笑的旅館，卻不願走進只有一流設備而不見微笑的地方⋯⋯」希爾頓酒店之所以聞名全球，就是因為希爾頓的這種微笑服務。他要求他的每一位員工，不管自己多累，都必須對顧客保持微笑。

所以，對於業務員來說，微笑的魅力是無窮的，它恰似撲面而來的春風，能撥動顧客的心弦，調節談話的氣氛，密切與顧客的關係；它又宛如潤物無聲的細雨，能化解冷漠、疑慮和陌生感，獲得顧客更多的理解和認同。

當你滿面笑容的出現在顧客面前時，當你在微笑中與顧客談話交流的時候，當你笑意盈盈的與顧客揮手道別的時候，顧客還會拒你於千里之外嗎？因為你的微笑已經無聲的告訴顧客，你很友善，你很讚賞他，你很喜歡與他來往，那麼他必然會覺得很開心，會很樂意與你交往。

在一次汽艇展示會上，一位來自中東某產油區的富翁停在一艘陳列的大船前面，面向那裡的一位業務員，平靜的說：「我要買價值 2,000 萬元的船

隻。」這是任何業務員都求之不得的事情。可那位業務員看著這位有購買潛力的顧客，穿著一般，這麼多錢，他能拿出來嗎？ 2,000 萬，就這麼容易說出了口。於是對他冷冰冰的回答道：「你先去那邊看看那種小艇吧，那種小艇只要幾十萬就行了。」

這位石油國富翁看著那位業務員，看看他沒有微笑的臉，然後走開了。

他繼續走到下一艘陳列的船前，這裡的業務員正是原一平。原一平看見有顧客過來，臉上掛滿了歡迎的微笑，那微笑就像太陽一樣燦爛。正是他的這種微笑，使這位富翁感到了賓至如歸的輕鬆和自在。

所以，他再一次說：「我要買價值 2,000 萬元的船隻。」「沒問題！」原一平說，仍然微笑著，「我會為您展示我們的產品。」

這回這位石油富翁留了下來，付了訂金，並且對原一平說：「我喜歡人們表現出他們喜歡我的樣子，你已經用微笑向我推銷了你自己。在這裡，你是唯一讓我感到我是受歡迎的人。明天我會帶一張 2,000 萬元的支票回來。」這位富翁說的是真話，第二天他帶了一張支票回來，一筆巨額交易就這樣達成了。

事實上，決定銷售成功的因素雖然是多方面的，但作為一名業務員，首先要做的就是如何消除對方的戒心，消除對方的陌生感，使對方願意與你交談、交流進而交往的最好法寶就是微笑。可有些業務員卻認為只要把嘴皮子練好了，就能讓客戶簽單。但事實卻往往事與願違，原因就是這種業務員太看重說服，太急於想把自己知道的有關產品的資訊告訴顧客，而忽略了情感的鋪墊，忽略了友情的交流，忽略了微笑的力量。

實際情況是，所有的銷售都是在微笑中完成的。在推銷的過程中時常保持微笑，將有七大優勢。

第一，笑具有傳染性。所以你的笑會引發對方的笑或是快感，你的笑容

越純真、美麗，對方的快感也越強烈。

第二，笑容是傳達愛意給對方的捷徑。

第三，笑容是建立信賴的第一步，它會成為心靈之友。

第四，笑可以輕易除去兩人之間厚厚的牆壁，使雙方的心扉大開。

第五，笑容可除去悲傷、不安，也能打破僵局。

第六，笑容會消除自己的自卑感，且能彌補自己的不足。

第七，笑容會增加健康，增進活力。

微笑是一種武器，是一種可以讓所有對你心存戒備的客戶放下他們器械的武器，因此，在銷售中，你要善於使用你的這一種武器。

借勢效應：「他山之石，可以攻錯」

我們每一個人都不是聖人，都會有我們辦不到的事和達不到的目標，但是有時候，我們自己做不好的事可以借助於別人的力量來完成，這就是借勢效應。

猶太經濟學家奧利佛 · 威廉遜說：「一切都是可以靠借的，可以借資金、借人才、借技術、借智慧。這個世界已經準備好了一切你所需要的資源，你所要做的僅僅是把它們收集起來，運用智慧把它們有機的組合起來。」

三星就是一個藉著贊助奧運會而成功推銷自己的例子。根據有關經濟學家所言，在一般情況下投入 1 億美元，品牌知名度提高 1%，而贊助奧運，投入 1 億美元，知名度可提高 3%。有數據指出，自從三星成為奧運合作夥伴以來，其無線通訊產品的銷售額從 1998 年的 39 億美元上升到 1999 年的 52 億美元，成長了 44%，這在某種程度上也能證明，贊助奧運會對產品銷售的影響是難以形容的。

所以借勢行銷是業務員擴大自己潛在客戶的最有效的手段。

喬．吉拉德認為，做業務這一行，需要別人的幫助。所以喬．吉拉德的很多成功生意都是由客戶幫助的結果。喬．吉拉德的一句名言就是「買過我汽車的顧客都會幫我推銷」。

而吉拉德是怎樣做到這一步的呢？吉拉德在每一次生意成交之後，他都會把一疊名片交給客戶，並且告訴他們，如果他介紹別人來買車，成交之後，每輛車他會得到 25 美元的酬勞。幾天後，吉拉德會寄給顧客感謝卡和一疊名片，之後至少每年他會收到吉拉德的一封感謝信，並且提醒他自己的承諾仍然有效。如果吉拉德發現顧客是一位領導人物，其他人會聽他的意見，那麼，吉拉德會更加努力促成交易，並設法使其成為幫自己推銷產品的客戶。正是吉拉德的這一種借勢行銷策略，1976 年，客戶為吉拉德帶來了 150 筆生意，約占當年他的總交易額的三分之一。吉拉德為此付出了 1,400 美元的費用，卻收穫了 75,000 美元的佣金。

透過上面這些例子，我們了解到借勢行銷的作用是極大的。那麼，作為業務員，我們要怎樣去借勢呢？

第一，完善的售後服務可以讓客戶更放心。客戶購買你的產品，都不希望只是一次性的，而是希望能享受到優質的售後服務。喬．吉拉德有一句名言：「我相信推銷活動真正的開始在成交之後，而不是之前。」銷售是一個連續的過程，成交既是本次推銷活動的結束，又是下次銷售活動的開始。業務員在成交之後繼續關心顧客，將會既贏得老顧客，又能吸引新顧客，使生意越做越大，客戶越來越多。這樣客戶才會把你的產品介紹給他的朋友、同事。

第二，在老顧客身上多投入精力、資源。真正成功的業務員不會把所有的精力都投在開發新客戶身上，而是把更多的精力投在老客戶身上。因為老客戶就差不多是自己培養出來的兼職業務員，並且這種業務員還不需要薪

水。而他們卻透過明示或暗示的方式，向他們身邊的人傳遞品牌、產品及服務訊息，從而使潛在客戶獲得其所需要的相關資訊，進而影響潛在客戶的購買行為。

第三，適時的給幫助自己推銷的客戶一些好處。就像吉拉德一樣，只要客戶幫助自己推銷出了一件產品，就給他 25 美元的報酬，這就像企業的分紅，必定會提高客戶的積極性。但是要注意的是，這一定要信守諾言，因為這是信用問題，要是一個連信用都不守的業務員，又怎麼會受客戶的喜歡呢。

俗話說，「他山之石，可以攻錯」。在銷售中，我們可以借助於客戶來為我們做廣告，就像喬．吉拉德的 250 定律與獵犬計畫一樣，透過客戶把我們的產品和服務告訴他們身邊的每一個人。

初始效應：第一印象決定你的成敗

一個新聞系的大學生畢業後，好幾個月都沒找到合適的工作。

一天，他看到一家報社就走了進去，他對總編說：「您好，你們還需要一個編輯嗎？」「對不起，我們不需要！」「記者呢？」「也不需要！」「排字工人、校對總需要吧？」「不好意思，我們這裡什麼職位都不缺！」「那麼，我想，你們一定需要這個東西。」說著大學生從包裡拿出了一塊精緻的小牌子，牌子上寫著「額滿，暫不僱用」。總編看著牌子，臉上浮現出了笑容，他點了點頭，說：「年輕人，如果你願意，你明天就到我們廣告部報到吧。」

這個大學生用一塊牌子就表達了自己的機智和樂觀，這就是「第一印象」的積極效果。良好的第一印象往往是成功的開始，這種「第一印象」的微妙作用，在心理學上被稱為初始效應。

狹義上說，就是人與人第一次互動中讓對方留下的印象，往往能在對方

的頭腦中形成一定的主導地位。這個第一印象的作用是非常強大的，持續的時間也相當長，很可能會對以後事物的發展造成一些作用。這個作用是積極的還是消極的，相當程度上在於你留給別人的第一印象。

第一印象效應引申一下，比如新官上任的「三把火」，所謂的「下馬威」等，幾乎所有的人都力圖讓別人留下良好的「第一印象」。

在銷售中，銷售人員的第一印象也是非常重要的，你在客戶眼裡的一切，如性別、年齡、衣著、姿勢、面部表情、體態、談吐等，在一定程度上都反映出你的內在素養和人格特徵！

每個業務員幾乎每天都在和客戶打交道，有時候，你會發現，那些「暴發戶」顧客，不管怎麼刻意修飾自己，舉手投足不經意就會「露出馬腳」，優雅不是裝出來的。根據不同的客戶下菜碟，這是我們銷售人員的基本功！

在心理學中，初始效應被這樣解釋：「保持和再現，在相當程度上依賴於有關的心理活動第一次出現時注意和興趣的強度。」第一印象，是短時間內片面的印象，初次會面時，45 秒鐘內就能產生第一印象。這個印象能讓你對客戶或者客戶對你產生較強的影響，並且在雙方的頭腦中形成並占據主導地位。這種強烈的主觀性會直接影響到以後的一系列行為。

保持一個健康積極的第一印象是每個銷售人員必須掌握的必修課，而不是什麼選修課。現在，人們的生活節奏都很快，尤其是生意繁忙的客戶，客戶不願意耽誤時間，你也不可能浪費時間，所以，一定要給客戶留下良好的第一印象。因為，忙碌的客戶是不願意花更多的時間去了解一個留給他不好第一印象的人的！

當然，我們更相信「路遙知馬力，日久見人心」，僅憑第一印象是不能對他人妄加判斷的！「以貌取人」，往往會帶來不可彌補的錯誤！

《三國演義》中鳳雛龐統面見孫權時，因為龐統相貌醜陋，孫權對他很不

喜歡，又見他傲慢不羈，更覺不快。儘管魯肅苦言相勸，號稱「廣納賢才」的孫仲謀還是把這位與諸葛亮比肩齊名的奇才拒之門外！由此可見，第一印象的影響是多麼可怕！雖然相貌和才華沒什麼必然關聯，但是初始效應還是在孫權心中發揮了極大的作用！

范伯倫效應：感性消費藏有大商機

一天，師父為了啟發他的小徒弟，從禪房裡拿出一塊石頭，叫他去菜市場試著賣賣，但不要真的賣了。師父說：「注意觀察，多問問人，回來只要告訴我它在蔬菜市場能賣多少錢就行了。」雖然這塊石頭很大，也挺好看，徒弟還是滿腹疑惑，這樣的破石頭還能賣錢？但還是拿著石頭下山去了。

在菜市場，很多人圍著這塊漂亮的石頭看，有人說，能做個擺飾；有人說可以給兒子玩玩；還有人說，能做個秤菜用的秤錘。人們出價的時候，只不過是幾個銅板。

徒弟回來告訴師父：「您給我的石頭只能賣幾個銅板。」師父說：「現在你拿著它再去黃金市場看看，還是不要賣，就問價錢。」從黃金市場回來，徒弟高興的對師父說：「商人們願意出 1,000 塊錢。」師父說：「是嗎？那你再去珠寶市場看看，低於 50 萬不要賣！」

徒弟又跑到珠寶商那裡，沒想到這些商人竟然出 5 萬塊，徒弟牢記師父的話，說什麼也不賣，商人只好加價，從 10 萬、20 萬、30 萬、40 萬一直到 50 萬，這塊石頭賣掉了。

徒弟拿著厚厚一疊鈔票回來了，師父笑著說：「如果你不敢要更高的價錢，你永遠也不會得到這麼多錢！」

這個故事也許有些老套，但是我們仍然很有必要重新學習一下，站在銷售人員的角度來考慮問題，也許你會有新的發現。

這個故事的本意是告訴人們有關實現人生價值的道理，但從銷售的角度講，何嘗不是一種銷售規律呢？這就是我們要說的范伯倫效應！

在到超市裡購物的時候，我們經常會發現這樣的情景：在小店裡一些款式、皮質和大型購物中心裡幾乎一樣的鞋子，小店賣幾百元沒人要，放在大型購物中心的櫃檯賣幾千元，還是有人願意買。這是什麼道理？

再比如，幾千元的眼鏡鏡框、幾萬元的紀念錶、上百萬元的頂級鋼琴，近乎「天價」的商品，往往能在市場上搶手，難道能說人們都是錢多燒手嗎？

當然不是，顧客也不是傻瓜，人們購買這些天價商品的目的並不僅僅是為了獲得直接的物質滿足，更大程度上是為了獲得心理上的滿足。這種奇特的經濟現象，就是「范伯倫效應」。這一現象最早由美國經濟學家范伯倫注意到，他認為：某些商品價格定得越高，就越能受到消費者的青睞！

「范伯倫效應」指的是一種非理性消費，也就是所謂的感性消費。現在有錢人越來越多，人們的口袋越來越鼓，消費自然也會隨著收入的增加水漲船高，由以前的追求數量和品質，漸漸過渡到了追求品味和格調！

銷售人員就可以利用「范伯倫效應」來探索新的經營策略，把自己的產品鍍上一層「金子」，讓顧客感覺到產品的「名貴」和「超凡脫俗」，從而加強消費者對商品的好感，實現交易的順利進行。

「范伯倫效應」認為商品價格定得越高越能暢銷。當然，我們在銷售的時候不能胡編亂造，胡亂喊價，如果你的產品品質或者品味不高，盲目漲價只能適得其反！

「范伯倫效應」反映了人們進行揮霍性消費的心理願望，這就替銷售蒙上了一層神祕的感性色彩，這也是感性消費隱藏著的龐大商機，只要我們能控制好，相信「感性消費」會成為一種時尚，范伯倫效應也會成為我們得力的幫手！

好奇心效應：標新立異滿足客戶心理

所謂好奇心效應是指每一位客戶都會有好奇心，而作為行銷人員，你就要抓住客戶的這種好奇心，從而引導客戶購買你的產品。

俄羅斯第一大手機零售商的老闆，他一向以古怪的著裝、勃勃野心和廣告上的煽情手法而聞名於俄羅斯，正是他的這種標新立異，使他獲得了成功。

在行銷中，標新立異能夠激起客戶的好奇心，是吸引客戶最主要的手段，而標新立異就是一種創新。

我們經常會聽到這樣的話語：

甲說：市場已經飽和了，我們無法再提高銷售量，只能維持現有的銷售量不大幅度滑坡。

乙說：現在市場低迷，消費者對我們產品的購買力下降，所以業績差是沒有辦法的，我們已經盡力了。

丙說：這個產品在這裡沒有市場，我們無法開拓這裡的市場，到別處去看看吧。

丁說：現在雖然市場旺季，但是競爭對手的產品比我們的先進，我們無論如何都不如別人賣得好。

這些話也許都是實情，但是這些話卻不會從一個成功的業務員口中說出來。因為在成功的業務員眼中，處處都有市場，問題是自己能不能去開拓出來。

而要想開拓市場的方法只有兩個字 —— 創新。

在一個世界級的牙膏公司裡，總裁目光炯炯的盯著會議桌邊所有的業務主管。為了使目前已近飽和的牙膏銷售量能夠再加速成長，總裁不惜重金懸

賞，只要能提出足以令銷售量成長的具體方案，該名業務主管便可獲得高達10 萬美元的獎金。

所有業務主管無不絞盡腦汁，在會議桌上提出各式各樣的點子，諸如加強廣告、更改包裝、鋪設更多銷售據點等，幾乎到了無所不用其極的地步。而這些陸續提出來的方案，顯然不為總裁所欣賞和採納。所以總裁冷峻的目光，仍是緊緊盯著與會的業務主管，使得每個人都覺得自己猶如熱鍋上的螞蟻一般。

在凝重的會議氣氛當中，一位進到會議室為眾人加咖啡的新職員，無意間聽到討論的議題，不由放下手中的咖啡壺，在大家沉思更佳方案的肅穆中，怯生生的問道：「我可以提出我的看法嗎？」總裁瞪了她一眼，沒好氣的道:「可以，不過妳得保證妳所說的，能令我產生興趣。」這位女孩笑了笑:「我想，每個人在清晨趕著上班時，匆忙擠出的牙膏，長度早已固定成為習慣。所以，只要我們將牙膏管的出口加大一點，大約比原口徑多 40%，擠出來的牙膏重量就多了一倍。這樣，原本每個月用一條牙膏的家庭，是不是可能會多用一條牙膏呢？諸位不妨算算看。」總裁細想了一下後，率先鼓掌，會議室中立刻響起一片喝彩聲，那位小姐也因此而獲得了獎賞。

這就是創新，與別人不一樣的思維，才使得該公司獲得了銷售的再一次成功。所以，創新能為企業帶來極大的利益，甚至可以說成了企業生存下去的生命線。

我們之所以對某件事感興趣，就是因為我們有好奇心。在銷售中，你要是能激起客戶的好奇心，那麼他對你的產品肯定也會產生濃厚的興趣。

登門檻效應：銷售人員就是要得寸進尺

在很多電視劇或者是電影裡，我們經常看到這樣的場景：小徒弟生氣的

抱怨師父怎麼不教自己武功，每天都是砍柴、挑水、打掃院子，我是來學武藝的，又不是來替你做雜事的。

往往師父是不會搭理小徒弟的，師父總是什麼也不說，仍然讓小徒弟堅持工作。等很長一段時間，小徒弟才明白師父的良苦用心，才明白師父讓自己工作是為了替以後打底子。這些師父的做法就是「登門檻效應」的應用。

登門檻效應又被稱作得寸進尺效應，是指一個人一旦接受了別人一個微不足道的要求，從認知上就會覺得很不協調，總想保持前後一致，這樣很有可能會接受更大的要求。就像登門檻時要一級臺階一級臺階向上走，一步一步來更容易順利的登上高處。

心理學認為，大多數情況下，人們都不願接受較高難度的要求，因為費時費力，比較難達到目的；相反，人們總是願意接受那些較易完成的要求，實現了較小的要求後，才會慢慢接受較大的要求。《菜根譚》有云：「攻之惡勿太嚴，要思其堪受；教人之善勿太高，當使人可從。」說的就是這個道理，也就是所謂的「登門檻效應」。

在銷售活動中，我們也能經常看到這樣的現象，一個顧客本來不願意購買你的產品，但是你可以先向他介紹一些和這個產品相關的小配件，讓他對這個產品產生濃厚的興趣，一步一步攻破他的心理防線，這樣，就會很容易實現你的銷售目的。

很多情況下，人們不願意做一個「喜怒無常」的人，人們都希望自己能在別人面前保持一個比較一致的形象，所以，這就為銷售人員提供了契機。當一個客戶接受了你的要求，而且是很愉快的接受，再想拒絕你，他就會變得很不好意思。如果你的要求很合理，在價格上能讓他接受，顧客通常不會拒絕你，他會想「反正都已經買了，再買點也沒什麼」，於是，「登門檻效應」再一次幫你達成了目的！

舉個很簡單的例子，很多同行上門推銷商品時，往往不會直接向顧客提出銷售意願，而是先提出「試用」這個小要求，等顧客試用後覺得不錯時，他們才會提出銷售產品的要求。就像追女孩子一樣，有經驗的男生，都明白什麼事都不可能「一步到位」，先是約出來看電影、吃飯等，慢慢再提出進一步發展的要求，逐步達到目的。如果見面第一次就說：「咱們結婚吧！」幾乎所有的女孩子都會拒絕你的。

不僅是對別人，「登門檻效應」對業務員自己也會發生作用。我們常說，一口吃不成胖子，心急吃不了熱豆腐，什麼事都不能太著急，說的就是這個道理。你想一下子就成為銷售菁英、銷售總監這幾乎是不可能的，每個真正的高手都是一步一步爬上來的，都是跨過一個個門檻，才站在今天這個位置上的！

正所謂，得寸才能進尺，一步登天和一夜暴富相比沒什麼差別，這是銷售人員最大的忌諱，我們千萬不能犯這樣的錯誤！

共生效應：遠離大市場讓你遠離賺錢的大機會

種白菜的時候，農民往往會在田埂上點一些胡蘿蔔籽，等到白菜砍掉以後，這些胡蘿蔔也就長起來了，白菜和蘿蔔得到了共生。這就是人們常說的間種。還有，一株植物單獨生長時，往往不是你想像的那樣養分充足，長勢必定好，實際上，恰恰相反，這株植物不但沒有生機，甚至還會枯萎。

而當眾多的植物一起生長時，每一株植物都是根深葉茂，生機盎然。這就是自然界中常見的「共生效應」。植物都懂得「共生」，都知道相互影響、相互促進，我們做生意的時候何不利用這種效應，專找人多的地方去，你越是遠離大市場越沒有賺錢的機會。

有一家公司，最近很不景氣，業務很少，幾近破產。因為有半條街的空

房，正好對著一個很大的居民小區，就打算把這些空房對外招租。廣告貼出去沒幾天，一個商人就租了一間房子辦起了小吃店。沒想到，這家小店的生意非常好，慢慢的吸引了更多小吃店的加盟，最後這裡竟然變成了小吃一條街。

這家對外招租的公司看到這樣的情景，再也坐不下去了，於是，他們把所有租房的生意人全部趕跑了，收回這些空房，自己做起了餐飲生意。沒想到的是，還沒半個月，這裡再次變得冷清起來，許多回頭客一看自己平時吃飯的小店沒有了，轉身就走了。這家公司投資了很多錢，最後連本錢都收不回來，更不要說什麼效益了。

公司的老闆百思不得其解，這是怎麼回事？為什麼別人能做的生意，自己就辦不下去呢？於是，他找來一個行銷專家，想聽聽專家的意見。專家聽完老闆的話，微笑著說：「如果你去外面吃飯，你是到只有一家餐館的街上去吃呢，還是到有很多家餐館的街上去吃？」老闆說：「當然是人多的地方啦，那個誰不都說了嗎？哪家人多上哪家啊！」

專家呵呵一笑，「你看，你是這麼想的，顧客也是這樣想的，人們都不願意在沒有選擇餘地的地方吃飯，這就是問題的癥結所在啊！」

老闆才恍然大悟，自己壟斷了整條街的生意，人們當然不願意被你控制了。老闆重謝了專家，回頭就縮減了自己公司的餐飲店，又把那些空房租了出去。慢慢的，這條街的生意又好了起來。

俗話說，沒有競爭就沒有發展，做任何生意都離不開競爭，要賺錢必須依賴大市場，遠離了大市場，很可能就遠離了賺錢的機會！

做業務也是如此，不要以為顧客都是「用情專一」的人，人們都有叛逆心理，你越是想獨占市場，顧客越反感，他們才不願意在你這「一棵樹」上吊死呢！人性就是如此，人們更願意在整片森林裡選一棵小樹，而不是無可

無奈的選擇僅有的一棵大樹。

共生效應就是對這一現象很好的證明。想想看，在艱難的環境中，一片樹林是不是比一棵樹更能抵禦狂風暴雨的襲擊？更何況，共生能互補互助，互相吸取對方的營養，共同發展，共同進步！

業務員要和同事分享，也要和客戶分享，只有分享才能獲得更大的銷售機會。你付出了，也必將得到，自私自利，遠離了團體，孤零零的，結局只能是死亡！

第十七章

顧客開心掏錢的成交策略

選擇成交法

選擇成交法。有時也叫作「以二擇一」法。是業務員在假定客戶一定會買的基礎上為客戶提供一種購買選擇方案，並要求客戶選擇一種購買方法，即先假定成交，後選擇成交。

選擇成交法具體方法是，在問題中提出兩種選擇（例如規格大小、色澤、數量、送貨日期、收款方法等）讓客戶任意選擇。當業務員觀察到客戶有購買意向的時候，應立即抓住時機，用選擇法與客戶對話。如「這套衣服您是要白色的呢，還是黑色的？」或「我們禮拜二發貨還是禮拜三？」，這都是選擇成交法。選擇成交法適用的前提是:客戶不是在買與不買之間做選擇，而是在產品屬性方面做出選擇，諸如產品價格、規格、性能、服務要求、訂貨數量、送貨方式、時間、地點等都可作為選擇成交的提示內容。這種方法表面上是把成交主動權讓給客戶，而實際只是把成交的選擇權交給了客戶，其無論怎樣選擇都會成交，並充分帶動客戶決策的積極性，較快促成交易。

使用選擇成交法，首先要看準客戶的成交訊號，針對客戶的購買動機和意向找準推銷要點，並把選擇的範圍局限在成交的範圍內。

有一種半推半就的選擇成交法，一步步的把客戶由明年拉回到今天成交。選擇成交法的要點就是使客戶迴避要還是不要的問題。

運用選擇成交法的注意事項：業務員所提供的選擇事項應讓客戶從中做出一種肯定回答，而不要給客戶拒絕的機會：向客戶提出選擇時，盡量避免向客戶提太多的方案，最好的方案就是兩項，最多不要超過三項，多了會使客戶舉棋不定，拖延時間，降低成交機率；再次，業務員要當好參謀，協助決策，否則就不能夠達到盡快成交的目的。

選擇成交法的優點可以減輕客戶的心理壓力，製造良好的成交氣氛。從

表面上看來，選擇成交法似乎把成交的主動權交給了客戶，而事實上就是讓客戶在一定的範圍內進行選擇，可以有效的促成交易。並且避免客戶說「不」等否定詞，影響溝通與交流，因為人們只要「不」字說出口，就比較難以改變成「好」。

方法是技巧，方法是捷徑，但使用方法的人必須做到熟練生巧。這就要求業務員在日常推銷過程中有意識的利用這些方法。進行現場操練，達到「條件反射」的效果。當客戶疑義是什麼情況時，大腦不需要思考，應對方法會脫口而出。到那時，在客戶的心中才真正是「除了成交，別無選擇」！

迂迴成交法

有些話不能直言，便要拐彎抹角的去講；有些人不易接近，就少不了逢山開道、遇水搭橋；搞不清楚對方葫蘆裡賣的什麼藥，就要投石問路；有時候為了使對方減輕敵意，放鬆警惕，便繞彎子、兜圈子。生活中不少人是「一根筋」，為人處世「不碰倒高牆不回頭」，這類人最該學點迂迴術。讓大腦多幾個溝迴，腸子多幾個彎彎繞，神經多長些末梢。

明代嘉慶年間，「給事官」李樂清正廉潔。有一次他發現科考舞弊，立即寫奏章給皇帝，皇帝對此事不予理睬。他又面奏，結果把皇帝惹火了。以故意揭短罪，傳旨把李樂的嘴巴貼上封條，並規定誰也不准去揭。封上嘴巴，不能進食，就等於給他定了死罪。這時，旁邊站出一個官員。走到李樂面前，不分青紅皂白，大聲責罵：「君前多言，罪有應得！」一邊大罵，一邊啪啪的打了李樂兩記耳光，把封條打破了。由於他是幫助皇帝責罵李樂。皇帝當然不好怪罪。其實此人是李樂的學生，在這關鍵時刻，他「曲」意逢迎，巧妙的救下自己的老師。如果他不顧情勢，犯顏「直」諫，非但救不了老師，自己怕也難脫身。

這個方法使用得真是巧妙至極，李樂不懂得人際之間「潤滑當先」的道理，離自己的學生還差一大截。要知道傳統文化是很講究繞圈子的。在銷售過程中，什麼情況都可能出現，有時雙方已經很難再聽進去正面道理，正面進攻已經受挫，這時就不應再強行或硬逼著進行辯論，而應採取迂迴前進的方式。

成功銷售必須順應客戶的心理活動軌跡，審時度勢，及時在「促」字上下工夫，設法加大客戶「得」的砝碼，不斷強化其購買動機，採取積極有效的銷售技術去堅定客戶的購買信心，督促客戶進行實質性思考，加快其決策進程。一般可以根據客戶不同情況下的心理特點，獲得迂迴戰的勝利。

商場就如戰場，有時雙方已經戒備森嚴，設防嚴密，正面很難突破，這時最好的進攻策略就是放棄正面作戰，設法找到對方其他部位的弱點，迂迴前進，一舉成功。

平等互利是國際經濟交往中的基本原則，任何一方都不應當運用優勢向對方索要高價。

當雙方互不相讓，正面交鋒也很難使對方讓步時，就要暫時避開爭論主題。找其他雙方感興趣的題目，從中發現對方的弱點，然後針對其弱點，逐步展開辯論，使對方認知到自己的不足之處，對對方產生信服感，然後再層層遞進，逐步把話引入主題，涉及價格條件，展開全面進攻，對方就會冷靜的思考，也因而易被說服。這就是迂迴成交法。

假定成交法

假定成交法是指假定客戶已經接受了銷售建議，而展開實質性問話的一種成交方法。這種方法的實質是人為提高成交談判的起點。此技巧使用得當，可發揮事半功倍的效果。

甲公司銷售代表與乙公司代表進行銷售談判，雙方開局談得融洽。甲公司銷售代表可以適時的提出：「您看什麼時候把貨給您送去？」若此時乙公司代表對這句話的表情沒有不願之感，可以進一步試探性的發問：「您想要大包裝，還是小包裝？」或者直接說：「這是訂貨單，請您在這裡簽個字。」

異議探討法

異議探討法是指在提出成交請求後，對還在猶豫不決的客戶採取的一種異議排除法。一般情況下，處理成交階段的異議，不能再用銷售異議的處理辦法與提示語言，這時，透過異議探討，有針對性的解除客戶疑問便有了用武之地，解除疑問法的提問模式多為誘導型的。

甲乙雙方已商談成功，就在快簽約時，乙方猶豫不決，甲方在此時不能放棄成交的良機。可以揣測乙方心理，對乙方的不確定予以答覆。這種成交技巧一般來說較為奏效。解除疑問法適用於成交階段的以下客戶：

價格異議。如「如果再便宜點就好了」。

時間異議。如「我還要再考慮考慮」。

服務異議。如「萬一運行中出問題可就慘了」。

權力異議。如「我自己做不了主，還得請示一下」等。

解除疑問法要與其他方法配合使用，即利用該法探尋與排除異議，然後利用其他方法促成交易。使用解除疑問法應正確分析客戶異議，有目的的進行提問，有針對性的進行解答。

從眾成交法

從眾成交法是指利用客戶的從眾心理，促使客戶立即購買的一種成交方

法。從眾心理是人固有的心理現象。長期的社會規範，有形或無形的團體壓力以及人類自身的成長要求，都是形成從眾心理的主要原因。

女士買化妝品，大多數是看自己的好朋友買什麼牌子，女士總是認為大家對某一品牌情有獨鍾，那它肯定是好產品。在購買某商品時，若業務員說：「對不起，這種商品現在缺貨，明後天才能到貨，要不，等進到貨時，我先幫您留一件。」一般來說，客戶聽到這種話，都會對該商品產生好印象，認為缺貨就意味著是好貨，熱賣品是好商品。

這種方法就是利用了客戶之間的影響力，向客戶施加無形的社會心理壓力，進而促成交易。運用從眾成交法時出示的相關文件、數據必須真實可信，採用的各種方式必須以事實為依據，不能憑空捏造，欺騙客戶，否則，受從眾效應的影響，不但不能促成成交工作，反而會影響信譽，破壞銷售工作。

提示成交法

提示成交法是指透過對產品的優點及購買產品後的利益進行概括匯總，促使客戶做出購買決定的方法。它雖然是對銷售建議的重複，但因為已進行了概括匯總，將利益集中到客戶所關心的要點之上，所以仍然是非常有效的。

化妝品業務員可以對中年婦女的客戶這樣說：「本公司推出的美白露不僅具備其他同類化妝品的優點。而且特別注意到保養皮膚的功效，美白只是本產品優點的其中之一。一個女人，尤其到了中年更應重視皮膚的滋潤，有光澤，有彈性，這樣才能更久留住青春。」這樣，既對銷售品的優勢進行強化，又增強了客戶的購買信心。

機會成交法

機會成交法是透過向客戶提示最後成交機會，而促使客戶立即購買產品的成交法。其實質是利用客戶的機會心理，向客戶施加壓力，增強成交的說服力與感染力。

每到購物季，各大購物中心都開始打折。某洗衣機抓住這一時機，在各大城市的各大購物中心打折25%銷售，這種銷售方法促進了洗衣機的銷售量，購物季一結束，這個優惠就停止了，許多需要買新洗衣機的家庭抓住這個機會，買到品質好價格便宜的洗衣機。洗衣機企業也抓住這個機會，占領市場，給競爭對手沉重一擊。

「機不可失，時不再來」。一般情況下，客戶對稀有的東西，對即將流失掉的有利條件均會情有獨鍾。雖然每天都有無數機會與客戶擦肩而過，但因為資訊強度不夠，並未引起注意，而一旦客戶親身遇到這種機會，便會認真考慮是否應該抓住。

優惠成交法

優惠成交法是透過為客戶提供優惠條件吸引客戶購買產品的成交法。它是利用客戶的求利達到目的的心理，是遵循留有餘地的策略展開成交促進銷售。

使用這種方法便於發展購銷雙方關係，招攬大批客戶，有效的促成交易，但也應當看到，該法是建立在客戶的求利心理基礎上的，長期使用必然助長客戶對優惠條件更進一步的要求，從而失去方法本身的激勵作用。另外，這種成交法的運用需要和經濟核算緊密結合，而優惠費用則必然由企業或客戶的某一方或雙方承擔，特別是在薄利多銷難以達到預期效益的時

候，容易在客戶心目中造成優惠成本轉嫁的心理。從而也會影響方法使用的效果。

試用成交法

試用成交法是把作為實體的產品留給客戶試用一段時間後，以促成交易的成交法。這種方法是根據心理學上的這樣一個原理：一般情況下，人對未有過的東西不會覺得是一種損失，但當其擁有後，儘管認為產品不那麼十全十美，然而一旦失去總會產生一種失落感，甚至缺少它就不行的感覺。所以人總是希望擁有而不願失去。產品給 10 個客戶試用，往往有 3 至 6 個客戶會購買，更何況客戶試用產品後，總覺得欠一份人情，若覺得產品確實還不錯，便會買下產品來還這份人情。

這種方法主要適用於客戶確有需求，但疑心又較重，難以下決心的時候。此法能使客戶充分感受到產品的好處與帶來的利益，增強其信任感與信心，一旦購買也不會產生後悔心理。還可加強兩者之間的人際關係。但試用期間要經常指導使用者合理使用，加強感情溝通，使用後要講信譽，允許客戶退還和不負任何責任，如此才能讓客戶最後掏錢購買。

第十八章

顧客在乎的就是銷售細節

即使生意不成也不好匆匆掛電話

對於業務員來說，客戶可以先掛你的電話，但是你絕不能先掛客戶的電話，這是個禮節問題。從文明禮貌的角度來說，被掛電話的一方總會有一種失落感，而讓對方先掛電話的人則顯得更加有涵養。

隨著現代通訊技術的發展，電話銷售越來越普遍。從事電話銷售的人員只要坐在辦公室裡，拿著電話就可以向客戶推銷產品，這種銷售方式迅速快捷，另外也可以大大的節省企業的成本。因此，電話銷售成了現代社會中最為普遍的一種銷售方式。

對銷售人員來說，打電話是家常便飯的事情，但是通話結束後該怎麼做，誰先掛電話，這是許多業務員沒有注意的細節，也許有的業務員會這樣說：「注意這個幹嘛？誰先打的，誰就先掛，或者誰想掛誰就先掛了。」其實這是銷售的一個誤區。有涵養的銷售人員，都需要明白，無論對方的態度是多麼惡劣，你也得讓對方先掛電話，直到電話的這頭響起了嘟嘟聲，你才可以掛上電話。這雖然是個很小很小的細節，但往往就是這麼個小的細節，也決定著銷售成功和失敗。

艾力克斯是一家銷售公司的主管，他在該公司做了十多年的銷售工作，因此在銷售方面有著很豐富的經驗。做了主管之後，公司主管就讓艾力克斯負責公司的培訓事宜。一次，艾力克斯的一個徒弟向自己訴苦，說自己有一個大客戶追蹤了多年，最近好不容易答應要和自己簽單，可是不知道為什麼在簽單的前夕，這位客戶又改變主意了。徒弟冥思苦想也不知道自己失敗在哪裡？

於是，為了弄清楚情況，艾力克斯跟徒弟要了這位客戶的聯絡方式，在幾次通話後，這位客戶終於磨不過艾力克斯的死纏爛打，對他說了自己心中

的顧慮。他告訴艾力克斯，說他公司的這個業務員沒有誠意跟他合作。

為此，艾力克斯百思不得其解。徒弟在公司的形象還可以，也是自己苦心栽培的重點對象，他反應能力快，說話條理清楚，很有做業務的天分，並受過專業的銷售訓練，對於說服客戶和公司合作，這是他們工作的任務所在，徒弟又怎麼會沒有誠意和客戶合作呢？再者就是，如果徒弟沒有誠意要跟他合作，又何苦挖空心思去追蹤幾年時間呢？帶著這一連串的疑問，艾力克斯開始觀察起徒弟，起初幾天，他也沒有發現徒弟有任何的問題。但有一天，他發現徒弟跟客戶通完電話後，就用力「啪」一聲將電話掛斷了，辦公室的空氣中久久都能迴盪著他掛電話的回音。而且，過一陣子，他又若無其事的拿著電話和其他客戶交談，溝通後又是習慣性的摔上電話。由此，艾力克斯徹底明白了他為什麼會丟了那樣的大客戶，原因就是他忽略了掛電話的細節。

於是，艾力克斯把他叫到辦公室，向他了解情況。艾力克斯了解到徒弟不僅會用力掛客戶的電話，而且在和客戶通完電話後，對方還沒來得及跟他說結束語，他往往就自己先掛上電話，這也就是客戶說徒弟沒有誠意合作的根本原因。

通常來說，一般業務員都很少會注意到在通話結束後，要控制掛電話的力度和讓對方先掛電話。從專業的角度來說，業務員即使心情再不好，但為了工作，他們是可以按捺住自己的情緒，可對於怎樣掛電話，誰先掛電話，他們往往不以為意。甚至有些人還將用力掛電話當成了一種情緒宣洩，殊不知這卻給被掛電話的人留下了心靈的「陰影」。試想，在結束了一段愉快的商業對話，雙方依照禮儀話別之後，隨即聽到對方放置話筒所產生的刺耳聲音，這會讓對方產生什麼樣的想法，是你對這次談話不滿？還是你對談話者不耐煩？由此，對方就會對於你之前談話時表現出來的誠意及良好印象大打

折扣。另外，這也會讓對方覺得你在處理事情時，較為粗枝大葉，因此，對於所談的合作事宜或所交付工作的完成品質，對方可能就會在信任度產生懷疑。再者就是，還沒有跟客戶話道別，就直接掛電話，這也是一種不禮貌的表現，直接反映著你這個人的修養和素養。

所以，對於業務員來說，要記住：永遠比客戶晚放下電話。

比客戶先掛電話，這是對客戶的尊敬，事情儘管很小，但是卻能決定你這次銷售是否會成功。一個不懂得電話禮儀的人肯定也是一位不懂得禮儀的業務員。

向客戶討一杯水，化解彼此的尷尬

銷售不是誰想做就能做的，也不是你想做好就能做好的！

銷售需要商業頭腦，更需要體察人心，看透客戶的內心才能敏銳的抓住行銷的脈搏。我們口口聲聲說體察客戶的內心，最關鍵要抓住一點——細節！

事實上，一些微妙的細節往往能影響整個大局的走向，比如去拜訪客戶，銷售細節往往能提高銷售成功率。

美國有一個偉大的業務員，他的推銷方法就很有一套。他敲開顧客的門後，第一句話說的是「您好，我是一個過路的業務員，我有點口渴，您能給我一杯水嗎？」幾乎所有人都不會拒絕一個穿著整齊大方、談話彬彬有禮的年輕人的小要求。喝水的過程中，他利用這段寶貴的時間向顧客談到了客戶的家庭和裝修，自然而然就引到了自己的產品上。實際上，這個業務員要水喝，無形中就給了顧客一個自我價值展現的機會。為什麼一杯水能發揮這麼大的作用呢？

直觀來講，你和客戶討水喝，自然就活躍了氣氛，也就淡化了銷售的直

接目的，在喝水的過程中你還可以跟客戶閒話家常，這樣既溝通了感情，也能對客戶的真實想法有所了解，這樣更容易成功。

在喝水的過程中，最好不要談及你的產品，可以先活躍一下氣氛，熟悉的客戶還好一點，陌生的客戶更需要你去「打動」他們！

談話時最好先從客戶關心的需求入手，那些把開場白設計得「商業氣味」十足的銷售人員，一張嘴幾乎就決定了失敗的命運。如果不考慮客戶是否對你所說的話感興趣，客戶都會覺得你很煩，希望這個討厭的人「趕快離開」！即使客戶允許你說完那段令人厭煩的開場白，他們也不會把這些東西記在心裡！在討水喝的過程中，我們要試著尋找客戶感興趣的話題。

引起客戶的興趣，就會使整個銷售過程充滿生機。幾乎所有的客戶在一般情況下，都不會在交談的初始階段對你的產品感興趣，銷售人員必須在最短的時間內找到客戶感興趣的話題，一邊喝水潤嗓子，一邊尋找合適的機會引出自己的銷售目的！比如，可以先談談客戶的家庭、孩子以及時事新聞，以達到活躍氣氛、增加好感的目的！

要想讓客戶更好的接受你，最好在第一時間傳達出你對客戶的誠意，而不是只關心自己的銷售額。如果你能讓客戶對你產生濃厚的興趣，那麼整個溝通過程中將充滿「歡聲笑語」，成交的比例也將大大提升！

喝水很可能就是我們打開銷售局面的一個巧妙的藉口，我們必須學會利用這個藉口，藉此訴說自己的銷售目的。當然，討水喝還需要注意一個問題，這個水最好是一杯白開水，千萬不能要什麼飲料之類的東西。

一個銷售經理讓 10 個業務員在推銷前先討一杯軟性飲料喝，結果銷售業績一點都沒有提升，甚至還出現了萎靡的現象。這是為什麼呢？

因為得寸後更容易進尺，你要求得越高，客戶相應的對你的要求也就越高，自然就增加了銷售的難度。

你去討一杯白開水喝，客戶幫了我們一個小忙，就像他做了一筆投資。人人都有怕失去的心理，他們害怕失去這份投資，於是就會追加了一筆更大的投資來保住先前的小投資。

從心理學的角度講，客戶給了你一杯水，他會產生一種錯覺，認為自己肯定是喜歡你才肯給你水喝，為了保持心理一致性，他會繼續喜歡你，所以只好接著幫你的「大忙」啦！

客戶的祕密是銷售人員最大的祕密

業務員老馬有個徒弟，剛剛入行，什麼都不懂。這天，老馬剛出差回來，就被老闆叫進了辦公室。「你是怎麼帶徒弟的，我沒少給你薪水吧？你知道不知道，就你手下那個小子把我的臉都丟盡了。」老馬一頭霧水，一打聽原來是這麼回事：

這個新入行的年輕人是個應屆畢業生，沒什麼經驗，心態也不是很成熟。一天，一個客戶上門要貨，特別提到說要一部分品質較差的產品。年輕人很好奇，就向客戶打聽，客戶笑了笑就走了。年輕人回頭就跟同事、其他客戶亂說，說這個買品質較差的產品的人有毛病，好貨不要專挑品質較差的產品。客戶知道以後，怒氣沖沖的找到了公司的老闆，說：「必須把這個到處說我壞話的小子開除，不開除的話，這事沒完沒了！」

於是，老馬只好把這個好奇心強大的年輕人攆走了。

「好奇害死貓」，亂說害死人哪！

美國憲法的一個顯著特點就是注重公民的隱私權。因為美國的信用卡購物非常普遍，一輸入信用卡號碼，就會顯現購物者的姓名和住址和所購物品的清單。如果商家隨意就把顧客的祕密透露出去，很可能會對客戶帶來非常「致命」的影響。假設一個未婚小學教師用信用卡購買了避孕藥，但在當地的

社會道德規範和宗教信仰中，婚前性行為是不能容忍的。如果這名買避孕藥的教師被透露出去，很有可能會被解僱，由此可見隨意透露客戶祕密是多麼可怕的事情！

也許你會認為購物是一個公開的行為，商家沒有為顧客保護隱私的責任。再說了，大家都不認識，沒必要為他人保護隱私。如果你有這樣的想法的話，那你離那個四處張揚客戶祕密的年輕人的命運已經不遠了！

我們不妨再舉一例。比如你要買內褲，因為銷售行為和購買行為都是公開的，從法律的角度上講，售貨員確實沒有保密的職責，顧客也不能有「保密的期望」。但如果你是一個名人呢？你願意自己的內褲尺碼曝光嗎？

很顯然，售貨員是不能隨便洩露社會名流的內褲尺寸的，這不僅是侵犯他人隱私，而且是一個很不文明的行為，甚至會惹來官司。

我們既然選擇了這一行，就要努力的去做好。任何的細節都不能忽視，細節往往是決定一件事的關鍵所在。客戶的祕密不是我們用來說笑的談資，也不是我們交換的籌碼，你今天說了客戶的祕密，也許明天就會失業！

這是個祕密時代，任何人都有自己的祕密。你的客戶有祕密，你也有祕密，誰都不希望自己的「底牌」被別人看到，我們千萬不要做「八婆」，否則不僅有損你的人格，對整個銷售也是有百害而無一利！

對客戶的祕密守口如瓶，這是和客戶做長久生意的必備良藥！客戶的祕密，打死我們也不能說！如果你不能把這些祕密爛在自己的肚子裡，也許明天你就會餓肚子！

顧客其實不願做上帝，更願做朋友

上帝是高高在上的，但是朋友卻是真實的。所以，在銷售的過程中，如果把客戶當作是自己的朋友，那麼，業務員就會以一種完全不一樣的態度來

對待客戶。

什麼是顧客？顧客就是到商店或服務行業來買東西的人或服務對象。所以，對於一名業務員來說，顧客就是自己的「衣食父母」。

隨著市場競爭日趨加劇，現在的顧客不再像以前一樣，為了買點熱銷商品，就得巴結討好業務員。現在的顧客不但不用去巴結業務員，相反的，顧客的地位發生了極大的變化，顧客成為了銷售的主宰，誰贏得了顧客，誰就贏得了訂單。所以，現在流行的說法是「顧客是上帝」。

但是上帝是什麼？上帝只存在於我們的理想中，上帝是不吃不喝的，如果相信上帝真的存在的話，上帝就會在冥冥之中關注著每一個人的成長……但正是因為上帝是這樣的，那麼上帝也就不買東西，就算買了東西，也不會付款，對於業務員來說，不買東西的上帝也就不能成為自己的準客戶。

並且，顧客是上帝，那也就意味著我們要盡心盡力的為客戶服務。「上帝」要買房子，我們有沒有想其所想，急其所急？「上帝」的房子漏水了，我們有沒有及時的給予安慰，以最快的速度為他們修理？「上帝」進行投訴，我們有沒有以最好的態度對待他們？但上帝離我們太遠了，是那樣的高高在上，遙不可及，所以我們搞不懂怎樣對待他。

所以我們很多時候就怠慢了「上帝」，那我們何不把顧客當成是我們的朋友呢？

一位客戶在一家製作禮品盒的公司訂購一種盒子，但是這位客戶提出了自己較高的要求，他想要這種盒子是高級的，同時還要省錢，並且要有好的品質。按照這種要求，這種盒子只能是一種紙質的禮品盒。當這家公司的銷售人員向他說出自己的想法的時候，他卻說紙質的盒子不高級，沒有質感。所以他一定要木盒，並且這種木盒一定要高級的。按照這位客戶的要求，那他的盒子成本最低也要 100 元，但是他對這位業務員說只能給 60 元的成本

預算。以這樣的價錢做一個高級的禮品盒，差不多也就剛剛夠成本，在這樣的情況下，怎麼辦呢？接還是不接？不接的話，因為這位客戶所要的數量很大，有 10 萬個，放棄太可惜了。要接的話，以這樣的價錢，只能用最差的木材。可是最差的木材能做出高級的盒子嗎？那是不可能的。但是，如果按照這位客戶的說法做，肯定達不到效果，怎麼辦？於是這位業務員在給這位客戶的樣品裡放了紙盒打樣。因為他想替這位客戶打兩種款樣，這位業務員就把兩種款式的盒子送給了他，讓他自己來看效果。如果客戶答應了，就大批量的生產。

也許有人會說，居然敢不按照顧客的要求來生產，那不是沒有把顧客的要求放在心上嗎？這樣的業務員能成功嗎？但事實卻是這位業務員成功了。他在客戶的要求之上加進了自己的建議。而客戶也接受了他的建議，改用紙質禮品盒，而不是拿糟糕的最差材料做的木盒。

如果業務員把客戶當朋友，那麼客戶也會把業務員當朋友，客戶在買賣過程中，會徵求業務員的意見，有時業務員不經意的一個建議，就會為客戶帶來強烈的影響。交易成功後他們也會心懷感激，在過節的時候發個簡訊或打個電話問候；在街上碰上，會很自然的拍拍肩膀，握握手……如果多一些這種朋友，對於業務員來說，工作會更舒心。然而要怎樣把客戶當朋友呢？

第一，多為客戶考慮。例如房地產業務員，客戶的要求是什麼，經濟條件如何，適合什麼樣的房子，怎樣才能讓客戶最滿意……如果業務員都把客戶的事情當成自己的事情來辦，這樣又何愁做不成生意呢？

第二，明確與客戶之間的關係。首先，客戶與銷售者是一種合作關係，不是對立的，如果把客戶當作自己的朋友，就很難產生刁難的客戶，這是一種雙贏的機制。同時，客戶與銷售者是一種制約關係，從客戶的立場出發，想他所想，以真誠的態度處事，讓產品和服務超出他的期望並讓他驚喜，不是客戶想要什麼，而是我們為他提供了什麼，並為他創造了什麼，除了滿意，還有新的價值 —— 客戶的滿意機制，這樣客戶就會成為一種穩定的客戶。

客戶是上帝，那是傳統的說法，在現代，要想真正的進入客戶的心靈，成為客戶不可或缺的人，那麼你在把客戶當做是上帝的基礎上還要把客戶當成朋友。

用銷售人員的專業術語容易征服客戶

銷售是一項目的性很強的活動，那就是要把產品賣出去，如果產品在自己苦口婆心的講解下還是賣不出去，那這次行銷就是一次失敗的行銷。

每一行都有每一行的術語，每一種產品都有每一種產品的術語，俗話說，隔行如隔山，說的就是不在同一行裡面，要想懂得那一行的情況是相當困難的。客戶購買業務員的產品，這一結果就是客戶對業務員一個信任的過程，如果要是客戶不信任這位業務員，那麼要想使客戶掏腰包那是不大現實的。而反過來說，如果業務員在推銷的過程中，客戶十分信任這位業務員，甚至雙方的關係到了很熟的地步，那麼，推銷也就成功了一大半。

而怎樣讓客戶相信你呢？你身為一名業務員，也許客戶根本就不認識你，要他相信一個陌生人天花亂墜的話語而購買你的產品，這不是天方夜譚嗎？而這不是天方夜譚，但是前提是你必須對你的產品或服務非常熟悉，非常專業。而如何讓客戶相信你的專業？方法只有一個，那就是使用專業性的語言。如果你是做電腦銷售的，如果你連 CPU 都解釋不清楚的話，那客戶不選擇你的產品才是明智的選擇。在向客戶介紹產品的時候，千萬不要在客戶問你時有這樣的回答：這個參數我不是很了解；我要問問技術人員；我需要看看說明書；我在郵件中跟你說明等語言。這樣的話，客戶怎麼能夠相信

你，客戶又怎麼能夠相信你的產品？

那麼，業務員在銷售的過程中，使用專業術語是不是越多越好呢？

有一個電信公司的業務員向客戶打電話介紹自己的產品，說網內通話費每分鐘 2.5 元，網外通話費每分鐘 4 元，而這位客戶恰好是一位漁民，他就納悶了，我裝電話怎麼就在我家的網內、網外打電話呢？那不是讓我都不能去捕魚了。於是這位客戶非常生氣的掛斷了電話。這位客戶不是專家，他怎麼能聽懂什麼是網內，什麼是網外？

又有一名汽車業務員，是專門銷售進口車的。他在向客戶介紹產品時說：「這部車本身的體積很大，所以有些人擔心不容易駕駛。由於本車是美規車，所以駕駛起來非常輕鬆自在……」

「可是，我從來沒有駕駛過美規車……」

「所以才要請您來試試美規車……」

這兩位業務員在向顧客介紹產品時，都習慣用一些專業術語。如網內、網外、美規車，這些用語若用在同行之間，往往能發揮節省說話時間、加強彼此親密感及提升效率等效用。但是，這種專業術語只適合用在同行之間，卻不適合用在對顧客介紹商品時，因為顧客對這些專業性的術語也許根本就聽不懂。

在銷售中，有些業務員喜歡把「故障」說成「Trouble」，把「機械構造」說成「Machanical」，顧客根本就不明白整句話的意思。這些專業術語是因為平常和同事之間經常使用，因此早就養成了習慣，在面對顧客的時候很自然的就掛在嘴上，而忘了顧客是否聽得懂。有些美容師為了表示自己具有豐富的專業知識或外語能力，總是喜歡在說話時，故意的穿插一些別人聽不懂的專業術語或外語，然後再大費周章的向顧客解釋這些用語的意思。美容師還沾沾自喜的認為自己的專業水準很高，才會用這些別人聽不懂的用語，她卻疏忽了這樣介紹產品，反而會降低顧客對產品說明的興趣。

所以，使用專業性術語在推銷的過程中不一定不好，但是要適可而止，使用專業術語的前提是客戶能夠聽懂，如果你判斷客戶不能聽懂的時候，可以恰當的利用舉例子、打比方等修辭來向客戶解釋，或者乾脆介紹時用語普通點，這樣才能讓顧客充分快速的了解到產品的特質。

銷售中客戶需要你專業性的講解，但是這種專業性要以客戶能聽懂為前提，要是你只顧著從專業的角度為客戶介紹產品，卻不顧及客戶的感受，那麼你的講解將得不償失。

乾淨整潔的著裝，也會贏得客戶好感

對於推銷人員來說，不僅是在推銷產品，同時也是在推銷自己，並且推銷自己是推銷產品的前提。

有些銷售人員看起來並不是很專業，也不是很會說話，但是就是因為著裝得體，每次和客戶見面都能讓客戶留下很好的印象，因而一直以來銷售業績都不錯。但是有些銷售人員看起來很有能力，並且事實上也是有能力，並且在銷售的過程中也能說會道，而就是因為他們在著裝上很隨意，所以他們一直都只能在他們的那些老客戶裡打滾，而一直開發不出新的客戶，所以他們的銷售業績一直都是平庸的。

阿強是一家公司的經理，有一次他與一個供應商開會，洽談生意上的事。供應商來開會的是三男一女四個銷售人員，但是阿強和他們一見面，認為四人中除了那位銷售經理著裝比較得體之外，其他三位銷售人員的著裝則讓阿強「大開眼界」。

當時的天氣有點冷，但是還沒有到那種非穿厚衣服不可的地步。在這樣的天氣中，其中的一位男業務員卻迫不及待的穿上了一件看起來很時尚的長

款風衣，阿強原本以為那位銷售人員會在坐下來開會之後把風衣脫下來，但是那位銷售人員卻在會議上一直穿著那件風衣，也許是自以為感覺很酷，但是這種著裝在阿強的眼裡，卻像是一個扮演探長的電影演員。另一位銷售人員則是穿了一套淺米黃色的西裝，不知道是他僅此一套西裝的關係還是另有原因，那淺米黃色西裝看似夏季的服裝，與目前已經開始颳起寒風的秋天格格不入，而且他穿一件深橙色的襯衫配上一條黑色的細皮領帶，再與鮮豔的深橙色和淺米黃色相配，倒是有些潮流年輕人的時裝味道，在阿強的眼裡，這種著裝也許是當時很流行的款式，但是在那樣的場合，這種打扮卻完全與其職場身分不合。而那位女業務員，則更加讓人目瞪口呆，她上半身的打扮看起來還很專業，白色的襯衫配黑色的西式外套，但是一看她的下半身，則讓人大吃一驚，她竟然穿著一條黑色皮的超短裙，腳上穿著一雙黑色的長靴子，大腿上還可以清楚的看到帶有花紋的黑色絲襪，好一個「性感」女郎。

而他們的經理則穿著一套正式的藍色西裝和白色襯衫，還有藍色花紋的領帶，顯然這位經理的儀表在三位業務員的襯托下更顯自信和文雅。但是不管這位經理怎樣的穿著和打扮，仍然不能挽回公司的形象，因為公司的形象已經被這三位著裝怪異的銷售人員給破壞了。

業務員著裝的重要性

著裝對於銷售人員來說，是成功推銷的一個非常重要的組成部分。

因為專業是一種身分的象徵，而著裝又是銷售人員的一種專業象徵。因此，對於銷售人員著裝的要求是一種職業的必然，如果一家公司的銷售人員連著裝都不能夠符合一種職業的基本標準，客戶是不會太相信這樣的公司是一個好公司的。不過，在商場上，確實有一些公司並不重視這一點，由於有些企業與自己的客戶是基於一種良好的關係，因此業務員的「第一印象」倒

是起不了任何作用，但是這類公司很難去開發新客戶的領域，所以業績也難有突破性的擴大。

銷售是一門永遠都要與客戶親自打交道的職業，那麼業務員在與客戶初次見面的過程中，客戶並不想去了解你是否是一個很好的業務員，你是否很有能力。而客戶能否記住你或者對你感興趣，往往是從他們對你的第一印象中來的。而要客戶對你的第一印象好，著裝和儀表則是關鍵因素，好的儀表和合適的著裝，能為客戶帶來神清氣爽的感覺，第一印象好了，那麼就能夠幫助業務員在與客戶建立關係初期，可以節省很多時間和減少很多不必要的麻煩。

怎樣的著裝才得體

一般情況下，業務員西裝革履是一種很不錯的選擇，因為這種打扮給人的感覺是幹練、有魄力。但是是否任何時候都可以穿著西裝去銷售呢？答案是否定的，因為有時候要因拜訪的對象不同而穿不同的服裝，因為如果業務員與客戶之間著裝反差太大的話，會無形中拉開雙方的距離。例如，建材業務員經常要拜訪設計師和包工管理人員，對前者當然要穿襯衫打領帶以表現你的專業形象，對後者若同樣著裝則有些不妥。因為施工工地環境所限，工作人員不可能講究著裝，如果你穿太好的衣服跑工地，不要說與客戶交談，可能連辦公室坐的地方都難找。

所以，對於業務員來說，見什麼人就穿什麼樣的衣服，才是獲得成功的前提。

客戶之所以要買你的產品，就是他們對你這個人有好感，要是客戶對你這個人沒有多少興趣，就算你的產品再優惠，也得不到客戶的青睞。因此，拜訪客戶的時候，你要隨時隨地注意自己的儀表和著裝。

用細節感動客戶，記住客戶的重要日子

想追求一個女孩，必須記住她的生日以及她媽媽的生日，還有什麼情人節、平安夜甚至還有她的經期。記住戀人的重要節日是對她的重視，也是對她的愛的一種表現！

客戶也是如此，你重視客戶，最好記住客戶的重要節日。現在什麼都講究人性化，我們的服務也要人性化，多關心一下你的客戶準沒錯。

我們這麼做的目的是為了能和客戶進行良好的溝通，為了建立良好的關係。和客戶溝通，關鍵是情感交流。首先你要真誠，必須用自己的人格魅力，比如正直、誠實去贏得客戶的好感。同時，要多了解一下客戶的喜好，並記住客戶的一些重要節日。

在客戶重要節日裡，發給他一則問候的簡訊或者送一個精緻的小禮物，都能幫助你建立良好的關係。你關心客戶，他們還可能幫助你進入更廣闊的交際圈，為你介紹更多的生意。

從事銷售業，我們必須學會人性化服務，去主動關心客戶的需求。拜訪客戶時一定要注重細節，在客戶的某些重要節日送小禮物就是個好辦法，就算不花錢，打個電話說幾句好話也是必要的。另外，對客戶出現的問題也要及時給予解決，最好能讓客戶感覺到花 1,000 元就能享受 10,000 元的服務！

如果我們喜歡一個人，大部分人都會千方百計的搜集對方的資訊，比如姓名、電話、興趣愛好、愛吃的食物、喜歡什麼樣的衣服等。有了充分的準備就能做到有備無患、有的放矢。

同樣，面對一個新客戶，收集資訊也是實現交易的必要條件。和追求女孩子一樣，開發新客戶也要明確知道對方的地址、電話、網站、聯絡方式等。當然，就像你某一天在大街上看到一位帥哥或者美女一樣，想認識不容易。對我們來說，完全陌生的公司，要了解負責人的資訊是非常困難的。這就需要業務員的本事了，千方百計打聽清楚了，「人肉搜索」一番，知道了，接著就從他們的一些重要節日入手吧！

一般來說，客戶選擇產品，首先關注的是廠商的實力，然後是產品的品質和價格。但是對一個產品的認同，90％來源於銷售人員的一言一行，所以，業務員與客戶溝通一定要真誠，用自己強烈的信心去感染客戶，千萬不能迴避競爭對手。

如何突破客戶的心，最關鍵的是要抓住客戶最關心的話題，這時你收集到的資訊將發揮極大的作用。在和客戶交流的時候不要滔滔不絕，不能信口雌黃。

有了一定的溝通鋪墊，向客戶說明了自己公司、產品的優勢之後，切不可直奔主題，還需要一段緩衝期。這段時間業務員可及時追蹤客戶，並透過各種方式不時的聯絡客戶，讓客戶記住你。想讓客戶記住你，一般可以透過節日問候、節日禮物等情感投入來獲得客戶的情感認同！

培養好感是維繫男女雙方繼續交往、最終確立戀愛關係的鋪墊。對銷售人員來說，情感上的認同也是新客戶開發成功的基礎。不僅追女孩要記住她們的重要日子，做業務也是如此！

衣著不僅是個人形象問題，更是對顧客尊重

銷售怎麼穿衣服？出去拜訪客戶穿什麼好呢？很多銷售人員對這個問題感到很苦惱。大企業的員工都有統一的制服，在公司上班穿著還好，但是拜訪客戶穿著工作服似乎也不是很合適，容易讓客戶產生抗拒心理。到底業務員要穿什麼樣的衣服呢？下面，我們就來看看在銷售隊伍中經常見到的一些著裝習慣。

隨意裝

這個隨意並不是說休閒裝，而是指在穿著上不修邊幅，邋邋遢遢的人。這樣的人能做成銷售生意，可以稱得上一種奇蹟了。穿著隨意，一見面就會讓客戶感覺不舒服，99%是再沒有第二次見面的機會了！

休閒裝

銷售不是不能穿休閒裝，穿休閒裝的銷售人員不是新手，就是高手。區別很明顯——新手思維混亂，高手氣定神閒。穿成這樣的好處是能突出個性，可以迷惑客戶，削弱客戶的抗拒心理。壞處是，一旦你表現不好，也就宣布了你的「死刑」。

正式服裝

襯衫、西褲、公事包，看看吧，滿大街都是，這樣的搭配已經成了現代業務員的標誌性著裝。這樣的穿著會給人一種乾淨、專業、神采奕奕的感覺，但是「一看就知道是業務員」，會給客戶一定的抵抗心理。

高級正式服裝

高級在哪裡？很可能就多一條領帶，或者是名牌的西裝，總之，要讓客戶感覺你是經理級別的，你是有品味的。人們都願意和管事的說話，穿得高級一點，顯得比較高層。不過，現在穿這樣的人越來越多，很難讓客戶留下深刻印象。

老闆裝

老闆沒有固定服裝，老闆也沒必要「裝」（著裝），他們需要「裝」（扮演）！你一出手就是什麼成本、利潤、發展，裝得像老闆，拿的絕對是大單。

但這就要靠你的能力說話了，裝不好就是死。

寫文章的人都知道，文無定法，穿衣服也是如此，銷售人員穿什麼，要根據不同的客戶分別對待，客戶喜歡什麼，我們就要穿什麼。「上帝」喜歡什麼，我們就做什麼！

銷售的過程，也就是一個滿足客戶需求的過程。當你的產品能帶給客戶利益時，客戶才會信賴你。除了產品，業務員在拜訪客戶時的一些細節處理也能影響到銷售的成功率。比如，我們現在所說的著裝，實際上也是滿足客戶心理需求的一種表現。

那麼真正合理的最佳著裝方案是什麼呢？「客戶＋ 1」法則！

儘管西裝革履再拿一個公事包，更能展現公司的形象，但有時候還是要看被拜訪的對象，還是我們說的那句話：看人下菜碟！如果你和客戶著裝的反差太大的話，很可能會使客戶感到不自在，這樣在無形中就拉開了彼此的距離。

如果你是一個建材業務員，大多數客戶都是建築設計師和工頭，見設計師穿西裝打領帶可能很合適，更能表現你的專業形象；但是你去見工頭就有點不妥了，受到施工環境的限制，他們的穿著不可能太講究，如果你穿得跟花蝴蝶似的跑工地，不要說與客戶交談，可能連坐的地方都難找。

銷售專家們都認可這樣一個理念：最好的著裝方案是「客戶＋ 1」，你只需要比客戶穿得好「一點」就行了，這樣既能表現你對客戶的尊重，又不會拉大雙方的距離，更容易對話和協商！

第十九章

在談判中俘獲顧客的心理

放長線，方可釣大魚

唐代有位竇公，對理財十分在行，可惜他卻沒什麼大財可理，難以施展賺錢本領。一日，他在京城中四處閒逛，尋求賺錢門路。在郊外，忽然看到一座大宅院，一打聽，原來是一個位高權重的宦官的外宅。

他走到宅院後花園牆外，看見一個水塘，直通小河，但沒有人打理，水有點髒。竇公想，我的財路來了。他以極低的價錢收購了這塊含有水塘的荒地，又借了些錢，把水塘砌上了石岸，疏通了水道，種上了蓮藕，養上了金魚，還在周圍種上了玫瑰花。

第二年春天，宦官逛後花園的時候，聞到了花香，到牆外一看，十分喜歡這個池塘。竇公毫不猶豫的把這塊地送給了宦官。兩個人自然就成了朋友。看看時機成熟，竇公裝作無意的說想到江南走走，宦官說：「竇兄，大可放心，兄弟替你寫上幾封信，讓地方官吏多照應一番。」

竇公拿著宦官的這些信，靠官府撐腰，賤買貴賣，不出幾年就賺了大錢。後來，他在皇宮東南處的低窪地上填土造館驛，極力模仿不同國家的房舍，專門接待外國商人，同時還興建各種娛樂場所，慢慢這條街就變成了「長安第一遊樂街」，竇公也成為了首富。竇公靠一個小小的魚塘最後成為超級富人，靠的就是「放長線，釣大魚」的理念！

懂得釣魚的人都知道，一旦大魚上鉤了，不能馬上就拉竿，否則大魚很可能會掙脫逃掉。所以，要不斷放長線，讓大魚跑，直到大魚跑累了，再拉上來就輕而易舉了。

在行銷策略上，一家菸商打入歐洲市場用的也是這一招。一開始，先免費贈送兩條菸給一些城市裡的名人，讓他們上癮，然後突然停止供應，人們就不得不自己掏錢買。不僅如此，同時還利用了名人效應，為自己做了活廣

告。雖然菸商免費贈送付出了很大的成本，但他們所獲得的回報也是驚人的。很快，默默無聞的菸商就成了世界知名香菸。

放長線釣大魚，也就是所謂的欲擒故縱，關鍵點在於「縱」，要有準確的判斷和果斷自信的付出。在談判的時候，這個「縱」也是至關重要的，有時候甚至能影響到整個交易的生死！

一般施展欲擒故縱法，需要兩個人，兩人組成一個談判小組，一個在談判初期發揮主導作用，另一個在結尾扮演主角。通俗的講，就是一個扮白臉一個扮黑臉。在洽談開始時，「黑臉」保持沉默，努力尋找解決問題的辦法，當然是在不損害客戶「面子」的原則下。另一個說軟話，盡量和客戶的心理相接近，讓客戶感覺到合理性，談判也就接近於成功了！

當然，更多的時候是業務員單槍匹馬去迎戰，單刀赴會也可以運用欲擒故縱的方法，剛開始先適當做一些讓步，讓客戶的心先放鬆下來，然後再慢慢增加籌碼，也許更能說服客戶，千萬不能著急，把線放得長遠一點，收回來的魚也許更大！

察言觀色，善用情感溝通

重視人的情感和情緒是一種為人處世的基本技能。戴爾・卡內基曾說過：「與人打交道時，要記得和您打交道的不是邏輯的生物，而是情感的生物。」

人，是具有感情的動物；「情」，是建立良好的人際關係的樞紐。談判過程中，要想得到對方的理解與合作，就應該把情感因素放在一個重要的位置上來考慮。在談判中應處處以情動人、以情感人，如此，才會贏得對方的好感與認同。談判者對利益的取捨，除了受他自己立場的影響以外，也會受到其感情的左右。

第十九章　在談判中俘獲顧客的心理

某保險公司的經理去找一位對他有誤會、一直以來認為在受他壓制、本月又未完成行銷任務的行銷人員談話。還沒有等他開口說話，就感到對方帶有一種明顯的抵抗情緒。顯然對方以為他是來興師問罪的。經理察覺出對方的抵抗情緒之後，及時轉換了話題，微笑著說：「我是來聽聽你對公司近來工作的意見的。」對方見經理心平氣和，慢慢的消除了戒備心理。隨後又提出了一些有價值的建議。經理在表示接受他的建議的同時，逐漸轉入了正題，與他探討未完成任務的原因及今後工作的策略等，顯然經理達到了他的預期效果。

無論在談話或談判過程中，注意對方的情緒是關鍵性因素。一個談判者能否根據對方的情緒變化，找出合適的談判策略，是促使談判成功的關鍵。

一家開發公司的劉經理去找另一公司的李經理洽談一筆生意。寒喧過後，兩位老朋友情緒還算穩定。但當涉及具體價格時，特別注重經濟效益的李經理便顯得煩躁不安，情緒變化明顯加大。在李經理看來，價格出入太大，似乎不能接受。劉經理看出李經理的情緒變化，馬上找出一些無關緊要的話題與之攀談，待對方平靜下來之後，才回到原本的價格問題上來。李經理從與劉經理的交談中發現對方並非是想敲他的竹槓，便主動做了一些讓步，終於做成了這筆生意。

俗話說，言為心聲。就是說，說話人的語氣、語調、音量大小等都是其情緒的外在表現。認真傾聽和辨析對方的語言，能夠相當準確的判斷對方的情緒變化。在與對方溝通過程中，透過對方的言語能夠判斷出對方的身分、要求、目的以及對方的心理等。

說話情境與說話的情緒有關。注意對方所處的說話情境也是非常重要的。

某經銷建築材料的經營者因拖欠了建材廠商的一筆不小的欠款，廠商便

派專人前來討債。當來人聽說此人因病住院後，並沒有馬上前去討債，而是買了些補品，到醫院探望。並佯裝是廠長要其來了解行情以及客戶的要求等。過了一下子，他們的話題轉到了建材的生產和銷售上，但來人仍舊沒有提討債一事。那個經營者慢慢意識到來人的用意，便抱歉的說：「欠你們的那筆款項，我一出院馬上匯過去。」顯然，這是一位高明的討債者，也是一位善解人意的討債者。若一開始就向對方要債，結果很難預料。

一名日本豐田汽車公司的業務員在世界石油價格暴漲，汽車銷量銳減，汽車工業面臨嚴重困境的情況下，面對猶豫不決的顧客，以其流利的英語即興說道：「現在油價這樣高，買轎車顯然是不划算的。只有不會算帳的傻瓜才會選擇這個時間買車。我仔細想了想，最好的辦法就是買輛自行車上班會更好些，既不耗油，又能鍛鍊身體。上個月我便興沖沖的開始騎車上下班了，路上整整花了我 4 個小時的時間。我的上帝啊！一到公司我已經累得滿頭大汗了。你知道當時我躺在沙發裡一動也不想動。可一想，不行啊，如果被老闆發現那可不是鬧著玩的，所以只得拚命支撐著自己，起來工作，好不容易熬到下班，累得我渾身骨架像散了一樣。當我拖著疲憊不堪的步子到了門口時，突然想起還要騎著自行車回家，真想大哭一場。這時我才明白，無論如何轎車是不能少的，但最佳的選擇是要買省油的車。我們公司的豐田轎車是最省油的，而且價格又便宜。因此買豐田車應該說是最明智的選擇。」

這個業務員在說服顧客的過程中，站到了對方的立場上，充分考慮了省油和價低兩項指標，在顧客認同了他的觀點之後，打開了汽車的銷路。

上述是以情動人的一個典型範例。在談判中，以情動人的關鍵是關心對方的利益。因為人們普遍認為：了解別人的人，不但富有智慧，同時又具有同情心。所以，當你想讓對方了解你的利益時，首先應向對方表示你也很重視他的利益。站在對方的立場上去說服對方，是一個聰明的談判者的明智之

舉。記住，談判時切記不能將自己的意志強加於對方，應從關心他人入手，讓對方認為你是一個可以信賴的夥伴至關重要。

美國紐約的迪巴諾公司是一家名氣很大的麵包公司，它的業務遍及紐約的各大飯店和食品店。但有一家大飯店卻從未向迪巴諾公司訂購過麵包。這使公司老闆迪巴諾很不滿意。為了向這家飯店推銷麵包，他幾乎每個星期都要去飯店拜訪經理一次。但 4 年已經過去了，仍然是一無所獲。在一個偶然的機會，迪巴諾得知飯店老闆是美國飯店協會會員，並擔任會長，同時又兼任國際飯店協會的會長。有了這個消息，迪巴諾再一次去拜會了飯店老闆。這次他沒有再談麵包，而是以飯店協會作為話題，引起了飯店老闆的興趣，於是，老闆興致勃勃的談了近 35 分鐘有關協會的問題，迪巴諾做出十分仔細傾聽的樣子。老闆說他想進一步擴大組織，邀請迪巴諾加入。幾天後，迪巴諾接到了飯店採購部打來的電話，讓他送些麵包樣品和價目表。迪巴諾的努力終於有了結果，顯然是對對方感興趣的問題的關注產生了很大的作用。由此可見，為對方考慮，向對方展示其所需或滿足其所需，對方通常不會築起對峙的心理防線，但作為談判者應該注意的是：首先要掌握住對方的心理。

人們不但會因性別、年齡、職業、民族、文化、教養等因素而形成較穩定的對人、對物的評價態度，形成較穩定的心理狀態，也會因具體的時空場合、人事環境等因素產生瞬間的心理變化。不同的心理會影響對你的觀點、看法和態度的認可。因此必須掌握住對方的心理，針對其特定的心理來做說服工作。其次，入情入理的幫助對方發現並滿足其所需，才會使談判成為可能。否則，如果不考慮對方的需求，雙方交談很難有共同語言，對方很難接受你的觀點。只有當對方認知到自己的需求與你的觀點、主張可以求得一致，而且接受你的說服可以滿足自己的某些利益時，他們才會很容易的認可你的觀點。如此有的放矢，一般是會成功的。就像那位船長告訴英國人跳水

有益於健康一樣，英國人在「有益健康」的誘導下跳入了大海。因此，談判雙方在某些問題上發生爭議，最主要的任務是尋求雙方都滿意的成交協議，即發現共同的利益所在。當雙方有很大的分歧時，運用「以情動人」的手法就顯得格外重要了。

談判中「不」是門高深的藝術

當你感覺客戶給出的價格自己根本無法接受時，你必須學會拒絕，但你不可能直接看著客戶的眼睛說「不」吧？

直接的拒絕太死板、太武斷、太粗魯，會對客戶造成一定的傷害，必然會產生僵局，結果導致生意失敗那就不好了！所以，拒絕也有「藝術性」，盡量不要傷害客戶的感情，下面就教你幾招「藝術性」的拒絕技巧：

「換藥不換湯」

某公司業務員面對客戶對自己產品知名度的質疑，坦然的說：「您說得沒錯，我們的品牌不是很知名，那是因為我們把大部分經費用在了產品研發上，您看看，這些產品樣式多時尚，品質絕對不差，上市以來銷路非常好，有些地方竟然缺貨……」

談判時，人人都渴望被了解和認同，當你不得不拒絕客戶時，一定要記得這一點，並要加以利用，從對方不同意見中找出和你相同的「非實質性」的內容，並加以極力肯定，讓對方和你產生共鳴，讓你們雙方產生「英雄所見略同」之感。好了，客戶上了你的「套」，什麼問題不都好說了嗎？

不妨幽他一默

幽默是談判的利器，當你感覺談判陷入僵局時，不妨幽他一默，讓客戶

聽聽你的畫外音，客戶聽明白了，自然不會再提什麼過分的要求，這是生意場上一個很奇妙也很藝術的拒絕方法！

某洗髮精在抽檢時被客戶發現有分量不足的現象，客戶趁機對談判的銷售人員討價還價。這個業務員微笑著娓娓道來：「美國專門為空降部隊傘兵生產降落傘的軍工廠，產品不合格率為萬分之一，這就意味著 1 萬名士兵將有一名因為降落傘的品質缺陷而犧牲，當然是所有人都不能容忍的！所以，軍方想了一個辦法，他們在抽檢產品時，讓軍工廠主要負責人親自跳傘。從此以後，降落傘的合格率為百分之百。如果您取貨後能把那瓶分量不足的洗髮精贈送給我，我將與公司負責人一同分享，這可是我們公司成立幾年以來第一次碰到使用免費洗髮精的好機會啊！」這樣的拒絕方法不僅能轉移客戶的視線，還能闡述拒絕否定理由。顯然，這是非常巧妙的，也是非常成功的！

曲線補償法

拒絕總是令人不快的，不管你的拒絕多麼合理，客戶都會感覺到不痛快。這時你不妨對「拒絕」進行一些額外的補償，可以在能力所及的範圍內，給予客戶適當的優惠條件，這就是我們所說的「曲線補償法」。

這種方法在談判中也經常用。比如你去推銷電動刮鬍刀，你可以說：「這個價位真的不能再降了。這樣吧，我再給您配上一對電池，電池也可以零售嘛！」

「雖然我們的產品成本稍高一點，但美觀耐用，安全節能，售後服務完善，每年還免費上門替您保養維護，解除您的後顧之憂，絕對是您最明智的選擇！」這樣一說，客戶就不會感覺你的產品貴了！

移花接木法

在談判中，如果你感覺自己不能滿足客戶的條件時，可採用移花接木的

方法，委婉的表達自己的拒絕，更容易得到對方的諒解。如「很抱歉，這個超出我們的承受能力……」「除非我們採用劣質原料使生產成本降低 50%，才能滿足你們的價位。」

你可以暗示客戶，委婉的告訴他，他所提的要求是可望而不可及的，也可以運用社會局限如法律、制度、慣例等無法變通的客觀限制，如「如果法律允許的話」、「如果物價部門首肯的話」……

拒絕不是冷冰冰的刀子，也不是疾風暴雨式的子彈，需要的是和風細雨式的潛移默化！有時候，採用溫婉巧妙的方法更能達到良好的「拒絕效果」！這是我們銷售人員在和客戶談判時必須要學會的談話技巧！

誰選擇談判地點，誰就掌握主動權

很多客戶都是「在自家霸道」，到了別人的「地盤」上，就老實多了。如果客戶對你不是很信任，或者你為了向客戶展現自己的實力，你可以主動邀請客戶來自己的公司考察。在自己公司談判，對己方絕對是有利的。

當然，不能因為客戶來了，就覺得自己了不起。千萬要客客氣氣的，維持好自己的形象。到了吃飯時間，不管談得怎麼樣，都要請客戶吃飯。即使客戶不吃，挽留也要誠懇，記得多說幾句「別走了」！

到客戶公司去談判，就要仔細觀察、了解客戶各方面情況。包括客戶本人、員工、機構、管理等方面，還要觀察客戶最後是怎麼拍板的，是一個人決定，還是要和誰商量，或者是開會決定。你了解得越多，談判成功的機率也就越高。細節是人心理的指南針，細節通向客戶的內心。你的眼睛就是攝影機，要把客戶的一切記錄下來，不能遺漏任何一個可疑點。

到客戶公司，關鍵的一點是感受對方對你的重視程度。比如談判的時間、參與的人數、客戶所說的客氣話等。如果客戶要請客，注意觀察客戶的表情，看看真假。吃飯點菜，不管客戶多有錢，你都不要點貴的。點什麼，你都要說「讓您破費了」。但切忌不要阻止客戶點貴的，因為客戶願意為你花錢，很可能是想把事情辦好，對你是有利的。

餐館是個好地方，在這裡談生意效果往往神奇。有時候，平時辦不了的事情，喝了幾杯酒就成了。酒精的力量在人際關係中有著超乎尋常的作用！如果你請客戶去的是不熟悉的高級餐廳，有必要熟悉一下餐廳的環境。否則，客戶想找個廁所，你都不知道，說明你平時很少來這樣的餐廳，想必也沒什麼錢，顯得自己很沒實力。

除了餐廳還可以選擇咖啡廳或者茶館談事情，在這裡談判更清靜，價格不貴，可適當考慮多安排幾次。這樣的地方比較有文化氛圍，有益於緩解談判時的刀光劍影，也許會獲得意想不到的效果！

不管在什麼地方談判，一定要給予客戶希望。抓住客戶的心理，無論在什麼地方談判，他都會圍著你轉！

不可盲目進取，應步步為營小心求證

一個優秀的談判者必須保持著懷疑的態度，在評估對方所說的話時，要注意到下列四個原則：

（一）　永遠不要將任何事情視為理所當然。

（二）　每一件事情都要經過調查。

（三）　要讓每件事情看起來都很合理；如果認為不合理時，就要保持懷疑的態度。

（四）　在事實和對事實的解釋間要劃出明顯的界限，不要被對方所愚弄。

單單知道策略還不夠，如果整個策略部署失當，則談判無法獲得成功。

策略的目標和策略的施行程序，要比策略本身重要多了。歷史上有許多偉大的策略，就因為部署失當而失敗。所以策略的本身和策略的部署是相輔相成的，二者並不相同。

彈性的運用策略是必要的。因此此時適用的策略，以後未必就能適用；適用於你的策略，未必就適於他。在談判剛開始時，用起來合適的策略，以後可能就不適用了；昨天有效的策略，明天不一定會有效。

不斷的評估策略的適宜性是件非常重要的事情。在每次的談判中，聰明的談判人員常會一次又一次的問自己這些問題：

（一）　我能不能運用新的策略，求得更好的成果？

（二）　此刻是不是變換策略最適宜的時刻？

（三）　對於不道德的策略，是否應該加以懲罰？

（四）　對於我使用的策略，對方會有怎樣的反應或解釋？

（五）　對方會不會進行反擊？

（六）　假如我的策略被人識破時，我會不會因此而失掉面子或者失去議價的力量？如何才能將損失減少到最低的程度呢？

策略的選擇往往牽涉到道德的問題。在商業或政治上的成功，並不能證明所使用的手段是正當的。不管你喜歡與否，每個談判人員在選擇策略時，都有他個人的愛好。

在選擇策略時，不應該忘記的原則是，除非你已經仔細想過對方可能一採取的應付方法，否則不要輕易使用任何一種策略。忽略了這一點，你的處境很可能就會和以下這個購買者一樣。他告訴賣主，除非這個價格，否則我就不買。結果他被老闆開除了，因為賣主把整個經過都說了出來。所以，任何一個優良的策略，都必須有彈性的運用，此外還得配上良好的商業判斷力。

談判就是要抓住對方軟肋，進行痛擊

眾所周知，日本商人勇於實踐，富有經驗，深諳談判真諦。他們謀略多變，善於運用談判的各種戰術，來達到自己的目的。日本的談判高手素有「圓桌武士」之稱。正是面對這樣強大的對手，某公司就進口農業加工機械設備，與日方展開了一場別開生面的談判，而這次談判成為了一個成功的案例。

日本生產的農業加工機械設備，是不少企業都急需的關鍵性設備。某公司正是基於這一目的，與日商進行了買賣談判。談判伊始，按照國際慣例，由賣方首先報價。大家知道，買賣雙方在談判開局的報價很有學問，報價過高會讓對方覺得你沒有誠意，甚至會把對方嚇跑；而報價太低，則會讓對方輕而易舉的占了便宜，實現不了獲得高利益的高目標，這是賣方所不願意看到的情形。因此，談判高手常常在科學的分析己方價值構成的基礎上，在這個幅度內「築高臺」來作為討價還價的基礎。日方深諳此道，首次報價為全套設備 1,000 萬日幣。這個報價離實際賣價差距很大，買方非常清楚。日方之所以這樣做，是因為以前他們的確賣過這一價格，如若買方不了解當時的國際行情，就會以此為談判基礎，日方就有可能由此獲得厚利。如若買方不能接受，日方也能自圓其說，可謂進可攻，退可守。

由於買方事先已摸清了國際行情的變化，深知日方是在放「試探氣球」，於是單刀直入，堅定的指出，這個報價不能作為談判的基礎。日方對買方的斷然拒絕也深感震驚。據他們分析，買方已經掌握了國際行情的變化，自己的高目標恐難實現。於是便轉移話題，介紹自己的產品品質特點和產品的優越性，以求採取迂迴前進的方法來支持己方的報價。這種做法既迴避了自己被對方點破的可能性，又宣傳了自己的商品，同時還說明了自己報價偏高的

原因，可謂一舉三得。

但買方一眼就看破了對方的「空城計」。因為在談判之前，買方就已經摸清了國際市場行情，而且也研究了日方產品的性能、品質、特點以及其他同類產品的相關情況。於是買方明知故問：「不知貴國生產此類產品的公司有幾家？貴公司的產品優於A國、C國的依據是什麼？」買方此問題的意思非常明確，買方非常了解此此產品的有關情況，同時此類產品也絕非對方一家公司所獨有。這使對方陷入了答也不是，不答也不是的尷尬境地。但對方畢竟是談判老手，對方主談人員藉故離席，談判副手亦裝作找資料，低頭不語。過了一下子，主談人員神色泰然的回到桌前，顯然他在此期間已想好了對策，問他的助手：「這個價格是什麼時候定的？」助手早有準備，答道：「以前定的。」於是，主談人笑著解釋說：「唔，時間太久了，不知這個價格是否有變動，我們只好回去請示總經理了。」顯然對方在替自己找退路。此時，如果買方繼續堅持下去不會有什麼結果，如果追得太緊，很可能會導致談判的失敗，這是雙方都不願意看到的結果，於是休會。

第二輪談判開始以後，雙方首先寒暄了幾句，以調節情緒，創造有利於談判的良好氣氛。之後，日方再次報價，聲稱經向總經理請示，核實了成本，同意削價100萬日幣。要買方回覆。但買方卻認為，其削價的步子雖不小，但離買方的要價仍有很大的差距，馬上回覆也很難。若輕易回覆，在弄不清楚對方報價與實際賣價相比的「水分」究竟有多大的情況下，往往會造成被動。為了慎重起見，買方一方面電話聯絡，再次核實該產品在國際市場的最新價格；一方面對日方的二次報價進行分析。買方決定回覆價格為750萬日幣。日方立即回絕，斷定這個價格很難成交。經過幾次探討之後，買方認為該是展示實力、運用技巧的時候了。買方主談人員慎重的向對方指出：「這次引進，我們從幾家公司中選中了貴公司，這說明我們成交的誠意。此價

雖比銷往C國的價格低些，但由於運往我們口岸比C國的運費低，所以利潤並沒有減少。另外，大家也知道我們的外匯政策規定，這筆生意允許我們使用的外匯只有這些，要增加須審批，只好再等，改日再談。」這是迫使對方讓步的第一步。

但買方覺得這一招的力量還不夠，於是拿出了另一個籌碼向對方進一步緊逼，買方主談人員接著說：「A國、C國還等著我們的邀請。」說著買方主談人員把手中一直捏著的「王牌」向對方恰到好處的亮了出來，其中包括外匯使用批文A國、C國的傳真。

日方見後大吃一驚，他們堅持討價的決心被徹底摧垮了。他們陷入了必須競賣的困境。要麼壓價握手成交，要麼談判告吹。日方此時舉棋不定，成交吧，利潤不大；告吹回國吧，此次跋山涉水，興師動眾，談判的精力和經費都消耗了不少，弄得最後空手而歸，也不好向公司交代。

此時買方又運用了心理學知識，進一步稱讚對方此次談判的精明能幹，已付出了很大的努力，但鑑於買方的政策，不可能再有伸縮餘地。如果日方放棄了這個機會，買方就只能與A國或C國洽談，最終就只能買A國或C國的產品。日方掂量再三，認為成交雖不像想像中的那樣獲得高額的利潤，但也可獲利，告吹只會什麼也得不到。

由此，買方以有限的外匯做成了一筆品質不差的設備交易，而且僅僅是透過了兩輪談判即告成功，這不能不說是一次成功的談判。在談判過程中，買方談判人員積極運用各種戰術，步步緊逼，致使對方讓步，最終獲得了滿意的結果。

步步遞進戰術就是在談判中抓住問題的實質及要害，或從正面、或從反面、或從側面、或從缺口，由近及遠、由淺入深、層層深入、直至獲勝。其關鍵在於及時堵塞缺口，恰當選擇時機，對對方「狂轟亂炸」，令對方措

手不及。

將自己苛刻條件，換種方式讓對方接受

目前國際上流行著一種理論，即「雙贏為上」理論，也有人稱為一種策略。　「雙贏為上」策略也叫共進策略。即談判雙方不把談判看成是某種「戰爭行為」，而將它當作是一種「合作」。談判雙方要做到「雙贏」，就應做到既注意各自近期的利益，也關注中長期關係的發展。談判中若遇到困難，雙方願意透過折中、迂迴、通融、互諒的手段加以解決。

當一方談判人員發現很難正面與談判對手對抗時，可以採用迂迴進攻策略來擺脫困境，使談判向縱深方向發展。

所謂迂迴策略就是指談判者將自己的條件換一種形式表達出來，對對手造成一種自己已經讓步的錯覺，從而使談判擺脫僵局，進一步向前發展。

迂迴策略並不是一味的讓步，而是將原有的條件換一種方式表達出來，而且這種交換一定要給對手一種我方已經做出讓步的錯覺。

沙烏地阿拉伯欲進口一批高級轎車，其商務人員先與德國汽車廠商進行了談判，德方出價為每輛車 2 萬美元。沙烏地阿拉伯商人要求德方稍稍降一點價，德方不同意，導致最終談判破裂。這一消息被一家日本公司知道了，於是便找到沙烏地阿拉伯經銷商，打算向其供貨。一開始，日方出價也是 2 萬美元，沙方堅決不同意，日方提出每輛車可以降至 1 萬 9 千美元，但車上的設備要有所變更，即不配備空調和音響設備，這兩樣設備根據顧客需求另行安裝。經過考慮，這位沙烏地阿拉伯商人同意了日方的提議，雙方就此簽訂了合約。當沙烏地阿拉伯經銷商將轎車投放市場之後發現，由於這些車沒有空調和音響設備，很難銷售，因為大部分顧客不願意再去找其他公司來安裝這些設備。這位經銷商很無奈，只好再找到這家日本公司，要求為其安裝

以上兩樣設備，日方公司報價為 1,000 美元，沙烏地阿拉伯經銷商只好接受了日方的要求。

在這個案例中，日方的第二次報價似乎是在做出讓步，但實際上只是將原來的條件做了一次轉換，絲毫沒有做出讓步，日方正式巧妙的運用了迂迴戰術，最終獲取了談判的勝利。與寸土必爭策略所強調的「以剛克柔」相比，迂迴策略更為強調的是「以柔克剛」。

在談判的世界裡，你的目的就是達成彼此都滿意的協議。針對需求，提出滿足這些需求的各種方法，似乎是既簡單又方便的方法，然而，現在的談判者，一般都在反應激烈、態度頑強、極端情緒化的社會裡採用直接的方式，將很難獲得令雙方都滿意的協議。特別是當對方一味的推、拖、拉或對你攻擊時，你會很想迎頭痛擊；面對對方不友善的態度時，你很想據理力爭並拒絕接受對方不合理的要求等。要扮演好談判高手這個角色，你唯一可行的辦法就是改變一下這種直來直往的方式。就好像日本的柔道和空手道等一類搏擊藝術一樣，你必須盡量避免直接全力攻擊對手，因為任何想要瓦解對手抵抗的努力，只會更加加強對手的頑抗。你需要改變策略，採用迂迴側擊的方式來解除對手的頑抗。

突破僵局的談判，必須避免咄咄逼人的姿態：與其勉強他們接受外來的新觀念，不如用誘導的方式，由他們自己去領悟箇中的道理；與其告訴他們做什麼，不如要他們自己去找出解決問題的好辦法；與其改變他們的意願，不如製造一個好環境讓他們自己在裡面獲得一些啟示。只有他們自己才能突破高高築起的談判樊籬，你除了從旁協助，別無他法。

不要絕望，徹底失敗的談判也可能死灰復燃

經過激烈的談判交鋒，成敗已成定局。做好談判不成功的善後工作，具有非常重要的意義。在現代商務談判中，既要學習談判中的技巧與知識，也要學習處理失敗談判的技巧，也就是懂得如何「解劍息仇」。「解劍息仇」是談判處在這種特殊情況下，談判者做到言之有「禮」的最高境界。那麼，在談判中如何才能做到「解劍息仇」呢？下面就是使你達到這最高境界的途徑：

如果是你的失誤造成的失敗，必須要有敢向對手低頭的胸懷。向對手低頭並不會貶損你的人格，要知道在真理面前人人平等。在人格上你們永遠是平等的。所以，當你敗下陣來的時候，應該以坦誠的態度來表達自己在這場談判中所受的教益，以此突顯你人格的偉大。在心理上足以彌補因談判失敗所造成的遺憾，並且讓對方留下深刻的印象，為以後的合作埋下契機。

如果是因你的對手失誤造成談判的功虧一簣，如果你在談判中已經眼見對方對自己的失誤面有悔意，談判已經不可能再獲得結果的時候，便應拿出「雙方交戰，不殺來使」的氣魄來，一是主動打住話題，結束對立場面；二是巧妙的為對方搭個臺階，讓他在不失面子的前提下得以「體面下臺」，成敗自是彼此心照不宣，何不抓住重歸於好的機會呢？

另外，面對無法獲得成功的談判時，雙方也可以徹底拋棄利害，丟開談判，以朋友的身分進行溝通和交流。比如，不妨可以去打打保齡球或者高爾夫球，當然也可以去吃喝一頓，不要因為談判失敗就一臉晦氣，適當的消遣一下可以使雙方的心理得到放鬆，這當然有助於你們保持良好的朋友關係，更重要的是，這可以使雙方有充分的時間來對整個談判過程進行反思，為以後雙方的再次合作打好基礎。當然，如果情況好的話，雙方完全有可能重新坐下來，從一個新的角度使原本成功無望的談判死灰復燃。

因為客戶太難搞，所以需要心理學

其實，90% 的訂單，都可以靠心理學成交

編　　著：藍迪，黃榮華
發 行 人：黃振庭
出 版 者：崧燁文化事業有限公司
發 行 者：崧燁文化事業有限公司
E-mail：sonbookservice@gmail.com
粉 絲 頁：https://www.facebook.com/sonbookss/
網　　址：https://sonbook.net/
地　　址：台北市中正區重慶南路一段六十一號八樓 815 室
Rm. 815, 8F., No.61, Sec. 1, Chongqing S. Rd., Zhongzheng Dist., Taipei City 100, Taiwan (R.O.C)
電　　話：(02)2370-3310
傳　　真：(02) 2388-1990
印　　刷：京峯彩色印刷有限公司（京峰數位）

定　　價：460 元
發行日期：2021 年 12 月第一版
◎本書以 POD 印製

國家圖書館出版品預行編目資料

因為客戶太難搞，所以需要心理學：其實，90% 的訂單，都可以靠心理學成交 / 藍迪，黃榮華編著 . -- 第一版 . -- 臺北市：崧燁文化事業有限公司，2021.12
　面；　公分
POD 版
ISBN 978-986-516-920-6(平裝)
1. 銷售 2. 消費心理學
496.5　　110018282

電子書購買

臉書